低碳化：中国的出路与对策

Decarbonization Way out and Countermove of China

怀铁铮○著

人民出版社

策划编辑:郑海燕
封面设计:艺和天下
责任校对:吕　飞

图书在版编目(CIP)数据

低碳化:中国的出路与对策/怀铁铮 著. -北京:人民出版社,2013.4
ISBN 978-7-01-011900-7

Ⅰ.①低… Ⅱ.①怀… Ⅲ.①二氧化碳-排气-研究-中国 Ⅳ.①X511

中国版本图书馆 CIP 数据核字(2013)第 054984 号

低碳化:中国的出路与对策

DITANHUA ZHONGGUO DE CHULU YU DUICE

怀铁铮　著

人民出版社 出版发行
(100706　北京市东城区隆福寺街 99 号)

北京龙之冉印务有限公司印刷　新华书店经销

2013 年 4 月第 1 版　2013 年 4 月北京第 1 次印刷
开本:710 毫米×1000 毫米 1/16　印张:22
字数:327 千字

ISBN 978-7-01-011900-7　定价:50.00 元

邮购地址 100706　北京市东城区隆福寺街 99 号
人民东方图书销售中心　电话 (010)65250042　65289539

目　录

序　一 ……………………………………………………（魏礼群）1
序　二 ……………………………………………………（苏　波）4
前　言 …………………………………………………………… 1

第一章　世界低碳革命之浪潮 ………………………………… 1
第一节　“低碳革命”与“第四次浪潮” ……………………… 2
一、人类文明进程中的“三次浪潮” ……………………… 2
二、“第四次浪潮”的脚步 …………………………………… 11
第二节　“气候变化”与“低碳发展” ………………………… 33
一、全球气候变化的形势 ………………………………… 34
二、应对气候变化的国际合作 …………………………… 41
三、追求低碳发展的国家行动 …………………………… 60
四、低碳发展理论的雏形 ………………………………… 70
第三节　低碳革命艰难的使命 …………………………… 79
一、充满矛盾的转型 ……………………………………… 80
二、战略制高点的争夺 …………………………………… 89
三、生态文明的涅槃 ……………………………………… 108
第二章　中国低碳化崛起之必然 ………………………… 113
第一节　中国国情及国际环境分析 ……………………… 114

一、资源环境面临严峻的形势 …… 115
二、经济发展的内在要求和外部条件发生深刻变化 …… 128
三、国际气候外交的压力日益增大 …… 161
第二节　中国低碳化崛起的涵义、挑战和意义 …… 166
一、中国低碳化崛起的涵义 …… 167
二、中国低碳化崛起面临的挑战 …… 173
三、中国低碳化崛起的重大意义 …… 180
第三章　中国低碳发展之对策 …… 185
第一节　政府与市场组合的激励机制 …… 186
一、构建有利于低碳发展的动力结构 …… 187
二、理顺能源价格，发挥市场机制的基础作用 …… 202
三、建立碳排放交易市场，完善低碳发展的市场体系 …… 228
四、深化政府职能转变，发挥政策工具的指导和激励作用 … 245
第二节　科技与产业融合的发展战略 …… 278
一、确立优先战略，以科技自主创新带动低碳产业发展 …… 279
二、营造发展环境，以体制机制创新促进低碳产业的协调发展 …… 300
第三节　企业与城乡居民结合的共识行动 …… 322
一、强化企业社会责任，不失时机地提高企业低碳竞争力 … 322
二、提倡低碳生活方式，建立人与自然和谐发展的低碳社会 …… 328

参考文献 …… 332
后　记 …… 339

序　一

作为怀铁铮同志的博士生导师，我非常高兴为他的新书《低碳化：中国的出路与对策》作序。2005 年，怀铁铮在其博士学位论文基础上修订出版了《信息化：中国的出路与对策》一书，对中国特色信息化的道路、战略和动力机制进行了深入的研究和探索，获得了广泛的好评。近年来，随着气候变化、能源安全、环境保护等全球性挑战日趋凸显，推进绿色、低碳发展成为世界各国应对挑战和实现经济社会可持续发展的主流，低碳经济和低碳发展也成为全球可持续发展领域的新的研究课题。怀铁铮在进入这个新领域后很快在对策研究上取得进步并出版新书，其努力和收获让人感到欣喜。《低碳化：中国的出路与对策》一书，围绕中国崛起的主题，对中国如何应对低碳革命的浪潮，发展低碳经济进行了系统的研究，论证了中国低碳化发展的必然，探讨了低碳发展的对策。该书没有局限于"低碳经济"首倡者的概念和模式，而是在充分研究中国国情和发展阶段的基础上，主张把低碳发展融入中国的工业化和城镇化进程，成为加快转变经济发展方式的重要内容，坚持中国作为发展中国家所拥有的公平的发展权利，坚持共同但有区别的责任原则，坚持因地制宜地发展绿色低碳经济，坚持自主决定低碳经济转型的路径和进程。该书从人类文明进步的视角考察能源领域的重大技术进步对经济发展和社会进步的推动作用，并推论低碳革命的到来，也为我们从容面对未来提供了重要的参考。

1972 年召开的首次人类环境会议通过了《人类环境宣言》，开启了人类社会可持续发展的新纪元。1992 年的联合国环境与发展大会,首次把经济发展与环境保护结合起来,提出了可持续发展战略。《联合国气候变化框架公约》以及"共同但有区别的责任"原则,也是在这次会议上通过和确立的。经过 40 多年的可持续发展实践,人类社会对环境问题的认识不断深化,应对全球性挑战的能力也在不断增强。坚持可持续发展战略,就要处理好经济发展与环境保护的关系,大力发展绿色经济。近年来,随着全球气候变化问题日趋尖锐,低碳经济和低碳发展的概念也被提出,并得到世界各国的积极响应,逐渐成为全球的共识和潮流。但不能否认的是,低碳经济和低碳发展具有"双刃性",即对于没有准备好的经济体而言,低碳可能推高能源成本,影响经济发展;对于部分国家,低碳经济则意味着经济增长的新动力和发展的新机遇。因此,世界各国必须依据本国的实际情况设计和规划如何发展低碳经济。只有这样,才能促进低碳经济的良性发展,实现经济和社会的可持续发展。

我国政府高度重视可持续发展问题,把节约资源、保护环境确立为基本国策,把可持续发展战略上升为国家战略。进入新世纪,我国将科学发展观确立为经济社会发展的重要指导方针,其基本要求是坚持以人为本、实现全面协调可持续发展。中国作为一个负责任的发展中大国,把积极应对气候变化作为中国经济社会发展的重大战略和长期任务,采取了一系列政策措施。2009 年 11 月,我国政府郑重宣布了到 2020 年控制温室气体排放行动目标,其中包括二氧化碳排放强度比 2005 年下降 40%—45%。这些减排目标作为约束性指标已经被列入国民经济和社会发展的中长期规划,保证承诺的执行受到法律和舆论的监督。从"十一五"开始,我国部署开展节能减排工作,具体落实中长期规划中确定的约束性指标。2010 年,我国在部分省(直辖市)启动了低碳经济试点工作,探索符合中国国情的低碳发展模式。

把保护资源环境、实现永续发展作为立足当代、面对未来的唯一选择,体现了我国政府和人民与世界同担当,对子孙后代负责任的决心。然而,我们也要深刻认识我国在推进可持续发展进程中面临的一系列问题和挑战，例如人口众多、人均资源短缺、工业化和城镇化任务艰巨、生产力发展水平还不高，目前还有1.22亿贫困人口。中国仍属于发展中国家的基本国情没有改变，实现可持续发展任重道远。我们要清醒认识国情，积极探索，坚持不懈地走符合我国国情特点的绿色、低碳发展道路。

这方面的理论和政策研究工作还很繁重，我们希望有更多的专家学者加入，产生出更多的高质量研究成果。

魏礼群

二〇一二年十月

序　二

铁铮请我为他的新书《低碳化:中国的出路与对策》作序,我欣然同意。他1991年硕士研究生毕业分配到机械电子工业部,我们曾在一起工作8年,看到他通过孜孜不倦的努力,在新的领域又一次出版新书,我感到非常欣慰。低碳经济在我国还处于发展的初期阶段,对低碳经济进行系统研究,对于推动我国的绿色低碳发展,无疑具有重要的现实意义。和平发展是中国对世界的庄严承诺,本书把低碳发展纳入中国崛起的时代大背景,提出了低碳化崛起的论点,为低碳经济的研究提供了新的视角;书中对中国崛起过程中如何抓住全球低碳革命的契机,实现低碳发展进行了全面系统的分析,并对有关发展低碳经济的热点和难点问题进行了深入的剖析,提出了新颖的见解和中肯的意见。相信本书的出版将丰富这个领域的研究成果。

经历了30多年的高速发展,我国工业发展环境发生了深刻变化。国际金融危机爆发后,尤其是近来欧债危机的不断深化,导致我国的外部经济环境严重恶化。一是目前全球经济下行压力加大,一些风险因素还在累积之中,复苏前景存在较大不确定性;二是国际市场需求放缓,贸易投资保护抬头,我国制造业出口环境趋向恶化;三是美国推出第三轮量化宽松政策,流动性过剩还会向我国传导,产生输入型通胀压力,我国的通胀压力将会长期存在;四是国际产业格局面临深刻变革,发达国家试图通过“再工业化”和“回归制造业”,在新兴产业领域率先突破以巩固其固有的竞争优势,并在中端领域夺回被新兴经济体占据的市场份额。

严峻的挑战也意味着我国工业转型升级的重要契机。一是倒逼效应为转变我国工业发展方式提供了重要机遇。长期以来,我国工业发展过于依赖出口,不仅消耗大量资源,加剧环境污染,还容易受到外部环境变动的冲击。欧债危机和发达国家回归制造业造成的倒逼效应,客观上为我国工业转变发展方式创造了有利条件,企业和政府都将有更大的压力和动力来增加创新投入,降低资源消耗,增强可持续发展的内生动力。二是重构效应为企业"走出去"进行海外并购创造了有利时机。我国企业可以充分利用这一机遇,积极发掘国际产业投资机会,在量力而行、理性选择、控制风险的前提下加快海外并购步伐。三是赶超效应为战略性新兴产业破茧而出提供了难得的发展良机。当前,以绿色低碳、节能环保为特征的新兴产业群迅速崛起,成为各国经济竞争新的制高点。我国可充分利用赶超效应,着力把扶植新兴产业发展作为政策着力点,加快构建国际竞争新优势,掌握未来发展主动权。重大科技创新的机遇稍纵即逝,我们要增强紧迫感和使命感,把握住这一难得的历史机遇。

"十二五"时期是我国工业化、城镇化快速发展的重要阶段,全社会对能源资源的需求上升与资源环境约束强化的矛盾将更加突出,占全社会总能耗70%以上的工业领域的节能减排任务更加繁重。只有加快工业转型升级才能缓解资源环境约束日趋严峻的压力,提高工业的可持续发展能力,实现我国工业领域的节能减排和绿色发展的目标。因此,要坚持走中国特色新型工业化道路,把节能减排、绿色发展作为重要抓手,更加注重发展的质量和效益,增强工业的可持续发展能力。一是积极推动资源节约型、环境友好型工业体系建设,加快构建产业结构优化、产业链完备、科技含量高、资源消耗低、污染排放少、可持续发展的工业体系,实现工业转型升级;二是坚持节约、绿色、低碳发展,积极运用先进、适用的低碳技术,推进装备制造业、能源工业、原材料工业、消费品工业和电子信息产业低碳化技术改造;三是坚持科技创新和体制机制创新,大力培育战略性新兴产业和生产型服务业,积极跟踪世

界科技创新的最新成果,大力发展节能环保、新一代信息技术、新材料、高端装备制造、节能与新能源汽车等战略性新兴产业,推进节能服务市场化发展。

推动工业转型升级是工业行业实现科学发展的主要任务,其中的一项重要工作就是推进绿色低碳转型,促进形成低消耗、可循环、低排放、可持续的产业结构、运行方式和消费模式。要做好这方面的工作,需要产学研以及社会各界的共同努力,包括政策研究的支持。热切期望这方面的研究成果能够大量涌现。

二〇一二年十月二十二日

前　言

21 世纪全球经济必然要走低碳发展的道路，这是全球资源环境形势、各国能源安全战略和经济发展内在要求共同作用的结果，尤其是全球气候变化日趋严峻的形势，使得世界各国必须协力行动，共同采取低碳化的应对措施。

全球金融危机爆发以来，世界经济复苏缓慢并出现波动，欧债危机的深化使复杂的局面更不确定，新兴市场国家也受到波及，全球经济下行的风险依然很大。2010 年以来，在削减财政赤字的压力下，部分欧盟国家削减了某些新能源行业的财政补贴，其中太阳能光伏行业受到的影响相对较大，但也有国家明确表示不会改变政府的补贴政策。2011 年年底欧盟推出的 2050 年能源战略路线图把供应可靠性、技术竞争力和行业去碳化设定为能源发展的三大目标，表明欧盟低碳经济发展的长期战略并没有改变。根据有关调查，尽管遭遇欧债危机，欧盟企业仍计划在 2012—2014 年期间将研发投入增加 4%，这其中有相当部分是对低碳能源技术领域的投入。近年来美国对页岩气的开采取得重大技术突破，产量大幅度增加，市场成本不断降低，改善了美国对外部能源市场的依赖，提升了生产要素的竞争力。页岩气对全球低碳化进程的影响受到关注。目前全球经济低迷虽然对发达国家低碳化的节奏有所影响，全球碳排放交易市场也暂时遇冷，但低碳经济发展的客观需求和动力结构并没有改变，技术研发与创新（R&D&I）依然在加快进行。由于走出当前危机迫切需要创新的驱动和新兴产业的支撑，因此

现阶段的创新活动比以往更为活跃和深入,影响也更为深远。

回顾人类社会摆脱危机和实现文明进步的历史,我们有理由相信,在能源安全、气候变化等全球性挑战日益突出,经济危机正严重威胁世界经济可持续发展的严峻形势下,以新能源和低碳技术为代表的科技成就的集群突破为契机,兴起一场影响世界经济和社会未来发展的科技革命和产业革命是完全有可能的,这就是继农业革命、工业革命和信息革命后的低碳革命。

本书是关于在世界低碳革命的浪潮下,我国如何顺应时代潮流,把握历史机遇,在低碳发展中实现大国崛起的一本专著。本书分三个部分:第一部分,世界低碳革命之浪潮;第二部分,中国低碳化崛起之必然;第三部分,中国低碳发展之对策。

第一部分主要论述了低碳革命浪潮兴起的客观条件和促进因素,分析了低碳发展与气候变化的关系,介绍了应对气候变化的国际合作和国家行动,研究了低碳发展的理论以及低碳经济的基本概念和模型,同时,对低碳革命艰难的使命和面临的挑战也做了分析。

第二部分重点对我国国情和国际环境做了分析,从而说明为什么要在中国崛起之路上设置"低碳化"的约束条件。在国情分析中,从能源需求的高速增长对供给的挑战,煤炭资源的大量开采对生态环境的破坏,以及化石燃料的大量使用对环境的严重污染等方面,论述了我国资源环境的严峻形势;从收入分配、投资消费、产业结构、技术创新等方面的问题入手,论述了我国发展已经进入新的阶段,经济转型刻不容缓;从要素价格优势逐渐丧失以及外部市场持续低迷两个方面,论述了原有的出口导向的粗放型增长模式必须要向创新驱动的新的发展方式转变。在国际环境分析中,主要讨论了我国面临的气候外交压力日益增大,这虽然构成了我国发展低碳经济的外部压力,但不是主要的。书中还对中国低碳化崛起的涵义、挑战和意义进行了专门的论述,突出了开创大国崛起新模式的新内涵。

第三部分从动力机制、战略支撑和社会共识三个方面研究了我国推进低碳发展的对策。需要指出的是,本书并未简单地就低碳经济论低碳经济,而是把低碳经济看做是面向未来经济社会的一种经济发展模式,是当前转变经济发展方式的重要内容,因此,把低碳经济纳入我国改革开放和经济社会发展的大环境中来,从市场经济运行的制度层面和国家发展的战略层面来考察如何发展低碳经济是本书的一个特点。在对低碳发展的动力机制的研究中,从理顺能源价格入手,研究了发挥市场机制基础性作用的重要性;以碳排放交易市场的研究为重点,论述了如何完善低碳发展的市场体系;从政府改革和职能转变的角度,研究了如何发挥政策工具的指导和激励作用;并得出了转变经济发展方式是实现低碳发展的根本出路的基本结论。在对低碳发展的战略支撑的研究中,从我国科技体制的历史和现状的研究入手,落脚于促进战略性新兴产业的发展,提出了确立优先战略,以科技自主创新带动低碳产业发展;营造发展环境,以体制机制创新促进低碳产业协调发展的论点,并对低碳技术产业化、产业低碳化、低碳城镇建设等低碳产业发展的途径进行了研究。在社会共识与共同行动的研究上,从企业和城乡居民两个方面,重点研究了强化企业社会责任和提高企业低碳竞争力,以及倡导低碳生活方式,建立人与自然和谐发展的低碳社会等问题。

最后需要说明的是,本书的一些素材和数据取自于互联网,尽管本人尽可能通过比对等方式保证资料和数据的准确性,但鉴于学识和能力所限,仍然难免有某些个别的资料和数据不够准确,因此诚恳地欢迎读者批评指正。

怀铁铮

二〇一二年十一月

第一章　世界低碳革命之浪潮

当21世纪的曙光进入我们的视野，人们不禁要问，在这一百年里，什么会对人类社会的发展产生重大影响？就像19世纪发明的电力和汽车，20世纪发明的计算机和网络一样，什么会改变我们今天的生活？在技术进步日新月异的今天，这是一个难以回答的问题。但是线索也不是一点没有，人类社会正面临着化石能源资源枯竭的问题，而使用化石能源所排放的二氧化碳造成的全球气候变化，已经成为全球首要的环境问题，与此同时，清洁能源技术和产业呈现出快速发展的局面，这一切使我们有理由相信，未来离我们最近的一次科技革命和产业革命将在能源领域展开，并影响到各个领域以及人们的日常生活，这就是低碳革命。

低碳革命的浪潮表面上是全球气候问题引发和推动的，以解决全球气候危机为诉求的一次追求低碳发展的全球行动，但实际上是人类发展观的理性回归，是人类与自然界的一次和谐对话，是人类社会生产方式和生活方式的革命性变革。科技革命仍然是其内在的发展动力，但这次科技革命与以往有所不同，以往的科技革命更以人类追求自身发展为动因，而这次科技革命还面临着来自资源枯竭和环境恶化的压力。当然，之所以使用“低碳革命”的概念，还因为它准确地概括了全球面临的共同挑战和任务，具有鲜明的能源革命的特征。

第一节 “低碳革命”与“第四次浪潮”

30年前,阿尔文·托夫勒撰写的《第三次浪潮》在我国出版,在刚刚步入改革开放进程的中华大地上引起了强烈的反响。作为改革开放后最早引入我国的西方未来学著述,书中对人类文明发展的“三次浪潮”的划分得到了广泛的响应和讨论,这种提法一直影响至今。当今天人类社会面临全球气候变化、能源资源紧缺,以及生态环境恶化等一系列新的更严峻的冲突和挑战的时候,人类文明向何处发展又一次引起我们的深入思考,我们不禁要问,人类文明发展的“第四次浪潮”是否到来了?

一、人类文明进程中的“三次浪潮”

1.“三次浪潮”的划分

托夫勒对“三次浪潮”的划分,在20世纪80年代给刚刚摆脱十年动乱、对未来生活充满憧憬的中国人留下了深刻的印象,很多人对托夫勒晦涩烦琐的叙述和论证不甚了了,但对“三次浪潮”清晰透彻的划分却记忆犹新。

在托夫勒提出“第三次浪潮”理论的20世纪70年代,发生了几个重大的历史事件,相信对“第三次浪潮”思想的形成有一定影响。首先,1973年爆发的石油危机,给西方发达国家的经济带来严重的影响,也促使西方学者对传统的工业化增长模式进行了深入的反思。第二,西方发达市场经济国家在1974—1975年陷入第二次世界大战后最严重的一次经济危机,危机后进入了漫长的滞胀阶段,如何解决各种社会矛盾和冲突成为专家学者思考的方向。第三,高科技领域的不断创新和突破为新的增长模式提供了研究和思考的空间。1971年世界上最早的微处理器的出现,开启了微机革命的步伐,但这时的信息革命还在悄无声息中进行,还没有表现出20世纪90年代所出现的爆发力,所以,我们也能理解,为什么托夫勒没有对“第三次浪潮”给出像“第一次浪潮的变化——历时数千年的农业革命”和“第二次浪潮的变革——工业文明的兴起”这样高度的概括。

托夫勒“三次浪潮”的划分的意义在于他揭示了文明的进化和发展不是一帆风顺的,其中充满了矛盾冲突,但变革的动力是不竭的,人类文明的进步就像一排排巨浪,推动着历史的航船勇往直前,而每一拨大潮都会给人类的生活带来翻天覆地的变化,带来超越和解放。

2. 第一次浪潮——农业文明的建立

人类的出现是地球发展进程中的第二大转折点。第一大转折点是生命从无机物中脱胎而出。人类在几万年的跋涉中凭借着简单的石器、兽骨、兽角等做成的工具过着食物采集者和狩猎者的生活,直到农业革命开始,他们成为食物的生产者。

公元前 9000 年左右,人类社会从旧石器时代转向新石器时代,从狩猎和采集经济转向种植和畜牧经济,开始了划时代的转变,这就是第一次浪潮的开始,也就是农业革命的开始。但从农业革命的萌芽到农业文明的形成,还经历了漫长的时间。最早的农业文明出现在底格里斯河和幼发拉底河的上游山区,大约在公元前 3500 年,那里的人们已学会了驯化动植物,从而完成了农业革命。此时人们还从山区迁移到大河流域,并逐步发展起一种新的、生产效率更高的灌溉农业和新的社会制度。新的农业生产技术和新的社会制度相互作用,引起一个连锁反应,最终导致文明的出现。①

我们不知道第一次浪潮冲击的时间有多长,但从人类社会进入农业文明算起,到农业文明开始向工业文明过渡,这期间至少有五千年。即使在今天的世界,很多经济落后国家或地区仍处于农业社会的状态。在这几千年绝大多数时间里,农业社会的基本特征表现在,生产率低下,食物自给后剩余极少,靠天吃饭,饥荒频繁出现,限制了人口的增

① ［美］斯塔夫里阿诺斯:《全球通史——从史前史到 21 世纪(上)》,吴象婴等译,北京大学出版社 2010 年版,第 23、44 页。

长,生活只能维持在很低水平。这些特征直到18世纪欧洲近代农业革命的出现才得到改善。

3. 第二次浪潮——工业革命的传播

在工业化浪潮出现前的二三百年里,欧洲经济和社会出现的一系列变化,对工业化的产生带来影响。(1)16世纪前后,欧洲进入大航海时代,新航路的开辟使以往相互隔离的世界开始改变,国际贸易迅速发展,世界市场出现,催生了葡、西、荷、法、英等殖民帝国;(2)近代资本主义诞生,货币的使用和作用极大增长和加强,股份制公司等新型商业组织出现,银行信用、证券市场等近代金融制度初步建立;(3)近代农业革命出现,农业剩余率不断提高,人口持续增长;(4)工场手工业取得长足发展,原有工业部门迅速扩张,新部门大量涌现,分工协作和组织形式促进了劳动生产率的提高。第二次浪潮的酝酿应该就在这一时期,但真正成为有形的巨浪还是在18世纪下半叶的英国。

这一时期的另一个伟大贡献是科学革命,它发生在从哥白尼发表《天体运行论》(1543年)到牛顿发表《自然科学的数学原理》(1687年)的一个半世纪里。但到19世纪末,科学对工业的基础性贡献才充分显现,并在以后的日子里,科学革命和技术革命往往交织在一起,与人类社会的联系越来越紧密,对人类社会的影响越来越大。科学和技术以它无限进步的可能性必将一直推动人类社会的进步和发展,所以我们认为从第二次浪潮开始,以后每次浪潮的发生、发展都必然包括科技革命和科技进步的内容。

工业革命首先发端于18世纪下半叶的英国,然后传播到欧洲和北美洲,大约持续了150年。这期间,第一次工业革命,从18世纪60年代到19世纪70年代,以蒸汽机的发明应用为标志,以纺织、采掘、冶炼等行业的机械化,蒸汽机在工业和运输业的应用,以及城市化为主要特征;第二次工业革命,从19世纪70年代到20世纪初的第一次世界大战爆发前。标志是电气化和自动化。其突出特点是,科学开始影响工业的进程,出现了电气、化学、石油等新兴工业部门,大规模生产技术发展迅速,创新活动的中心从英国转到了德国和美国。这期间的主要技术发明应用有：19 世纪 70 年代发电机和电动机相继研制成功并很快被广泛应用；同期内燃机和汽车也相继问世，在此基础上内燃机车、远洋轮船、飞机都得到较快发展；1867 年，诺贝尔研制成功炸药，大量用于采掘和军工；1876 年，贝尔发明电话，人类的通讯方式发生了革命性的变化。

工业革命的传播是一个持续的过程。英国在 1840 年前后，基本完成第一次工业革命，其后很快进入第二次工业革命阶段，美国则在 19 世纪末 20 世纪初完成工业革命。然而各国的工业化道路并没有终结，因为科技革命的步伐从未停止，对于已经实现工业化的国家，新技术的应用依然会带来生产、生活新的改变。而对于大多数发展中国家而言，工业化则是它们梦寐以求的发展之路。从这个意义上讲，第二次浪潮的余波到现在也没有停止。

有学者认为我们正处于第二次工业革命和石油世纪的最后阶段，化石燃料驱动的工业时代即将结束，人类将过渡到一个全新的能源体制和工业模式，第三次工业革命即将爆发。① 这个预言也为本书讨论的世界低碳革命浪潮的到来提供了支持。

专栏 1－1　第三次工业革命新构想

我们正处于第二次工业革命和石油世纪的最后阶段。历史上新型通信技术与新型能源系统的结合，预示着重大的经济转型时代的来临。这是因为新能源技术的出现推动人类文明向着更为复杂的方向发展，而更为复杂的文明需要以先进的新型通信技术为媒介来对其进行处理和整合。互联网信息技术与可再生能源的出现让我们迎来了第三次工业革命。正如人们在互联网上可以任意创建属于个人的信息并分享一样，任何一个能源生产者都能够将所生产的能源通过一种外部网格式的智能型分布式电力系统与他人分享。第三次工业革命

① ［美］杰里米·里夫金：《第三次工业革命——新经济模式如何改变世界》，张体伟、孙豫宁译，中信出版社 2012 年版，第 1 页。

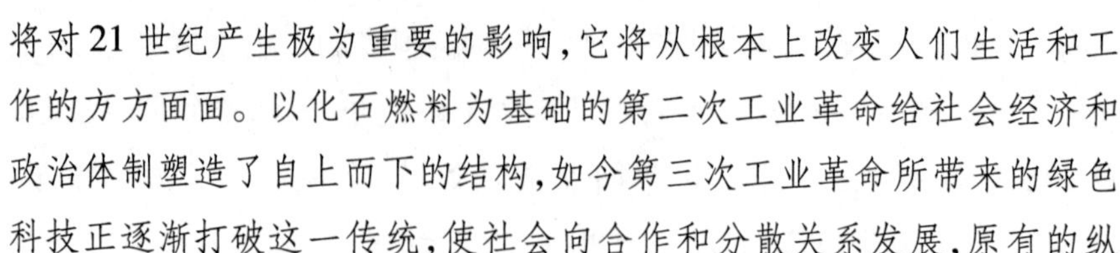

将对21世纪产生极为重要的影响，它将从根本上改变人们生活和工作的方方面面。以化石燃料为基础的第二次工业革命给社会经济和政治体制塑造了自上而下的结构，如今第三次工业革命所带来的绿色科技正逐渐打破这一传统，使社会向合作和分散关系发展，原有的纵向权力等级结构正向扁平化方向发展。

第三次工业革命的支柱包括以下五个：(1)向可再生能源转型；(2)将每一大洲的建筑转化为微型发电厂，以便就地收集可再生能源；(3)在每一栋建筑物以及基础设施中使用氢和其他存储技术，以存储间歇式能源；(4)利用互联网技术将每一大洲的电力网转化为能源共享网络，这一共享网络的工作原理类似于互联网(成千上万的建筑物能够就地生产出少量的能源，这些能源多余的部分既可以被电网回收，也可以被各大洲之间通过联网而共享)；(5)将运输工具转向插电式以及燃料电池动力车，这种电动车所需要的电可以通过洲与洲之间共享的电网平台进行买卖。

传统化石能源成本不断上扬，可再生能源成本不断下降，两者之间的巨大反差引起了全球经济的巨变，从而催生了21世纪的新型经济范式。问题的关键在于如何收集太阳能、风能、水能、地热能，以及生物能源。如果可再生能源分布广泛并以不同的比例和频率分布于世界各地，那么，为什么我们要集中在某一点收集呢？如果说第一次工业革命造就了密集的城市核心区、经济公寓、街区、摩天大楼、拔地而起的工厂，第二次工业革命催生了城郊大片地产以及工业区繁荣的话，那么，第三次工业革命则会将每一个现存的大楼转变成一个两用的住所——住房和微型发电厂。可再生能源多半是间歇式供应的，我们需要尽快投资，对储存可再生能源的技术进行研究。否则，我们将无法实现可再生能源的大规模应用。氢气由于具有较大的灵活性，很有可能成为解决长期储存介质问题的关键。

截至2005年，尽管智能电网的创建已经开始为人们带来物质上的回报，但人们始终没有找到把这一方法融入欧盟或其成员国的途径。IBM公司、思科系统、西门子以及通用公司都跃跃欲试，期望把智能电网变成能够运输电力的新型高速公路。由此,电力输送网络将会转变成信息能源网络,使得数以百万计自助生产能源的人们能够通过对等网络的方式分享彼此的剩余能源。智能电网是新兴经济的支柱。正如互联网创造了数以百计的商业机会和数百万的就业机会,智能电网会带来同样的辉煌。只不过它将比互联网大100或者1000倍。互联网式电网已经应用到一些地区,改变了传统输电网的模式。当数以百万计的建筑实时收集可再生能源,以氢的形式储存剩余能源,并通过智能互联电网将电力与其他几百万人共享,由此产生的电力使集中式核电与火电站都相形见绌。2007年上半年,第三次工业革命所带来的商业运作新模式深深吸引了欧盟国家以及众多的商业团体,IBM公司也开始着手对其运营模式进行调整和改革。IBM公司决定为欧盟提供分布式智能效用网络的技术支持。欧盟采用的是分散式模式,而美国采用的是集中式超级电网系统。如果美国的这些电网是单向而非双向的,那么美国将失去参与第三次工业革命的机会,随之而来的是,美国将失去其在全球经济中的领导地位。

插电式电动车正在能源与运输界掀起一场巨大的变革。在过去的一年里,主要的汽车生产商和电力能源公司、公共事业公司已签署协议,将为21世纪的插电式运输工具创造新的基础设施。到2030年,插电式电动车的充电站和氢能源燃料电动车会普及全球,将为主电网的输电、送电提供分散式的基础设施。据预测,到2040年,75%的轻型汽车将由电力驱动。当我们把插电式汽车和氢燃料汽车看做潜在的发电厂时,第三次工业革命基础设施提供的分散式电能数量将是巨大的。一般的电动车处于非行驶状态的时间大约是96%,这时,它可以接入交互式电网,为电网回输电能。这种绿色能源为完全由电或燃料驱动的汽车提供的电能是美国全国电网电能存量的4倍。只需把25%的电能回输到电网——当电力价格居高不下时——它就可以代替全国所有的常规发电厂。

把这五部分结合在一起就组成了一个不可分割的科技平台。这个平台是一个应急系统,它的价值与功能和其中的组成部分截然不

同,换句话说,这五部分之间的协同作用树立了一个新经济的范例,它可以改变整个世界。

可再生能源体系的创立开启了第三次工业革命的大门。这种体系由建筑装载、部分地以氢的形式储存、通过智能网络分配、由插件连接,并且是零排放。整个系统是交互式的、整体的、无缝的。这种互联性正在为跨行业关系创造新的机遇,并且在这个过程中,也服务于其他传统的第二次工业革命的商业伙伴。

2007年5月,欧洲议会通过了一项正式宣言,该宣言将进行第三次工业革命的任务交付给了欧盟27国的立法部门。议会对新经济愿景的强烈支持向世界其他地区传递了一个清晰的信号——欧洲已经走上了新经济之路。

根据[美]杰里米·里夫金所著《第三次工业革命——新经济模式如何改变世界》(张体伟、孙豫宁译,中信出版社2012年版)第二章有关内容整理。

4. 第三次浪潮——信息革命的兴起

在托夫勒提出"第三次浪潮"理论时,他并没有把"第三次浪潮"与信息革命直接联系到一起,他认为当时的一些提法,包括信息时代、电子时代等不足以概括第三次浪潮变革的深度和广度,因此,他觉得这是一个"新文明"。与他同时代的美国著名未来学家约翰·奈斯比特在20世纪80年代出版的《大趋势——改变我们生活的十个新方向》一书中,在第一章中就明确提出"从工业社会到信息社会",他指出:"这十种变化中没有一种变化能比第一种变化——从工业社会向信息社会的转变更为微妙,也更具有爆炸性"。"美国由工业社会向信息社会的结构改革,其深刻程度不亚于由农业社会向工业社会的变化。"①可见,即使在信息革命的发源地美国,当时学者的判断和概括

① [美]约翰·奈斯比特:《大趋势——改变我们生活的十个新方向》,梅艳译,姚琮校,中国社会科学出版社1984年版,第10、16页。

也存在差异。信息革命和信息化深入人心是在20世纪90年代,这个时期,美国政府率先推出了“信息高速公路”计划(1993年),接着又提出了“全球信息基础结构构想”(1994年),各国政府纷纷效仿和响应,1995年七国集团召开部长级会议,研究共同面向信息社会的问题,1996年在南非召开了“信息社会与发展大会”部长级会议,讨论了发展中国家进入信息社会的有关问题,至此,信息化已经成为全球性浪潮。我们可以想象,今天我们没有了互联网的感觉,就如同200年前人们失去蒸汽机作为动力的机械又回到人拉肩扛的年代的感觉一样。所以,信息革命的作用没有人能够否认,以信息革命为主要特征的第三次浪潮也是毋庸置疑的。

信息革命兴起于20世纪中叶。从1946年世界第一代电子计算机在美国宾州大学问世,到20世纪70年代初,这个阶段是信息化浪潮孕育阶段;第二阶段始于20世纪70年代微机的应用,这个阶段信息技术逐渐成熟,应用领域不断扩大,个人电脑开始广泛地进入办公室和家庭,成为人们工作和生活不可缺少的工具;第三阶段以20世纪90年代的大规模兴建信息高速公路为起点,标志性事件是1993年美国“信息高速公路”计划的提出,网络革命是其本质特征,从这一阶段开始,信息化进入快速发展时期。

5. 从“三次浪潮”看什么是“浪潮”

应该说,“浪潮”一词不是严谨专业词汇,但它形象、活泼、生动,能恰如其分地表达冲击、推动、汇集、引领等一系列导致已有状态发生冲突、改变,乃至剧变、飞跃的“力量”,也能体现“力量”的“强度”和“广度”。因此,在中国“第几次浪潮”的提法,大家并不陌生,也不排斥。

从前面的分析我们知道,第一次浪潮代表了农业文明发展的浪潮,也可以说是农业革命的浪潮,其结果是农业文明或农业社会的建立,或农业时代的到来;第二次浪潮代表了工业化的浪潮,也可以说是工业革命的浪潮,其结果是工业文明或工业社会的建立,或工业时代的到来;第三次浪潮代表了信息化的浪潮,也可以说是信息革命的浪潮,其结果是信息社会的建立,或信息时代的到来,也有一种提法认为

是知识文明的建立、知识时代的到来。

我们可以看出，“浪潮”其实是导引一个新时代或新文明到来的大潮，从后面的分析，我们还可以认为，“浪潮”也是导致某个时代某个“本质特征”发展成为支配地位的革命性潮流。其显著的特点：(1)全球性。它所涉及的范围是全世界，而不是个别的国家和地区。(2)必然趋势性。它代表的是未来发展的必然方向，是不可阻挡的。(3)过程性。它可以分成若干发展阶段，每个阶段可以有不同的特点。(4)差异性。“浪潮”对于不同国家、地区、民族、社会的作用不可能划一同步。每个国家或地区的情况不同，“浪潮”发生作用的时间不同，发生作用时的特点也不同。(5)共存性。在全球的范围内，不同的“浪潮”可以同时发生作用；缩窄到同一个国家或地区，不同的“浪潮”可以长时间共存，但旧的“浪潮”最终会消融在新的“浪潮”里。

“浪潮”的引领推动与新的文明形态或社会形态的形成构成因果联系，但“浪潮”引领推动功能的终止并不意味着与其对应的社会文明形态的终止，新的文明形态或文明形态新的特征要等下一次“浪潮”的引领推动才能逐步建立，并且新的文明的产生也并不意味着旧文明的彻底消亡，新旧文明要在冲突中长久共存，旧文明需要相当长的时间才能彻底融入新文明。美国是信息化的引领者，1956 年美国社会结构中白领工人首次超过了蓝领工人，20 世纪 90 年代美国信息产业大发展也使我们有理由相信美国已经进入信息社会，但美国在碳排放总量和人均排放量上仍长期居全球前列(排放主要来自消费领域)，其减排的意向也明显低于欧盟，而“高碳”正是传统工业社会的特征。

6. 人类文明进程的思索

我们在考察某个时代文明特征的时候，总要把人类文明特征分解成若干个方面，通过对若干个单项特征的分析，最后总结出这个时代的总体特征。在文明进程的比较分析中也常采用这种方法。比如，有学者在文明进程的比较分析中，就对知识、遗传、财富、权力、组织、竞争、战争、文化等八个方面的特征进行了分析。通过分析，我们会发现，有些方面的特征在人类文明的进程中，其作用是在不断加强的，如知识,有的则可能弱化。“文明特征的变化如涓涓细流,一旦汇集成滔滔巨浪,就会冲垮旧的文明范式,形成文明范式转移。”①我们认为,“浪潮”的推动作用,实际上是强化了某些文明特征,一旦这些特征发展成为能够代表某个时代(或该时代某阶段)文明的本质特征的时候,文明的进程就被推动了。

研究和实际都表明,人类文明进程在不断加速。这是因为在当今时代,人类认识自然、社会和自身的能力大大提高。人类一百年来所创造的生产力比以往一切世代创造的生产力还要多。科学技术日新月异的发展是世界生产力快速发展的一个根本原因。科技领域的革命性变革,不仅推动了生产力的发展,而且深刻影响着世界政治、经济、文化的发展进程。因此,我们这代人所经历或即将经历的文明进程,都要比我们的先辈所经历的,要更复杂,更绚烂多彩,也更具有活力,我们可能面临的是一个新浪潮不断涌动,新文明不断进步的时代。

我们也应看到,人类文明进程的加速并不意味着文明范式频繁的转换。我们经常讨论的知识文明、信息文明乃至本书中主要讨论的低碳文明、生态文明都是新文明的本质特征。信息革命催生了知识文明和信息文明,而低碳革命则在孕育着低碳文明和生态文明。不管是知识社会、信息社会,还是低碳社会,其实都是人类社会正在开启的新的文明形态,只不过是提法不同,或研究问题的侧重点不同而已。

二、“第四次浪潮”的脚步

1. 对传统工业化的反思

工业化创造了以往任何历史都未曾出现过的奇迹,标志着人类生产力发展史上一个新飞跃的开端,乃至今天当我们审视工业化的结果的时候,我们看到的更多是,机器大工业的蓬勃发展,科技成果的不断涌现,商品的极大丰富,财富的大量积累,世界市场的不断拓展,规模生产下的

---

① 何传启:《第二次现代化——人类文明进程的启示》,高等教育出版社 1999 年版,第 112 页。

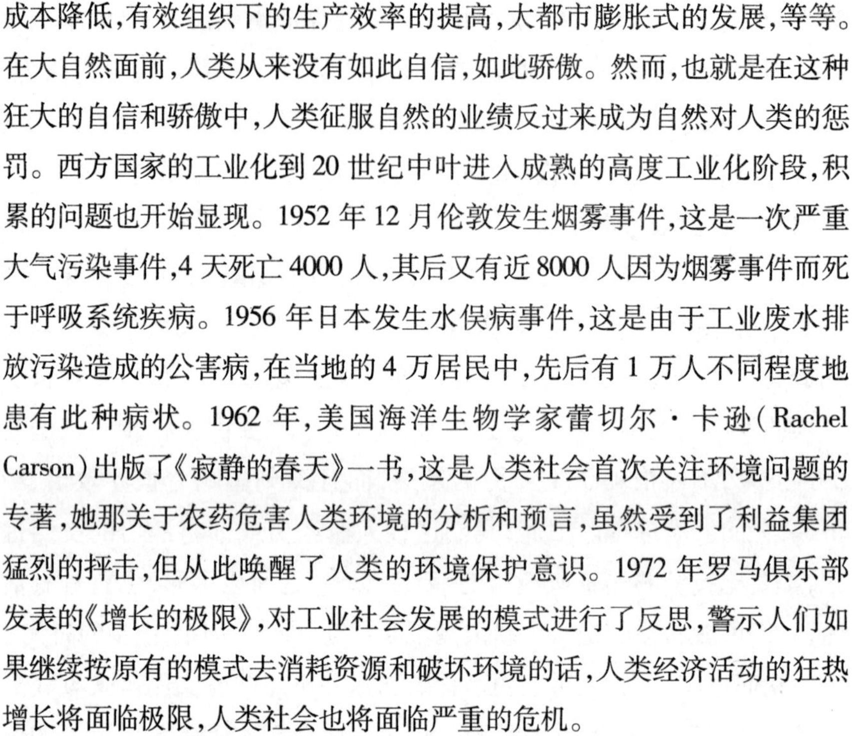

成本降低，有效组织下的生产效率的提高，大都市膨胀式的发展，等等。在大自然面前，人类从来没有如此自信，如此骄傲。然而，也就是在这种狂大的自信和骄傲中，人类征服自然的业绩反过来成为自然对人类的惩罚。西方国家的工业化到20世纪中叶进入成熟的高度工业化阶段，积累的问题也开始显现。1952年12月伦敦发生烟雾事件，这是一次严重大气污染事件，4天死亡4000人，其后又有近8000人因为烟雾事件而死于呼吸系统疾病。1956年日本发生水俣病事件，这是由于工业废水排放污染造成的公害病，在当地的4万居民中，先后有1万人不同程度地患有此种病状。1962年，美国海洋生物学家蕾切尔·卡逊（Rachel Carson）出版了《寂静的春天》一书，这是人类社会首次关注环境问题的专著，她那关于农药危害人类环境的分析和预言，虽然受到了利益集团猛烈的抨击，但从此唤醒了人类的环境保护意识。1972年罗马俱乐部发表的《增长的极限》，对工业社会发展的模式进行了反思，警示人们如果继续按原有的模式去消耗资源和破坏环境的话，人类经济活动的狂热增长将面临极限，人类社会也将面临严重的危机。

人类终于意识到，如果不改变发展模式的话，伴随着GDP的增长，环境污染的程度还会加深，不可再生的资源存量会不断减少，最终走向枯竭。工业化向全球扩散得愈广，生态危机、资源危机的影响也愈广。这种由于人口过多，开发过度，生产过剩，消费过高导致的“发展综合征”，威胁着人类社会今后的发展，也促使国际社会开始探讨建立有效的控制和约束机制，促使人类社会的发展走向可持续。1972年6月5日，联合国人类环境大会在瑞典首都斯德哥尔摩召开，这是联合国首次召开的讨论当代环境问题的最高层次的国际会议，大会通过了《联合国人类环境会议宣言》和《行动计划》，号召世界各国在“只有一个地球”的口号下开展长期和广泛的国际合作，为保护和改善环境而努力。这是人类环境保护史上的一座里程碑。1992年6月联合国环境与发展大会在巴西里约热内卢召开，这是继斯德哥尔摩会议后环境与发展领域中规模最大、级别最高的一次国际会议。这次大会回顾了第一次人类环境大会召开后20年来全球环境保护的历程，敦促各国政府和公众采取积极措施，协调合作，防止环境污染和生态恶化，为保护人类生存环境而共同作出努力。会议通过了关于环境与发展的《里约热内卢宣言》（又称《地球宪章》）和《21 世纪行动议程》，153 个国家和欧共体签署了《联合国气候变化框架公约》（UNFCCC）。这次会议是人类实现可持续发展历程的又一个重要里程碑。

2. 气候变化的新情况

早在 1827 年，法国科学家让·富里叶首次提出了温室效应理论，1895 年，瑞典化学家阿尔赫尼斯首先对人类排放温室气体所产生的温室效应进行了预测，然而直到 20 世纪 80 年代后期，气候变化才引起全球性的关注。1988 年 11 月，世界气象组织（WMO）和联合国环境规划署（UNEP）建立了政府间气候变化专门委员会（IPCC），这个组织逐渐成为全球应对气候变化的最重要的思想库。1990 年，IPCC 发表了第一份评估报告，提出了大气二氧化碳浓度增加将导致地球升温的警告。气候变化首次作为一个受到国际社会关注的问题方法被提上议事日程。

IPCC 于 1990—2007 年间共 4 次发表评估报告。2007 年第四次评估报告公布了最新的评估成果，得出了“气候系统变暖已被检测出来，近 100 年全球地表温度上升了 0.74℃，人类活动导致全球变暖的可能性在 90% 以上”的检测结果。并预测，到 21 世纪末，全球地表平均增温幅度将达到 1.1℃—6.4℃，全球平均海平面上升幅度约为 0.18—0.59 米。在未来 20 年中，气温大约以每 10 年上升 0.2℃ 的速度升高，即使所有温室气体和气溶胶浓度稳定在 2000 年的水平，全球地表温度每 10 年也将增暖 0.1℃。若温室气体浓度以目前的趋势继续增加，所导致的温度增加将比 20 世纪观测到的大得多。由于与气候过程和反馈相关的时间尺度的存在，即使温室气体浓度不变，人类活动引起的气候变暖和海平面上升将会持续数个世纪。

一系列的评估结果也使更多的人相信人类活动是造成近 50 年全球气候变化的主因，而祸首就是化石燃料燃烧排放的 CO_2 等温室气体。根据现在对温室气体的实际测量，温室气体自工业化以来（1750 年以后）迅速增加。CO_2 含量从工业化前（1750 年）的 280μl/L 增加到了2005年的379μl/L。2005年的CO_2的大气浓度值已远远超出了根据冰芯记录得到的65万年以来含量的自然变化范围（180—330μl/L）。并且近10年（1995—2005年）CO_2大气含量的增长率（每年1.9μl/L）比过去有连续直接大气测量以来的增长率（1960—2005年每年1.4μl/L）要高。① 此外，有研究表明，存在影响未来气候系统发生变化的、具有多米诺骨牌效应的关键临界因素，这些因素的变化一旦突破临界点，将引发更为严峻的气候系统变化并带来不可逆转的影响。为了避免突破这些临界因素，科学家给出了全球气温升幅不应超过2℃上限的答案。这个结论也逐步得到世界各国的认同，2009年12月，在哥本哈根世界气候大会上，"全球气候升幅不应超过2摄氏度"被写入《哥本哈根协议》。

随着人类对气候变化的科学事实及其危害性的认识不断提高，全球范围应对气候变化的国际行动也得到积极和广泛的响应。1992年6月在巴西里约热内卢举行的联合国环境与发展大会上，153个国家和欧共体签署了《联合国气候变化框架公约》，这是世界上第一个应对全球气候变化的国际公约，5年后在公约第三次缔约方大会上，各缔约方又通过了具有历史意义的《京都议定书》，使全球应对气候变化的行动步入了强制性量化减排的道路。《京都议定书》规定，在2008—2012年（第一承诺期），所有公约附件1国家（以发达国家为主）的二氧化碳等六种温室气体的排放量要在1990年的水平上平均总体减少5.2%，其中，欧盟削减8%、美国削减7%、日本削减6%。按照"共同但有区别的责任"的原则，发展中国家在这一时期不承担量化减排义务。

虽然《京都议定书》从1997年诞生起就步履维艰，由于美国的退出曾使《京都议定书》的前途一度充满变数，缔约国批准生效的征途也连遭挫折，在2005年2月16日《京都议定书》正式生效后，《京都议定书》第二阶段减排目标和责任的争论更是尖锐异常，但全球共同应对

① 丁一汇：《人类活动在现代气候变化中的作用》，张坤民等主编：《低碳发展论（上）》，中国环境科学出版社2009年版，第12—15页。

气候危机的意识不仅没有改变，反而大大增强。事实上，虽然美国政府 2001 年退出了《京都议定书》，但包括加利福尼亚在内的很多州以及城市，都制定了自己的减排计划。

即使在今天，有关全球气候变化的争论一直存在。但理性告诉人们：对于这样一个危害力可能极大的事件，如果我们不能令多数人信服地论证出相反的结论，我们宁可承认气候变化所带来的风险，并把这种风险考虑到我们的政策与行动中来，因为必要的行动总比什么也不做更能保护我们自己。

3. 能源战略的新考量

资源和能源是人类生存与发展的依托，尤其在工业革命以后，人类对化石能源的依赖大为增强，但化石能源品种数量有限，不可再生，地理分布极不均衡，而各国的能源消费却在快速增长，从而使能源成为工业时代影响国家经济发展、政治稳定乃至国防安全的最重要因素之一。能源的生产与消费成为一国综合国力的重要衡量指标，能源战略也成为各国国家战略的重要组成部分。

煤是工业革命后人类大规模使用的第一种能源。进入 20 世纪，石油日益成为各主要工业化国家消费的主要能源。1948 年，美国从石油净出口国变成净进口国，当年美国开始从中东进口石油，美国石油产量占世界石油产量的比重迅速下降。1950 年，美国石油消费首次超过煤炭成为第一能源，到 1970 年，美国每年几乎消耗全球石油产量的 1/3。西欧 1957 年以后，石油替代煤炭的速度明显加快，进口依存度迅速提高。1960 年欧共体六国石油消费占能源消费总量的 28.1%，到 1973 年上升到 58%。[①] 廉价石油是推动工业化大国石油消费快速增长的主要诱引。到 20 世纪 60 年代，西方工业化国家能源结构已基本完成从煤炭向石油的转变。这一时期全球石油形势是：(1) 随着中东和北非产量高、成本低的新油田被发现，世界油气重心从美国墨西哥湾沿岸逐渐转移到中东的波斯湾地区，石油生产能力迅速提高，出

① 冯建中：《欧盟能源战略——走向低碳经济》，时事出版社 2010 年版，第 25 页。

现了供过于求的局面,低廉的石油价格①造成了西方国家对中东石油的过度依赖。(2)西方"七姊妹"石油巨头垄断着全球石油贸易市场,通过政治军事影响,以及西方跨国公司的经济渗透,美国在主导世界石油的秩序。(3)中东地区政治、宗教关系错综复杂,地区局势经常处于不稳定状态,各种矛盾交织在一起。产油国为了维护石油利益,取得石油贸易的发言权,1960 年 9 月成立了石油输出国组织"欧佩克"(OPEC)。为了应对动荡的海湾局势,欧共体 1968 年 12 月率先建立了强制性战略石油储备制度。

进入 20 世纪 70 年代,世界石油形势发生变化,美国丧失了国际石油市场的绝对支配地位,而欧佩克经过 10 年发展壮大,话语权大为增强。70 年代两次石油危机的爆发,使西方工业化国家的经济遭受沉重打击。石油价格上涨②带动生产资料和生活资料价格猛涨,西方国家陷入第二次世界大战后最严重的一次经济危机(1974—1975 年危机)。严峻的形势迫使西方国家重新审视能源安全问题。1974 年 2 月,在美国的建议下成立了国际能源机构(IEA),能源问题成为国际政治外交的重要议题。西方国家意识到,廉价石油的时代已经结束,必须改变能源的供应模式,通过提高能源效率,更多地使用本土资源,开发石油替代能源,才能减少进口依存度。这一时期各国的能源战略基本上是被动防范性的能源供应安全战略,以供应安全为战略核心,重点是防范欧佩克的石油武器。

进入 20 世纪 80 年代,石油价格逐渐稳定并开始下跌③,国际石油市场供求关系趋于缓和,石油安全不再是唯一主题,而环境问题成为关注的焦点。1979 年美国三哩岛和 1986 年苏联切尔诺贝利重大核事

---

① 1960 年以前,石油价格一直处于 1.5—1.8 美元/桶的水平,从 1960—1970 年,石油的价格一直保持在 1.8—2 美元/桶的水平。

② 1974 年 1 月油价上涨到 11.65 美元/桶,从 1974—1978 年,石油价格保持在 10—12 美元/桶的水平,1979—1981 年,又狂涨到 36.83 美元/桶。

③ 1981—1986 年,石油价格从 36.83 美元/桶逐渐回落到 27.51 美元/桶,1986 年又急剧下跌到 13 美元/桶左右,1986—1997 年,除了海湾战争期间曾出现短期的大幅涨落外,石油价格一直维持在 14.3—20 美元/桶的较低水平。

故，以及化石燃料使用所带来的环境污染，包括温室气体的排放等问题都受到了公众和各种非政府组织的强烈关注，给西方各国政府造成巨大压力。在欧盟，最初关注的焦点是二氧化硫和氮氧化物的排放，1990 年联合国政府间气候变化委员会（IPCC）发表了第一份有关全球气候变暖的综合报告后，气候变化成为关注的新焦点。随着环境政策与能源政策的结合，尤其是在 1990 年欧洲理事会确定将 2000 年欧共体二氧化碳排放限制在 1990 年水平的目标后，欧共体原先旨在促进供应安全的许多内外政策和措施（如研发、节能、可再生能源），迅速转向支持环境政策目标，这也意味着欧共体能源安全开始向经济安全和环境安全拓展，并逐渐向可持续能源安全方向发展。[①] 在美国，1974 年卡特政府提出了两个阶段的能源计划，主要包括鼓励替代石油、天然气，逐步取消天然气、石油的价格控制，对采取高能效的企业减税，鼓励发展节能措施，研制发展新能源等。1979 年，美国启动了太阳能计划（其研究机构发展成为后来的国家可再生能源实验室 NREL），1980 年国会授权能源部资助车用燃料乙醇的研究，国会还批准了石油暴利税计划，通过征收石油暴利税以解决能源开发的经费。但随着 80 年代初里根政府执政，在减税、削减预算支出和减少政府对企业的干预等经济政策的指导下，新能源开发经费大幅缩减，很大程度上削弱了美国在新能源技术上的领先程度。

20 世纪 90 年代，国际政治经济形势发生了重大的变化。苏联解体冷战结束，由信息革命推动的经济全球化加速发展，国际可持续发展运动不断深入，这一系列变化都对各国的能源战略带来深刻的影响。能源战略保障国家安全的单纯防御性功能在弱化，而作为经济发展的基础支撑功能和保护环境的责任使命功能在增强，气候变化等环境问题日益受到各大国的重视。[②] 能源政策与环境政策结合，并向以

---

① 冯建中：《欧盟能源战略——走向低碳经济》，时事出版社 2010 年版，第 535 页。

② 1989 年，“气候变化”被提上了安全和外交的议程。当年的七国集团峰会集中讨论了包括气候变化在内的环境问题，从而开启了世界上一个集团的各国首脑首次将环境问题作为核心议题加以讨论的局面，此后，气候变化等环境问题经常被提上大国峰会的日程。

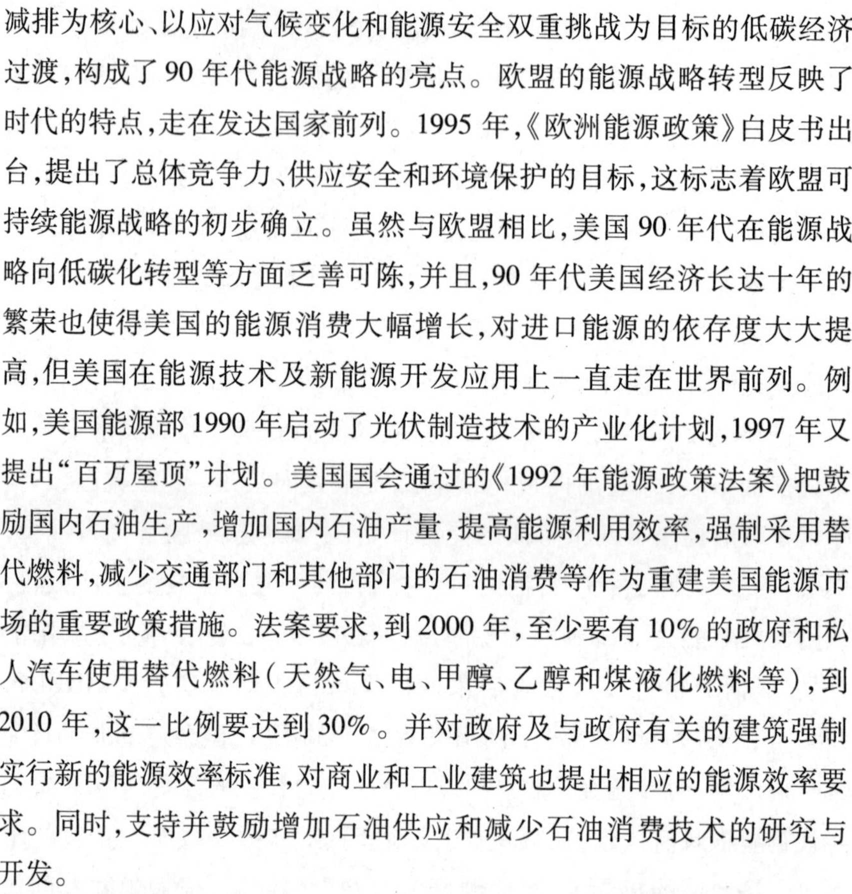

减排为核心、以应对气候变化和能源安全双重挑战为目标的低碳经济过渡，构成了90年代能源战略的亮点。欧盟的能源战略转型反映了时代的特点，走在发达国家前列。1995年，《欧洲能源政策》白皮书出台，提出了总体竞争力、供应安全和环境保护的目标，这标志着欧盟可持续能源战略的初步确立。虽然与欧盟相比，美国90年代在能源战略向低碳化转型等方面乏善可陈，并且，90年代美国经济长达十年的繁荣也使得美国的能源消费大幅增长，对进口能源的依存度大大提高，但美国在能源技术及新能源开发应用上一直走在世界前列。例如，美国能源部1990年启动了光伏制造技术的产业化计划，1997年又提出"百万屋顶"计划。美国国会通过的《1992年能源政策法案》把鼓励国内石油生产，增加国内石油产量，提高能源利用效率，强制采用替代燃料，减少交通部门和其他部门的石油消费等作为重建美国能源市场的重要政策措施。法案要求，到2000年，至少要有10%的政府和私人汽车使用替代燃料（天然气、电、甲醇、乙醇和煤液化燃料等），到2010年，这一比例要达到30%。并对政府及与政府有关的建筑强制实行新的能源效率标准，对商业和工业建筑也提出相应的能源效率要求。同时，支持并鼓励增加石油供应和减少石油消费技术的研究与开发。

21世纪的前10年，全球能源形势呈现出复杂的变化。(1)石油价格剧烈波动，并在2010年经济逐步走出衰退后一直保持高位运行。1997年亚洲金融危机后，石油价格在1998年下跌，1999年开始一路攀升，到2000年9月价格上升到37.81美元/桶，2003年开始油价更是一路上扬，到2008年7月涨到最高点的147.27美元/桶，其后由于全球金融危机导致的经济衰退需求下降，油价在随后几个月里又急剧下跌，到2008年12月底甚至跌破40美元。随着各国经济刺激政策开始奏效，从2009年年初原油价格开始回升，到2011年2月1日，油价又突破每桶100美元。油价高位运行的潜在影响是巨大的，它意味着巨额财富的转移，对进口国的经济造成巨大冲击。(2)世界能源需求量猛增，主要能源消费国能源依存度也在增大。据英国石油公司

(BP)公布的《2005年世界能源统计》资料显示,近十年来,世界石油消费量年均增速达1.7%,特别是2004年世界石油日消费量首次突破8000万桶。发达国家呈高位徘徊的态势,而发展中国家加速增长。据IEA发布的《世界能源展望2007》预测,全球2005年到2030年间的一次能源需求将增加55%,年均增长率为1.8%。化石燃料仍将是一次能源的主要来源,在2005年到2030年的能源需求总量中占到84%。2008年,世界一次能源消费总量为164.2亿吨标准煤,其中,煤炭、石油、天然气的比重分别为29.3%、34.8%、24.1%,化石能源所占比重为88.2%。而在能源进口依存度方面,1998年,欧盟进口能源依存度达到50%,根据欧洲统计在线数据,2008年欧盟能源消费的对外依存度为54.8%,其中原油消费的对外依存度达到84.3%,天然气消费的对外依存度达到62.3%。美国的石油对外依存度从1990年的46%上升到2009年的57.7%,其中约50%的石油进口来自OPEC国家,来自中东的石油占15.38%,但近年来呈下降的趋势。(3)油气资源分布不平衡及地缘政治的动荡,加剧了能源安全的不确定性。据统计,世界油气储量最多的前20个国家拥有世界石油总储量的93.8%,其天然气储量加起来占世界天然气总储量的83.7%。然而,某些产油国或区域的局势又经常处于不稳定状态。2010年12月,由突尼斯骚乱开始,中东北非一些国家,包括突尼斯、埃及、阿尔及利亚、也门、巴林、利比亚、叙利亚等多国卷入政治动荡,并在有的国家引发了内战,给全球能源形势的发展带来很大不确定性。(4)新世纪前十年的全球经济好坏参半,在欧债危机再次恶化的形势下,目前经济的不确定性还在增加,同时经济的波动也加剧了能源需求的波动。2007年,美国发生次贷危机,并引发了2008年的全球金融危机,直到2010年,世界经济才开始从大衰退中艰难走出,但随着欧洲主权债务危机再次升级,全球经济走出低迷的努力遭到阻碍。而日本大地震、核泄漏后的经济遭遇重创,发展依然乏力,新兴国家的经济也出现下行的压力,使得全球经济未来的发展面临更大的考验。(5)气候谈判取得阶段性成果,但《京都议定书》第二阶段谈判还不明朗。1997年通过的《京都议定书》于

2005 年 2 月 16 日正式生效,《议定书》规定,发达国家从 2005 年开始承担减少碳排放量的义务,到 2012 年,比照 1990 年各国温室气体排放量,发达国家整体排放减少 5.2%。随着《京都议定书》正式生效,强制性减排在大部分发达国家中开始实施,一些发展中国家也加入到开发利用新能源和提高能效的行动中。

2000 年 11 月,欧委会公布了《迈向欧洲能源供应安全战略》的绿皮书,这是自 1995 年以来首次对欧盟能源政策进行评估。绿皮书指出,可再生能源虽然得到大力推动,但在需求增长面前只能产生有限的影响。常规能源将长期不可或缺。因此,新的能源战略的重点应放在控制需求增长上。[①] 这是欧委会首次提出将能源需求管理置于能源政策的首位。在应对气候变化方面,欧盟和欧盟成员国也都陆续公布了相应的战略规划。英国于 2003 年发布了能源白皮书《我们未来的能源——创建低碳经济》,提出要大力发展低碳技术、产品及服务,推动低碳经济发展,到 2050 年把英国二氧化碳排放量在 1990 年水平上减少 60%。接着,英国于 2006 年 10 月公布了《气候变化的经济学:斯特恩报告》,该报告以气候科学为基础,采用经济学成本效益分析的框架,分析比较了气候变化对自然和人类社会经济系统的预期损失与减缓气候变化的成本之间的关系。《斯特恩报告》在全球引起了广泛的关注和强烈的反响。2006 年 3 月,欧委会发布了《欧洲可持续、竞争和安全的能源战略》绿皮书,2007 年 1 月就绿皮书公布了第一份能源评估报告,主要包括《欧洲能源政策》、《可再生能源路线图》、《可再生能源发电进展报告》等一系列文件。明确提出把欧洲转变成一个高能效、低排放的经济体。并提出了欧盟 2020 年能源战略愿景目标:将欧盟的温室气体排放削减 20%,将可再生能源份额提高到 20%,将能源效率提高 20%。在美国,虽然迫于国际社会愈来愈多的指责和压力,小布什政府接连出台了《国家能源政策法案》(2005 年)、《能源独立与安全法案》(2007),规定了鼓励发展可再生能源和新能源、提高能效等

---

① 冯建中:《欧盟能源战略——走向低碳经济》,时事出版社 2010 年版,第 197 页。

内容,但是在其任期内始终没有限制温室气体排放水平。奥巴马在赢得大选后,在国会发表首次演讲时就呼吁加强对清洁能源的投资,并重申将在3年内使美国的可再生能源产量翻一番。奥巴马说,要想使美国的经济真正转型、维护美国的国家安全并使地球免遭气候变化之苦,生产清洁的可再生能源势在必行,掌握清洁的可再生能源的国家将领导21世纪。根据奥巴马提出的新能源政策构想,美国将在可再生能源、节能汽车、分布式能源供应、天然气水合物、清洁煤、节能建筑、智能网络等领域探索出一个能够实现利益最大化的创新战略。2009年6月,美国众议院通过了《清洁能源与安全法案》,提出了设置碳排放总量控制限额、利用可再生能源发电并提高能效、对新的燃煤电厂实施污染许可证管理,以及提高新建住宅和商业建筑的节能指标等一系列目标和措施。但根据以往经验,该法案能否在参议院通过还拭目以待。据不完全统计,目前全世界已有30多个发达国家和100个发展中国家制定了全国性的可再生能源发展目标。中国在2005年2月颁布了《可再生能源法》。

专栏1-2 走向低碳经济的欧盟能源战略

1. 欧盟能源战略的演进

20世纪70年代两次世界石油危机彻底暴露了欧洲对外能源依赖的脆弱性。欧共体开始制定能源战略,先后通过了1974年和1980年两部能源战略,确定了共同体1985年和1990年能源目标。两部战略均以供应安全为唯一目标,但面对80年代初油价暴涨对成员国经济和国际收支平衡的巨大冲击,1980年战略提出的目标是打破经济增长与石油消费增长的联系,战略重心由防范短期性石油供应中断和油价暴涨向应对中长期石油供应不确定性的结构性调整的方向转变。

从20世纪80年代中期开始,由于石油价格暴跌,内部市场的启动以及环境运动的高涨,1986年能源战略确定的1995年能源目标除了仍以供应安全为战略重心外,能源市场的自由公平竞争以及因能源

使用引起的环境安全问题也被纳入行动范围。从此,竞争政策和环境政策成为共同体能源战略的新动力。

20 世纪 80 年代末 90 年代初,冷战的结束、经济全球化、国际可持续发展运动、欧盟成立等一系列政治经济形势的深刻变化,对欧盟能源政策产生了重大影响。1995 年出台的《欧洲能源政策》白皮书提出了总体竞争力、供应安全和环境保护三大目标。1997 年《阿姆斯特丹条约》的生效和《京都议定书》的签署,为欧盟能源政策的可持续化提供了强大的动力。减少对化石燃料的依赖、提高能源效率、扩大可再生能源的使用,不仅成为保障能源安全的需要,更成为应对气候变化、实现可持续发展的迫切要求。

世纪之交,面对国际油价上涨、对外依赖日趋严重、国际减排义务等一系列新挑战,欧盟于 2000 年出台了《欧洲能源供应安全战略》绿皮书,提出了应对供应安全和气候变化的双重目标。"里斯本战略"和"欧盟可持续发展战略"的相继出台推动了欧盟能源安全、生态安全和经济安全的进一步结合。欧盟 2006 年出台的《欧洲可持续、竞争力、安全能源战略》绿皮书,提出了可持续、竞争力和供应安全三大目标。生态安全、经济安全和能源安全融为一体,标志着欧盟多重目标互动的综合性可持续能源战略趋于成熟。2007 年出台的《欧洲能源政策》,明确提出把能源政策与气候保护政策相结合,确立了以减排为核心、加速向低碳经济过渡的"20—20—20"一揽子能源新政策(温室气体削减 20%,可再生能源份额提高到 20%,能源效率提高 20%),决心在欧盟催生一场"后工业革命",最终实现可持续发展、供应安全和竞争力三大目标。

2. 节能及发展可再生能源

欧盟的节能增效政策始于 20 世纪 70 年代。为了落实共同体能源战略中提出的节能 15% 的目标,从 1974 年起开始实施共同体节能行动计划。与此同时,理事会还通过了专项财政措施,在共同体层面上支持节能示范项目。节能行动导致了石油消耗的大幅下降,1973—1985 年,欧共体进口石油在一次能源消费总量中的比例从 61% 下降到31%。据估计,由于能源效率的提高,1983年共同体石油消费节省了2.5亿吨。随着能源政策和环境政策的结合,尤其是1990年欧共体确定将2000年共同体二氧化碳排放量稳定在1990年水平的目标后,节能增效行动获得了新的动力。欧共体许多旨在促进供应安全的节能和研发措施,迅速转向支持环境保护的目标。能源效率成为欧盟应对气候变化、提高企业竞争力、追求可持续发展的一个关键因素。并实施了一系列旨在提高能效的技术和非技术行动计划。1997年《京都议定书》签署后,能源效率被视为节能减排、应对气候变化的一个基石。2000年欧盟通过了第一个《能源效率行动计划》。由于能源效率政策和措施的成功实施,欧盟成员国能源消费增长速度普遍低于GDP增长。据统计,2003年之前的10年,欧盟能源效率每年提高了0.6%。

1973年第一次能源危机后,欧共体能源战略中提出的保障供应安全的一项重要措施就是发展新能源和可再生能源。气候变化的辩论为可再生能源的发展提供了强大的动力。为了大力扶持可再生能源的发展,欧盟于1993年和1997年先后出台了ALTERNER计划(1993—1997年)和ALTERNERⅡ计划(1997—2002年),涉及的可再生能源包括:小水电、风能、太阳热能、光伏太阳能、生物质能、生物燃料和地热能。2001年欧盟理事会通过了《促进可再生能源发电的指令》。该指令形成了第一个促进可再生能源的欧盟政策框架,其目的是增加绿色电力的比例,使其在电力消费中的份额从1997年的14%提高到2010年的22%。

根据冯建中著《欧盟能源战略——走向低碳经济》(时事出版社2010年版)整理。

4.科技革命的新特点

科学技术作为现代历史发展过程中最重要的促进因素和支撑力量,在21世纪的作用和影响必将超过历史上任何时期。这不仅是因为在知识经济时代,科学技术成为推动生产力发展的决定性因素,同时也是因为,在摆脱目前人类社会发展的困境与瓶颈的过程中,科学技术是

找到未来出路的唯一钥匙，这也正是新世纪科技革命的特点所在。

回顾世界历史上的三次科技革命，我们可以归纳出以下特点：(1)科学—技术—生产的关系不断深化。在19世纪第二次科技革命前，科学、技术与生产的关系是按照生产的发展推动技术进步，进而推动科学的发展的逻辑建立起来的，科学技术的先导和带动作用还没有体现出来。如蒸汽机技术是由工人和技术人员在生产实践中总结出来的，热力学理论的推出则在其后。第二次科技革命改变了生产、技术、科学的原有关系模式。科学与技术的结合开始紧密，并成为生产的先导和产业进步的推动力量。科学技术越来越走在社会生产的前面，开辟出生产发展的新领域。科学革命、技术革命和产业革命伴随着爆发，形成了生产力不断跳跃式发展和人类文明不断浪涌式进步的良性循环。(2)科技革命广度、深度、影响不断加大。第一次科技革命对纺织、冶金、采掘、机器制造、交通运输等行业产生了革命性影响。科技革命首先发生在英国，以英国为中心缓慢向西方国家扩展；第二次科技革命影响了整个工业部门，新技术几乎同时发生在几个先进的工业化国家并迅速传播；第三次科技革命不仅影响了工业、服务业，还给传统的工业化生产模式和人们的生活方式带来革命性的影响。第二次世界大战以后，科学技术对几乎每个领域都发生了深刻的影响，并催生了一系列新兴科学技术。(3)科技革命的节奏加快，新的科学发现到技术发明的周期缩短。第一次科技革命(18世纪60年代)到第二次科技革命(19世纪70年代)相隔110年，第二次科技革命到第三次科技革命(20世纪四五十年代)相隔70—80年。在19世纪，从科学发现到技术发明的间隔时间一般在30—65年之间，到20世纪时间间隔大大缩短，其中集成电路只用了2年，激光器仅用了1年。(4)国家组织对推动科技革命的作用增强。主要表现在科技工作组织形式发生深刻变化，国家组织的功能大大增强。当今科学技术的发展已经超出了个人研究的范围，变成大科学多学科的合作，技术也不再是个人的生产经验的积累，而是以科学新发现为依据的高新技术。国家在统筹高新技术的发展、制定正确的科技战略与政策，以及对科技工作的有效组织和管理上越来越发挥着不可替代的作用。在信息技术革命中美国政府率先推出的“信息高速公路”计划就是一个很好的例证。

与以往的科技革命相比,即将到来的科技革命还具有两个新特点:一是科技革命的动力,由单纯地追求人类自身的发展转化为在追求自身发展的同时也注重与自然的和谐共生;二是科技革命的结果不但是生产工具的革命性变革,同时也是劳动对象中资源和环境的拯救性更生。之所以有新特点出现,是因为人类的科学技术活动已经进入了成熟阶段,人类重新评价和认识了人与自然(科技及生产活动的对象)的关系,从而作出更加符合人类自身长远利益的选择。

科学技术的产生和发展是和人类为了生存和发展所进行的孜孜不倦的追求分不开的。人类通过自己的器官和自然界产生联系,人类器官功能的有限与自然界的深邃无限,以及人类探索追求的无限产生差距,从而形成了人类探索活动的原动力,使得人类一定要在实践中摸索出各种办法来消除这种差距。同时,这种差距也成为一种无形的导向力量,使人们在实践中自觉或不自觉地朝着消除这个差距的方向去努力。例如前两次科技革命解决了动力资源的问题,消除了人类自身体力、体能不足的差距,第三次科技革命则提供了智能化的手段,延伸了人脑的功能。人类实践摸索的结果,必然导致对自然规律认识的深化,并找到扩展人类相应器官功能的实际办法。前者就是科学的发展,后者则是技术的进步。科技进步及人类改造自然的深化,又会重新唤起人类对提高自身器官功能水平的更高要求,从而出现新的差距、新的动力和导向力量,促使科学技术在实践过程中获得新的发展和进步。

科技进步确实缩小了人类有限的器官功能与无限的探索追求的差距,在短短 250 年间,三次科技革命对人类进步的贡献远远超越之前几千年的社会进步。然而,科技进步也改变了人与自然的关系。在知识贫乏的时代,人类敬畏自然。当科技进步不断揭开自然的奥秘的时候,人类终于认为自己可以成为自然的主人了。在这种心理的驱使下,人类探索自然的目的更多地是为了“改造”自然;人类片面强调自身的生存和发展,而却忽视了自然界也有生长平衡的需求;人类夸大了自身对

自然界的改造力量，而却忽视了自身对自然界的汲取和依存需要。人类为了生存和发展所进行的大规模的工业活动破坏了自然界的物质资源的平衡，造成了今天的资源枯竭、生态恶化、环境污染、全球变暖等一系列人类生存和发展的困境。当富有智慧的人类认识到，只有当人类与自然达到和谐共生，人类的生存和发展才有基础、才有保障的时候，科技革命新的特点也就不难理解了。

长期以来，生产活动被定义为是人们利用生产工具改造劳动对象适应自己需要的过程。在生产力的三要素中，劳动资料（生产工具）被视为是人类支配和控制自然的杠杆，是区分经济时代的标志；劳动者是构成生产力诸因素中起主导作用的要素；而劳动对象则是人类劳动加于其上的一切东西。尽管也强调劳动对象的作用，但在三要素中其从属被动的地位显而易见。虽然劳动对象包括自然物和人类加工物（原料）两类，但实际上后者也基本上来源于前者，因此，从生产过程最初阶段考察，自然资源构成了劳动对象的主要内容。但自然资源并不是无限的（即使可再生资源也受到一定再生条件的限制），人类的生产活动必须考虑自然资源的供给能力和生态环境的承载能力，生产活动才可持续。可见，劳动对象虽不能主导生产力的发展，但对生产力的发展构成严格的制约条件。长期以来我们没有重视劳动对象的这一特点，在实践中犯了过度开发、过度生产、过度消费的错误，造成了对资源环境严重破坏的后果。因此，未来科技革命的任务，不仅要创新生产工具，实现生产力发展的新飞跃，同时也要为生产力的发展创造优良的资源环境条件。过去的工业化模式，是少数国家集聚了世界多数资源，破坏性地使用不可再生的自然资源，造成了目前全球资源环境的承载困局。一场对资源和环境的拯救性创新活动已揭开大幕，科技革命必然要担负起重要使命。

从第三次科技革命到现在，已经过去六七十年了。近年来，尤其是金融危机发生后，有关“世界正处在科技革命的前夜”的说法频频见诸报端，反映了专家学者对新科技革命趋势的一个基本判断。全国人大常委会副委员长、中科院原院长路甬祥院士 2009 年 9 月在接受专访时指出①，科技革命的发生，取决于现代化进程强大的需求拉动，源于知识与技术体系的创新和突破。无论是从科技发展面临的外部需求来说，还是科学技术内在矛盾判断，我们有充分的理由相信，当今世界科技正处在革命性变革的前夜。在今后的10—20年，很有可能发生一场以绿色、智能和可持续为特征的新的科技革命和产业革命，科技创新与突破将创造新的需求与市场，将改变生产方式、生活方式与经济社会的发展方式，将改变全球产业结构和人类文明的进程。

5. 金融危机的新观察

2007年，美国房地产次级贷款抵押市场出现支付危机，进而导致美国金融市场出现一连串的信用危机，2008年9月15日，以雷曼兄弟公司破产为标志，美国爆发了华尔街“金融海啸”，并引发全球金融危机。这是自1929年大萧条以来最严重的一次金融危机。美国政府出台了规模空前的救市计划，世界各国政府也纷纷采取了积极的应对措施。直到2010年，世界经济开始从大衰退中艰难走出，但经济复苏强度不足、速度缓慢。

然而，随着欧债危机的爆发和持续发酵，使难有起色的世界经济雪上加霜，前景愈趋复杂和不确定。2009年12月，在希腊政府宣布财政赤字和公共债务占国内生产总值的比例远远超过欧盟规定的上限后，全球三大信用评级机构相继调低希腊主权信用评级，从而拉开希腊债务危机的序幕，也点燃了欧债危机的导火索，爱尔兰、葡萄牙、西班牙、意大利等国的债务问题陆续浮出水面，并陷入经济停滞与巨额债务的恶性循环。欧盟为了救助债务危机国成立了欧洲金融稳定基金（EFSF），并对希腊、爱尔兰、葡萄牙等国进行了救助。2011年11月，意大利10年期国债的收益率突破7%的重要关口，引起市场的极度紧张，意大利是仅次于日本和美国的世界第三大债券市场，如果出现危机势必对欧元及欧洲经济进而对全球经济造成重大打击。2012年7月，10年期西班牙国债收益率再度超过7%，引发了市场对西班牙可能寻

① 路甬祥：《中国不能再与科技革命失之交臂》，《人民日报》2009年9月8日第9版。

求国际救助的担忧,西班牙是欧元区第四大经济体,自行融资困难最终将迫使西班牙寻求国际救助,然而其经济体也使国际救助的难度和风险大大增加。可见,在全球金融危机后,欧洲主权债务危机已经成为全球金融稳定面临的主要威胁。在此期间,美国的国债问题也一度引发全球金融恐慌,2011 年 8 月 6 日,标普下调美国国债评级,全球股市和原油市场出现全线抛售,市场信心受到严重打击。美国的"财政悬崖"问题近期又受到极大关注。尽管美国的国债问题尚不能构成危机,但欧美国家的一系列政府债务问题,已经严重影响了经济复苏。由于欧债危机国寻求国际救助必须承诺大规模压缩财政支出,减少赤字等条件,这在全球金融危机的背景下,将不可避免地造成这些国家经济持续低迷甚至衰退,因此简单地以国际金融救助的方式,或以借新债还旧债的办法帮助这些国家只是缓解眼前的危机,而无法从根本上消除危机,而要真正消除危机的根源,从欧盟内部而言,应该从制度上解决结构性失衡的问题,并找到经济增长的新动力,而要进入复苏的轨道,必须去除经济虚拟化、产业空心化带来的后果,寻找科技创新的突破点和新的经济增长点。

全球金融危机的爆发充分暴露了美国经济中宏观政策失当、虚拟经济膨胀、金融监管缺位、贸易失衡、消费过度等一系列问题。而在全球金融危机爆发前,欧债危机的隐患就已经存在,欧元制度设计上的缺陷,使得成员国的财政预算在人口老龄化加剧和取悦选民的高福利政策下不断膨胀,而相对落后的南欧国家在统一欧元后由于汇率提高竞争力下降,财政收入增长乏力,当时宽松的货币环境和缺乏必要的财政约束使它们选择了大规模负债的政策。全球金融危机爆发后,各国为了刺激经济又大规模举债,导致债务规模陡增,终于扣动了欧债危机爆发的扳机。从目前的情况来看,美国经济恢复要明显好于欧洲,这与美国采取了去杠杆化和鼓励科技创新、回归实体经济的政策是分不开的。金融危机后,美国政府为了尽快走出危机,重塑日益衰弱的实体经济,在支持和鼓励科技创新,推进清洁能源发展等方面加大政策和资金支持力度,奥巴马政府在危机后首个预算方案中就将国家科学基金会、能源部科技办公室等重要机构的研究费用翻了一番，并为企业技术研发提供税收减免740亿美元，同时计划在未来十年将基础研究资助增加一倍。为了培育新一代的主导产业，抢占未来科技和经济竞争的战略制高点，在2009年经济刺激计划中，约800亿美元投资应用于清洁能源方面，其中用于提高能源使用效率、智能电网、碳捕获和封存、电动汽车等先进技术研究的就达367亿美元。除新能源外，生物、信息、航空航天等产业也是政府支持的重点领域。① 欧盟和日本也不甘落后，欧盟委员会2009年3月宣布，欧盟将在2013年之前投资1050亿欧元支持欧盟地区的“绿色经济”，促进就业和经济增长，保持欧盟在“绿色技术”领域的世界领先地位。2009年7月欧委会通过了为能源项目提供共同体财政援助的第663/2009号条例，正式建立了“欧洲经济复苏能源刺激计划”，为天然气和电力基础设施、近海风力发电、碳捕集与封存等项目提供资助，第一批项目总金额为15亿欧元。2009年日本政府在《应对危机对策》中也把太阳能、电动汽车和节能家电的推广作为发展方向，以期通过低碳产业的发展实现绿色复苏。欧债危机发生后，欧盟的低碳政策并没有改变，为了确保全球的领先地位，欧盟从未间断对研究开发项目的支持。2011年3月20日，欧委会对外宣布欧盟框架研发计划迄今为止最大的电动汽车研发项目（Green Emotion）正式启动。项目总投入4200万欧元，其中欧盟第七框架计划承担2020万欧元。2012年1月，全球首个太阳能聚光熔盐热电站（Gemasolar）在西班牙落成，熔融盐可在550多摄氏度的高温下正常工作，比传统的聚光发电技术有更高的效率。

需要指出的是，随着欧债危机的加剧，欧洲的低碳经济受到了一定程度的影响，由于要削减政府财政支出，一些国家正在逐渐降低新能源消费补贴力度，短期内会对新能源产业带来影响。但从长期来看，欧洲的困难是暂时的，发展低碳经济的长期趋势不会改变，危机后发达国家在科技创新和新能源、可再生能源等领域加大投资和政策支持力度，预

① 甄炳禧：《美国经济结构的调整及前景》，《求是》2010年第15期。

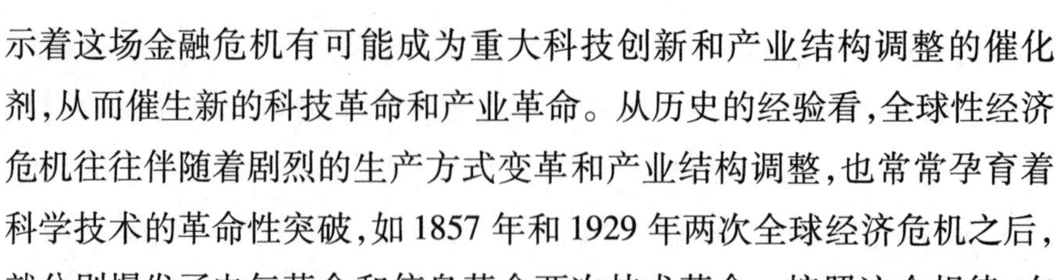

示着这场金融危机有可能成为重大科技创新和产业结构调整的催化剂,从而催生新的科技革命和产业革命。从历史的经验看,全球性经济危机往往伴随着剧烈的生产方式变革和产业结构调整,也常常孕育着科学技术的革命性突破,如1857年和1929年两次全球经济危机之后,就分别爆发了电气革命和信息革命两次技术革命。按照这个规律,在未来10—20年内爆发科技革命恰当其时。

6. 低碳革命浪潮已现端倪

低碳革命是继农业革命、工业革命、信息革命后的第四次科技革命和产业革命,称其为"低碳革命"是因为:

第一,自从有人类社会以来,还没有哪件事情像"全球气候变化"一样,让人类社会如此规模"兴师动众,严阵以待",而"低碳"正是减缓气候变化的解救之道。十几年过去,"低碳"在不知不觉中成为一种流行的理念、一种导向性的舆论,甚至成为一种主流价值观。"低碳运动"在世界各国风生水起,成为"国家行为"、"世界运动",英国提出发展"低碳经济",日本提出建设"低碳社会",美国加速研发"低碳技术",世界各地争相发展"低碳城市",老百姓也提倡过"低碳生活"。"低碳"概念在短时间内的迅速"走红",并开始主导世界各国的发展模式和政策,都说明有一股浪潮在推动,那就是"低碳革命"的浪潮。

第二,"低碳革命"就是即将到来的科技革命和产业革命。我们注意到新科技革命和产业革命发端前的形势,即以往的工业化仅仅使地球上不到10亿人口过上了现代化的生活,但却造成自然资源的枯竭和生态环境的破坏,目前尚存的化石能源资源,仅够使用100—200年左右。如果放任化石能源像以往那样开发和使用,即所谓的"高碳"模式,不仅能源资源难以为继,也势必造成环境污染和全球气候变暖的加剧,对人类生存造成巨大的危害。这意味着包括中国在内的数十亿人口要实现现代化,达到西方国家的富裕水平,就必须解决传统的"高碳"发展模式与资源环境承载能力之间日益尖锐的矛盾,而建立新的"低碳"的发展模式,首先要依靠科学和技术的革命性突破。所以我们有理由相信，这是一次以绿色低碳为主要特征的科技革命和产业革命。

第三，"低碳"一词是舶来品，"低碳经济"首次出现在官方文件中是在2003年英国发表的白皮书《我们未来的能源——创建低碳经济》，书中指出，低碳经济是通过更少的自然资源消耗和更少的环境污染，获得更多的经济产出；低碳经济是创造更高的生活标准和更好的生活质量的途径与机会，它也将为开发、应用和出口先进技术创造机会，同时能够创造新的商机和更多的就业机会。[①] 可见，即使是"低碳经济"的始作俑者，也不认为"低碳"仅仅是减少碳排放，而赋予"低碳经济"广泛而丰富的含义。我们选取"低碳"一词的目的，更看重它的"时代性"和"全球性"，即它代表了如何解决目前全球面临的最大挑战——气候变化问题，而问题的最终解决也就意味着全球经济发展模式的真正转型。另外，"低碳"具有"节约"的含义，代表了向"节约型"社会发展的方向。也有专家学者认为绿色经济是比低碳经济有更广泛的概念，绿色经济包含了节能、高效的经济，清洁能源、循环经济、生态经济、低碳经济等内容，推行可持续发展的绿色经济更具有代表性。[②] 其实两者并不矛盾，"绿色经济"是带动21世纪世界经济转型的"巨龙"，而"低碳经济"就是点睛之笔。以"低碳革命"浪潮命名第四次浪潮更具有时代特征。

低碳革命的浪潮已现端倪。无论是气候谈判的紧锣密鼓，还是可再生能源、新能源的快速成长，抑或金融危机后的巨额科技投资，我们都听到了第四次浪潮的涌动声。

第一，这是一次科技革命引导和推动的产业革命，与前三次所不同的是，国际社会和各国政府在组织和推动科技进步和创新方面起到了独特的作用。在此背景下，科技革命爆发前的酝酿经历了相当长的时间。我们认为，这个时期始于20世纪90年代。从这个时期开始，气候

① 吴晓青：《实行低碳发展，应对气候变化》，张坤民等主编：《低碳发展论（上）》，中国环境科学出版社2009年版，第59、60页。

② 张蕾：《我们该如何应对全球气候变化——访中国工程院院士丁一汇》，《光明日报》2009年11月9日第10版。

变化问题已提上国际议程并取得量化减排的初步成果;欧盟可持续能源战略已初步确立并确立了长期的目标;美国加速清洁能源技术的研究并提出掌握清洁能源的国家将领导21世纪;中国政府也发布了到2020年碳强度、发展可再生能源和增加森林碳汇的目标。全球金融危机后,发达国家在科技创新和新能源、可再生能源等领域加大投资和政策支持力度,相信会对新的科技革命和产业革命的到来起到催化作用。

第二,这次科技革命是众多科技成就的集群突破,新能源和低碳技术、信息技术、生物技术、材料技术都可能成为重点突破的领域,而信息技术、生物技术、材料技术的突破也都会对新能源和低碳技术产生积极的甚至是关键性的影响。事实上,新能源和低碳技术并不是一门独立的技术,而是涉及电力、道路交通与燃料、建筑与设备、工业等诸多领域的相互关联的技术群。其他技术的发展也会带动能源技术的进步,例如,目前广泛应用的天然气联合循环(NGCC)技术,很多就来自航空发动机技术。当代科学技术发展呈现出突破与融合相结合的多学科发展形式,跨领域跨产业的科技成果集群突破,以及多学科的融合发展已是科技进步的常态。因此,未来的科技革命可能难以找到像前三次科技革命中蒸汽机、发电机、电动机、计算机这样单一的标志性载体,但新一轮科技革命的基本特征是明确的,就像第三次科技革命虽然在电子信息、航空航天、核能等多个领域取得突破,但以信息技术革命为其基本特征一样,本次科技革命也必定取得多领域的技术突破,但以低碳革命为其本质特征。

第三,科技革命和产业革命爆发的时间取决于重大科技突破的时间和对经济社会产生实际效果的时间。在存在众多科技成果集群突破和共同作用的前提下,事先预测个别技术突破的时间及影响很难,意义也不大,但有三个时点值得我们注意,它们在一定程度上反映了科技革命的作用和能源结构调整的步伐。一是未来全球一次能源消费中,化石能源消费总量达到峰值的时点,只有可再生能源和新能源(非化石能源)在技术、经济或在可持续的政策支持下具备了与传统能源相竞争的实力,化石能源的实际消费才可能下降,根据2004年欧洲联合研究中心(JRC)的预测[1],2030年化石能源就可能达到峰值,而届时可再生能源和新能源占一次能源消费总量的30%,2040年将达到50%,这是个比较乐观的估计;二是全球二氧化碳排放总量达到峰值的时点,它预示着气候变化的应对行动取得了决定性的成果,这个时点与第一个时点大致同步,意味着全球气候变暖已经得到有效控制,情况会越来越好;三是非化石能源在一次能源消费中的比例超过50%,并保持上升趋势的时点,这个时点预示着人类终于进入了摆脱对化石能源依赖的阶段。乐观的预测在2040年就可以达到(JRC预测),而根据国际能源机构(IEA)的预测[2],到2050年,化石燃料在全球能源供应中仍然占据主要份额,达到66%—71%。石油、煤炭和天然气的需求仍然高于目前的水平。我们认为要确定达到三个时点的时间,主要看科技革命突破的力度和广度,如果10—20年内新的科技革命能如愿实现巨大的突破,2050年左右也许是达到第一和第二时点的大致年份。如果达到了前两个时点,第三个时点也会很快到来。

第二节 “气候变化”与“低碳发展”

研究低碳革命,离不开全球气候变化的背景,同样,讨论低碳发展,也不可能脱离应对气候变化的行动。在应对气候变化的国际合作中,《联合国气候变化框架公约》和《京都议定书》既是气候谈判的可喜成果,也是全球应对气候变化的基本框架和行动准则,其原则和精神应该在以后的国际行动中得到继承和发扬。尽管气候变化是21世纪人类社会面临的最严峻的挑战之一,但在低碳革命的背景下,应对气候变化并不构成低碳发展的全部。低碳发展要把减缓气候变化作为一个主要

① 中国科学院能源领域战略研究组:《中国至2050年能源科技发展路线图》,科学出版社2009年版,第27页。

② 国际能源机构:《能源技术展望——面向2050年的情景与战略》,张阿玲等译,清华大学出版社2009年版,第11页。

目标，而非唯一目标。低碳发展除了要完成使人类避免气候灾难的使命外，还要实现经济和社会的可持续发展目标（即低碳经济和低碳社会的目标），实现由工业文明向低碳文明和生态文明的过渡。

一、全球气候变化的形势

1. 气候变化的科学事实

早在19世纪，科学家就发现了维持地球温度相对稳定的“温室效应”，以及在“温室效应”中起主要作用的“温室气体”。1895年，瑞典化学家阿尔赫尼斯（Svante Arrhenius）对人类排放温室气体所产生的温室效应进行了预测，指出人类消耗煤炭所产生的二氧化碳，将会造成气温的轻微上升，长期积累则会产生显著的影响，如果二氧化碳的浓度增加一倍，则全球气温将上升5℃—6℃。这是科学家最早对温室气体导致“气候变化”的定量预测。

然而，那时的科学家对温室气体排放可能导致“气候变化”一直持乐观态度。因为直到20世纪60年代，科学界占主导的观点一直认为，人类排放的二氧化碳会被海洋吸收，因此没有理由担心燃烧化石燃料所带来的二氧化碳排放。这期间气候“变冷说”与“变暖说”并行存在，70年代初期“变冷说”曾一度成为主流。[①] 1988年6月美国气候科学家詹姆斯·汉森在美国国会作证时指出，人类活动所导致的温室气体效应已经形成，被媒体广泛报道，从而引发了对于气候变化的全球性关注。

1988年11月，世界气象组织（WMO）和联合国环境规划署（UNEP）建立了政府间气候变化专门委员会（IPCC），该组织由数百名世界顶尖科学家组成，其任务是在全面、客观、公开和透明的基础上，就气候变化的成因、潜在的环境和社会经济影响以及可能采取的对策等提供科学、权威的评估。1990年，IPCC发表了第一份评估报告，提出

---

① 20世纪60年代末到70年代初，世界许多国家包括我国都遭遇到了严冬，70年代初，科学家们从轨道周期变化规律出发，提出了一时盛行的气候“变冷说”，以为21世纪地球将进入“小冰河时期”（Little Ice Age）。

了大气二氧化碳浓度增加将导致地球升温的警告。气候变化首次作为一个受到国际社会关注的问题提上议事日程。

气候变化是一个严谨的科学问题。所谓“气候变化”就是气候平均状态统计学意义上的巨大改变或者较长一段时间的气候变动。科学家通过研究古气候变化记录[①]得出,20 世纪后半叶北半球平均温度很可能比过去 500 年中任何一个 50 年时段更高,也可能是至少在最近 1300 年中最高的。这些结论得到了包括树轮、冰芯和珊瑚等气候代用记录的支持。[②] IPCC 于 1990—2007 年间共 4 次发表评估报告,对气候变暖的事实和人类活动的作用不断加深了认识,提供了气候变化的科学证据。(1)温室气体自工业化以来(1750 年以后)迅速增加。现代温室气体的测量表明,CO_2 含量从工业化前(1750 年)的 280μl/L 增加到了 2005 年的 379μl/L。2005 年的 CO_2 的大气浓度值已远远超出了根据冰芯记录得到的 65 万年以来含量的自然变化范围(180—330μl/L)。并且近 10 年(1995—2005 年)CO_2 大气含量的增长率(每年 1.9μl/L)比过去有连续直接大气测量以来的增长率(1960—2005 年每年 1.4μl/L)要高。(2)近百年地表和对流层温度明显增加的观测事实。在第一次(1990 年)和第二次(1996 年)评估报告中,全球气候变化的检测结果均为“全球平均地表温度在过去的 100 年中增加了 0.3℃—0.6℃”,但第二次报告在检测人类活动对气候变化影响方面取得了相当的进展。第三次(2001 年)评估报告把全球气候变化的检测结果修正为“全球平均地表温度在过去的 100 年中检测出上升了 0.4℃—0.8℃”,并明确了“20 世纪的变暖是很异常的,过去 100 年的温度变化不可能完全是由自然因素造成的”。第四次(2007 年)评估报告指出,“气候系统变暖,包括地表和自由大气温度,海表以下几百米

① 在古气候研究中,科学家常用替代性考核的方法进行研究,即不直接测量气候变化,而是利用冰芯、深海沉积物、石笋、黄土剖面、湖相沉积、珊瑚、树轮、同位素等一些古气候代用记录来发现、重建古气候条件来进行研究。

② 中国科学院可持续发展战略研究组:《2009 中国可持续发展战略报告——探索中国特色的低碳道路》,科学出版社 2009 年版,第 7 页。

厚度上的海水温度,以及所产生的海平面上升均已被检测出来。更新的近 100 年全球地表温度的线性趋势为 0.74(0.56—0.92)℃(1906—2005 年)”。①

2. 人类活动对气候变化的作用

对于气候变化原因的解释,长期存在着“自然因素说”和“人为因素说”的争论,两种观点都不否认自然和人为因素的综合影响,争论的焦点是谁对气候变化起主要作用。由于在复杂的气候系统中能够观测、检测出人类活动的作用和影响不过是近二三十年的事,因此存在争论是非常正常的,争论也大大推动了气候变化科学研究的进展。目前科学界比以往任何时候都肯定地确认人类活动对地球气候的影响②,全球有关气候变化原因的共识也逐步形成。

IPCC 成立 20 年间对全球气候变化作出了四次评估报告,每次报告对人类活动影响的评估,都随着证据的增加和研究的深入而作出调整和修正。1990 年的第一次报告说“近百年气候变化可能是自然波动,或人为活动,或二者共同影响的结果”;1995 年第二次报告说的是,人类活动对气候系统的影响已可以“被检测出来”;2001 年第三次报告强调“新的证据表明,过去 50 年增暖可能归因于人类活动”;到了 2007 年,第四次报告则明确指出,人类活动导致全球变暖的可能性从 2001 年的 66% 提升到 90% 以上。这个评估结果使人们以更高的信度确信人类活动是造成近 50 年全球气候变化的主因。

人类活动对气候变化的作用表现在四个方面:(1)化石燃料燃烧排放的二氧化碳等温室气体通过温室效应影响气候,这是人类活动造成气候变暖的主要驱动力;(2)农业和工业活动排放的甲烷(CH_4),二氧化碳(CO_2),氧化亚氮(N_2O),全氟碳化物(PFC),氢氟氯碳化物(HFC),六氟化硫(SF_6)等温室气体也通过温室效应增强气候变暖;

① 丁一汇:《人类活动在现代气候变化中的作用》,张坤民等主编:《低碳发展论(上)》,中国环境科学出版社 2009 年版,第 12—14 页。

② 丁一汇:《人类活动在现代气候变化中的作用》,张坤民等主编:《低碳发展论(上)》,中国环境科学出版社 2009 年版,第 9 页。

(3)土地利用变化导致的温室气体源/汇变化和地表反照率变化进一步影响气候变化,包括森林砍伐、城市化、植被改变和破坏等;(4)环境污染中排放的气溶胶,尤其是硫化物与黑碳气溶胶等引起的气候变化,其主要作用是使地面变冷。

由于气候系统的复杂性,气候研究仍然存在比较大的不确定性。气候研究在某种程度上也围绕着降低不确定性展开。20 世纪后期,最大的不确定性是气候变化是否真实存在,目前研究中主要的不确定性包括气候变化的发生与发展机理、气候变化模型模拟研究、极端气候变化或气候突变的概率与机理、未来气候变化的预测及影响、气候变化的区域特征等。在 IPCC 评估报告中,对其研究中的关键的不确定性问题都给出了归纳和列举。我们相信随着科学研究的深入和更先进科技手段的应用,研究中的不确定性将会逐步减少,确定性将不断增加。

3. 2℃升温控制目标

根据 IPCC 第四次评估报告的预测,到 21 世纪末,全球地表平均增温幅度将达到 1. 1℃—6. 4℃,全球平均海平面上升幅度约为 0. 18—0. 59 米。在未来 20 年中,气温大约以每 10 年上升 0. 2℃的速度升高,即使所有温室气体和气溶胶浓度稳定在 2000 年的水平,全球地表温度每 10 年也将增暖 0. 1℃。若温室气体浓度以目前的趋势继续增加,所导致的增暖将比 20 世纪观测到的大得多。由于与气候过程和反馈相关的时间尺度的存在,即使温室气体浓度不变,人类活动引起的变暖和海平面上升将会持续数个世纪。

《美国国家科学院院刊》(PNAS)在 2008 年 2 月发表的一份评估报告分析了影响未来气候系统发生变化的、具有多米诺骨牌效应的关键临界因素,指出这些因素的变化一旦突破"翻转点",将引发更为严峻的气候系统变化并带来不可逆转的影响。这份报告提出,北极夏季海冰消融很快会达到"翻转点",进而加速融化直至完全消失;格陵兰岛冰盖可能在 300 年后完全消融,但其消融的速度将在 50 年后达到"翻转点"并进入快速消融阶段;大洋环流停止的概率虽然很低,但从科学上是存在可能性的,而且其潜在威胁非常大;西伯利亚地区和加拿

大一些由耐寒植物组成的针叶林可能逐渐消失；亚马逊热带雨林也将因全球气温升高和不断遭到砍伐而最终从地球上消失。①

中国工程院院士、中国气象局气候变化特别顾问丁一汇在接受《光明日报》采访时回答了"全球气候变化是否已经达到或接近气候突变的转折点"的问题。② 他指出，《联合国气候变化框架公约》第二条指出，公约以及任何相关的法律条文的最终目的是把大气中温室气体的浓度稳定在一定水平上，以防止对气候系统产生危险的人类干扰，使生态系统有足够的时间自然地适应气候变化，确保粮食生产不受威胁、经济得到可持续发展。在此需要确定什么是危险的人类干扰——这一涉及价值判断的问题，科学能够为此提供信息化决策，即主要提出关键脆弱性判据，因而关键脆弱性是确定气候变化阈值的前提和条件。关键脆弱性表明，当系统通过非线性过程超过了由一种状态变成另一种状态（如亚洲季风的突变或西南极冰盖的解体）的系统性阈值，可引起大范围地区具有危险状况的后果；但平稳和逐渐的气候变化一旦超过某一临界点，也可导致不可承受的破坏（如海平面上升）。这种常态影响的阈值可以是全球性的，也可以是区域的。另一方面，转折点或翻转点也与关键脆弱性或阈值密切有关。有研究表明，全球有 9 个系统已接近或达到翻转点，它们是：北极海冰、格陵兰冰盖、西南极冰盖、大西洋温盐环流、厄尔尼诺与南方涛动（ENSO）、印度季风、撒哈拉与西非季风、亚马逊雨林、北半球森林。

如果继续当前的趋势而不采取任何行动的话，到本世纪末，全球平均温度将升高 4 摄氏度。在最坏的预测中，甚至可能在 2060 年左右升温幅度就达到 4 摄氏度。根据英国《皇家学会哲学学报》2010 年 11 月发布的一期专刊，如果全球变暖 4 摄氏度，将给许多地方的生态系统带来灾难。撒哈拉以南非洲的农业将遭受严重打击，一些

---

① 中国科学院可持续发展战略研究组：《2009 中国可持续发展战略报告——探索中国特色的低碳道路》，科学出版社 2009 年版，第 12 页。

② 张蕾：《我们该如何应对全球气候变化——访中国工程院院士丁一汇》，《光明日报》2009 年 11 月 9 日。

地方现有的农业系统会遭受难以挽回的重创，带来粮食安全问题。目前，全球水资源正在承受人口增长和气候变化的双重压力。如果全球变暖过快，人口峰值与变暖峰值将出现重叠，使水资源使用不堪重负。在升温2摄氏度的预测中，主要是沿海地区和小岛国会因海平面上升而出现人口迁徙，但在升温4摄氏度的预测中，人口迁徙的规模和性质都会发生更严重的变化。此外，森林变化、冰盖融化也会带来严重的后果。①

如何确定气温升高多少将会达到临界点？科学家给出2℃的答案。联合国环境规划署的温室气体咨询小组1990年报告指出，2℃可能是"一个上限，一旦超过可能招致严重破坏生态系统的风险，其恶果将呈非线性增加"。2009年7月在意大利举行的八国集团（G8）峰会上，八国领导人同意，将全球变暖幅度控制在比工业化前高出不超过2℃的水平。2009年12月，在哥本哈根世界气候大会上，"全球气候升幅不应超过2摄氏度"被写入《哥本哈根协议》。

实现2℃控制目标的概率与排放路径有着密切的关系。欧盟国家的研究表明，如果把2000年至2050年累积的二氧化碳排放总量限制在1万亿吨以下，超过2℃增温的概率将只有25%；如果二氧化碳排放达到14400亿吨，则超过2℃的概率达到50%。2000年到2006年，二氧化碳排放已有2340亿吨，这意味着从2007年到2050年只剩下7000多亿吨的排放量（排放基准年为1990年）。把2020年作为峰值的拐点年，如果全球温室气体排放这时仍然高于2000年水平的25%，则超过2℃的概率将上升到53%—87%。

碳排放峰值拐点年也是一个重要指标。在哥本哈根会议中，丹麦曾提出草案，希望全球温室气体排放峰值年为2025年，但随即遭到发展中国家的拒绝。主要是因为在目前技术没有突破，资金没有保障的前提下，设置峰值年就等于剥夺了发展中国家的发展权。因此，尽管科

① 新华网：《研究人员探讨全球变暖4摄氏度可能带来的灾难性后果》，http://news.xinhuanet.com/world/2010-11/30/c_12831342.htm。

学界的期望是，在5—10年内全球的碳排放就能达到峰值。但这需要发达国家付出更大的努力，作出更大的承诺，发达国家对发展中国家在资金和技术上的支持也需要更大。

专栏1-3　现代气候变化事实

IPCC第四次评估报告综合评述了大气圈、水圈和冰冻圈的变化，并深入讨论了大气环流形态变化等相关的现象，指出全球气候变化是气候系统的变化，气候系统正在变暖是毋庸置疑的事实，并且90%以上的可能是由人类的活动造成的。

过去100年(1906—2005年)全球平均地表温度上升了0.74℃，这一观测结果更新了2001年IPCC第三次评估报告给出的过去100年(1901—2000年)上升了0.6℃的研究结果。自1850年以来最暖的12个年份中有11个出现在1995—2006年(1996年除外)，过去50年的地表升温率几乎是过去100年的2倍。1961年以来的观测结果表明，全球海洋温度的增加已延伸到海面以下至少3000米的深度，海洋已经并且正在吸收80%以上增加到气候系统的热量，这一增暖引起海水膨胀，并造成海平面上升。在20世纪，全球海平面已上升了约0.17米。

在大陆、区域和海盆尺度上已观测到气候系统的长期变化，包括北极温度与冰的变化，降水量、海水盐度、风场以及干旱、强降水、热浪和热带气旋强度等极端天气方面的变化，具体如下。(1)近100年来北极平均温度几乎以两倍于全球平均速率的速度升高。(2)1978年以来北极海冰面积以每10年2.7%的平均速率减少。(3)20世纪80年代以来北极多年冻土层顶部温度上升了3℃。(4)北半球自1900年以来季节冻土覆盖的最大面积已减少了约7%。(5)许多地区观测到降水量在1901—2005年存在变化趋势，北美和南美东部、欧洲北部、亚洲北部及中部降水量显著增加，而萨赫勒、地中海、非洲南部、亚洲南部部分地区降水量减少。(6)20世纪60年代以来，南、北半球中纬度西风在加强。(7)20世纪70年代以来在更大范围内,尤其是在热带和亚热带,观测到了强度更强、持续时间更长的干旱。(8)近50年来强降水事件的发生频率有所上升,陆地上大部分地区强降水发生频率在增加,中国强降水事件也在增加。(9)近50年来已观测到了极端温度的大范围变化,冷昼、冷夜和霜冻已变得较为少见,而热昼、热夜和热浪则更为频繁。(10)热带气旋(台风和飓风)每年发生的次数没有明显变化趋势,但从20世纪70年代以来全球呈现出热带气旋强度增大的趋势,强台风发生的比例增加,其中在北太平洋、印度洋与西南太平洋增加最为显著,强台风出现的频率,由20世纪70年代初的不到20%增加到21世纪初的35%以上。

摘自中国科学院可持续发展战略研究组:《2009中国可持续发展战略报告——探索中国特色的低碳道路》,科学出版社2009年版,第8—9页。

二、应对气候变化的国际合作

1. 气候谈判的艰难进程

1990年12月,第四十五届联合国大会第一次就气候变化问题作出决议,决定就制订“气候变化框架公约”进行谈判。1992年6月在巴西里约热内卢举行的联合国环境与发展大会上,153个国家和欧盟签署了《联合国气候变化框架公约》(UNFCCC)。① 这是世界上第一个为全面控制二氧化碳等温室气体排放,以应对全球气候变暖给人类经济和社会带来不利影响的国际公约,也是国际社会在应对全球气候变化问题上进行国际合作的一个基本框架。《公约》于1994年3月正式生效,但未提出任何约束或者强制性的温室气体减排目标。

从1995年起,世界各国在《公约》的框架下进行谈判和磋商,到

① 截至2009年12月7日—19日缔约方第15次会议在丹麦首都哥本哈根举行为止,加入该公约的缔约国增加至192个。

2011 年,已经召开了 17 轮《联合国气候变化框架公约》缔约方①会议(Conferences of the Parties,COP)。在《京都议定书》生效后,从 2005 年的加拿大蒙特利尔会议开始,与《联合国气候变化框架公约》缔约方会议一道,《京都议定书》缔约方会议也共举行了 7 次(见表 1-1)。

表 1-1　1995—2011 年召开的 17 次缔约方会议简介

时间	地点	简介
第 1 次会议 1995 年 4 月	德国 柏林	通过了《柏林授权书》,各方同意立即就 2000 年后应该采取何种适当的行动来保护气候进行谈判,以期最迟于 1997 年签订一项协议书,明确规定在一定期限内发达国家所应限制和减少的温室气体排放量。
第 2 次会议 1996 年 7 月	瑞士日内瓦	就"柏林授权"所涉及的"议定书"起草问题进行讨论,未获一致意见,决定由全体缔约方参加的"特设小组"继续讨论,并向缔约方第三次会议报告结果。通过的其他决定涉及发展中国家准备开始信息通报、技术转让、共同执行活动等。
第 3 次会议 1997 年 12 月	日本 京都	149 个国家和地区的代表通过了《京都议定书》,它规定从 2008 年到 2012 年期间,主要工业发达国家的温室气体排放量要在 1990 年的基础上平均减少 5.2%,其中欧盟将 6 种温室气体的排放削减 8%,美国削减 7%,日本削减 6%。
第 4 次会议 1998 年 11 月	阿根廷 布宜诺斯 艾利斯	通过了《布宜诺斯艾利斯行动计划》,就技术转让、财政机制、气候变化对发展中国家的不利影响、建立执行《京都议定书》机制的工作计划等 6 个方面作出了决议。为克服减排障碍创造了一定的条件。

① 公约为了体现发达国家和发展中国家之间共同但有区别的责任(common but differentiated responsibilities)原则,将全体缔约方分为两类,其责任和权利有所区别。a. 附件 1 缔约方(发达国家缔约方和其他缔约方)。主要指工业化国家缔约方和正在朝市场经济过渡的缔约方。这些缔约方"应制定国家政策和采取相应的措施,通过限制其人为的温室气体排放以及保护和增强其温室气体库和汇,减缓气候变化"。b. 非附件 1 缔约方(以发展中国家为主)。这些缔约方不承担削减义务,以免影响经济发展,可以接受发达国家的资金、技术援助,但不得出卖排放指标。"发展中国家缔约方能在多大程度上有效履行其在本公约下的承诺,将取决于发达国家缔约方对其在本公约下所承担的有关资金和技术转让的承诺的有效履行,并将充分考虑到经济和社会发展及消除贫困是发展中国家缔约方的首要和压倒一切的优先事项。"

续表

时间	地点	简介
第5次会议 1999年 10月—11月	德国 波恩	通过了《联合国气候变化框架公约》附件1所列缔约方国家信息通报编制指南、温室气体清单技术审查指南、全球气候观测系统报告编写指南,并就技术开发与转让、发展中国家及经济转型期国家的能力建设问题进行了磋商。
第6次会议 2000年11月 2001年7月	荷兰 海牙 德国 波恩	海牙会议由于各方立场相距甚远,没有就有关议题谈判达成协议,会议被迫休会,改于2001年7月在波恩继续进行。 美国于2001年6月宣布退出《京都议定书》,随后澳大利亚也宣布退出,全球减排努力遭到重大挫折。波恩会议通过磋商与妥协,坚持了《京都议定书》的方向,会议通过了"没有美国参加的妥协方案"。
第7次会议 2001年10月	摩洛哥 马拉喀什	通过了有关《京都议定书》履约问题(尤其是CDM)的一揽子高级别政治决定,形成马拉喀什协议文件,为《京都议定书》附件1缔约方批准《京都议定书》并使其生效铺平了道路。
第8次会议 2002年10月	印度 德里	通过的《德里宣言》强调抑制气候变化必须在可持续发展的框架内进行,这表明减少温室气体的排放与可持续发展仍然是各缔约国今后履约的重要任务。《德里宣言》重申了《京都议定书》的要求,敦促工业化国家在2012年年底以前把温室气体的排放量在1990年的基础上减少5.2%。
第9次会议 2003年12月	意大利 米兰	会议批准了约20条具有法律约束力的环保协议。由于批准国家温室气体的排放量不足全球温室气体排放总量的55%,而俄罗斯拒绝批准《京都议定书》,所以本次会议《京都议定书》还不能生效。
第10次会议 2004年12月	阿根廷 布宜诺斯 艾利斯	围绕《联合国气候变化框架公约》生效10周年来取得的成就和未来面临的挑战、气候变化带来的影响、温室气体减排政策以及在公约框架下的技术转让、资金机制、能力建设等重要问题进行了讨论,会议议程主要涉及国际社会为应对全球气候变化而做的具体工作。 2004年11月,俄罗斯批准了《京都议定书》。
第11次会议 2005年11月	加拿大 蒙特利尔	最终达成40多项重要决定,其中包括《京都议定书》第二阶段温室气体减排谈判,以进一步推动和强化各国的共同行动,切实遏制全球气候变暖的势头。 2005年2月6日,《京都议定书》正式生效。
第12次会议 2006年11月	肯尼亚 内罗毕	达成"内罗毕工作计划"在内的几十项决定,以帮助发展中国家提高应对气候变化的能力;在管理"适应基金"的问题上取得一致,基金将用于支持发展中国家具体的适应气候变化活动。

续表

时间	地点	简介
第 13 次会议 2007 年 12 月	印度尼西亚 巴厘岛	会议着重讨论“后京都”时期(即 2012 年《京都议定书》第一承诺期到期后)如何进一步降低温室气体的排放,通过了“巴厘路线图”,致力于在 2009 年年底前完成“后京都”时期全球应对气候变化新安排的谈判并签署有关协议。 2007 年 12 月,澳大利亚又重新签署《京都议定书》。
第 14 次会议 2008 年 12 月	波兰 波兹南	会议主要讨论了包括温室气体减排的中期和长期承诺、如何采取措施有效应对气候变化、增加更多资金用于绿色技术开发和转让等问题。 此前的八国集团领导人会议宣布就温室气体长期减排目标达成一致,八国寻求实现 2050 年将全球温室气体排放量减少至少一半的长期目标。
第 15 次会议 2009 年 12 月	丹麦 哥本哈根	与会各国达成《哥本哈根协议》,维护了各国应对气候问题应坚持的“共同但有区别的责任”的原则,就发达国家实行强制减排和发展中国家采取自主减缓行动作出了安排。这次大会被贴上了“拯救地球的最后一次机会”的标签,但最后达成的协议并无强制约束,低于此前各界对此次会议的预期。
第 16 次会议 2010 年 11 月—12 月	墨西哥 坎昆	大会通过了《公约》和《议定书》两个工作组分别递交的决议,但对于关键性的《京都议定书》第二承诺期等问题,要留待 2011 年南非气候大会解决。
第 17 次会议 2011 年 11 月—12 月	南非 德班	大会通过决议,对《京都议定书》第二承诺期问题作出了安排,启动了绿色气候基金,讨论了 2020 年后进一步加强公约实施的安排。但德班会议未能全部完成“巴厘路线图”谈判,一些重要议题需要在卡塔尔会议上继续谈判。会后加拿大宣布退出《京都议定书》。

全球气候谈判从一开始就步履维艰,进入《京都议定书》第二阶段减排谈判后,更是举步艰难。哥本哈根大会规模之大、层次之高、世人所寄予的期望之甚,为全球所瞩目,但成果却大大低于预期。我们把到目前为止的全球气候谈判划分为三个阶段:第一阶段,从 1990 年联合国决定就气候问题进行谈判到 1994 年 3 月 1 日《联合国气候变化框架公约》正式生效,主要任务是就全球应对气候变化合作的框架,包括目标、原则等重要问题进行谈判,成果是各缔约国 1992 年 6 月签署了《联合国气候变化框架公约》;第二阶段是从 1995 年《公约》缔约方第一次会议到 2005 年 2 月 16 日《京都议定书》正式生效,其中,从 1995 年到

1997 年,主要任务是围绕减排温室气体的种类、各国具体承担的减排额度、减排时间表以及减排方式等进行谈判,其成果是 1997 年在日本京都举行的缔约方第三次会议上通过的《京都议定书》;从 1998 年到 2005 年,主要任务是围绕《京都议定书》后续工作(履约机制等)以及最后生效等进行谈判和完成法律程序,其重要事件是通过《马拉喀什协议》,成果是 2005 年 2 月 16 日《京都议定书》正式生效。第三阶段从 2005 年《公约》缔约方第 11 次会议到未来的某个时点,主要任务是进行《京都议定书》第二阶段温室气体减排的谈判,重要事件是 2007 年在印尼巴厘岛举行的缔约方第 13 次会议上,通过了“巴厘路线图”,但从哥本哈根会议开始,谈判进入最艰苦的阶段,德班会议虽然对《京都议定书》第二承诺期问题作出了安排,但后续谈判依然艰巨,结果也有待观察。

为什么谈判之路充满“荆棘”? 我们认为主要有五方面原因:(1)气候问题涉及人类社会现代与未来、发展与危机,以及世界与各国、出资与受益、责任与义务等多种复杂的关系,科学评估、道德判断、理性分析、利益权衡纠结其中,但在具体行动的谈判中,利益因素最终起主导作用。由于减排需要巨大的成本,为减排付出成本自然会影响到眼前的经济增长和竞争力,因此,各国在谈判中最重要的一点就是权衡利益得失。(2)气候变化造成的影响对不同的国家不同,预期的损失也不同。众多发展中国家由于地理位置的劣势而成为气候变化的最大受害者,也是近期气候援助的最迫切的需求者;而对于一些发达国家,由于保障设施充足,应对措施有力,对气候变化的适应能力较强,气候变化对他们的短期影响可控。对于个别发达国家,温度小幅上升可能还有利,如加拿大和美国在 21 世纪最初的几十年由于气温的小幅升高,粮食有可能增产;再如随着海冰融化,北冰洋通航潜力增大,水下资源被开采的可能性增大,附近国家的利益角逐也会加强。(3)不同集团诉求不同。欧盟已具备发展低碳经济的基础,减排对经济的影响不大,政治共识较强,希望成为减排行动的领导力量;伞形集团,以美、日、加为代表,多为能源消耗大国或温室气体排放大国,对本国经济压力考虑得较多，但又不愿放弃气候谈判的主导权；77国集团加中国代表了大部分发展中国家的利益，认为应按照《联合国气候变化框架公约》确定的共同但有区别的责任的原则确定减排指标，发达国家应按照承诺继续加大减排的幅度，并增加对发展中国家的资金和技术援助，反对目前情况下由发展中国家承担减排、限排温室气体的义务。由于具体诉求也发生分化，这个集团又分化出“最不发达国家”、“小岛国联盟”、“石油输出国组织”等利益集合。(4)气候谈判成为个别发达国家实行“气候霸权主义”的工具，使谈判中的对立难以调和。这种“霸权”突出反映在美国。由于美国两党政治的取向不同，2001年小布什一上台就推翻了克林顿政府的气候政策，无视美国在气候变化中应负的责任，退出了《京都议定书》，退出的原因是减少温室气体排放影响美国经济，以及发展中国家没有在同一履约期内承担具体的限制或减少温室气体的义务。2007年，一向推卸减排责任的布什政府突然提出要建立一个新的减排协议，来取代即将到期的《京都议定书》，在减排问题上布什有意把美国与中国、印度等发展中大国捆绑在一起，把发展中大国是否减排作为美国减排的条件。在哥本哈根气候大会上，竟然有美国官员还把发展中国家接受核查与推动美国参议院通过《清洁能源与安全法案》联系在一起，即美国国内法律通过也要以发展中国家的“表现”为条件，不知这是什么逻辑。(5)气候问题本身也比较复杂。有专家曾把气候问题和臭氧层问题进行比较，分析了气候问题的难度。气候变化问题涉及人类生产、生活极其广泛的领域：化石能源占据当今能源利用的绝大部分，改变能源结构无疑对当今人类工业文明提出了根本性转型的要求。交通和建筑领域的减排虽然增量成本可以在未来的使用周期中消化，但其面临的融资障碍难以克服。此外，气候变化的政策涉及更多的商业利益，以及国家竞争力的重新评估，不同的政治力量卷入得更深、更广、更错综复杂。哥本哈根谈判的失败就折射出不同利益间博弈的艰难，阻碍达成政治共识的鸿沟远未弥合。而相比之下，臭氧层问题则相对简单：关于臭氧空洞成因及危害的科学依据相对简单明了；涉及的行业相对有限，生产者限于全球几个大公司；替代技术已经具备，并且成本不算过于昂贵;设立了国际多边基金,对于有出资困难的国家予以资助。①

2. 气候问题争论的焦点和依据

国际上对于气候变暖问题,存在两类不同的争论:一类是对“气候变暖”及其成因的质疑,包括科学领域关于气候变暖“真”与“伪”的争论,二氧化碳是否是气候变暖主因的争论,以及其他各种形式的质疑观点包括“怀疑论”、“否定论”、“阴谋论”等。这类争论之所以存在,主要还是目前有关气候变化的基础研究方面还存在很多不确定性。质疑声音的存在,对科学研究的不断进步有一定的促进和鞭策作用。另一类是在认同气候变暖以及人类活动是其主要成因的前提下,围绕如何应对而产生的争论,包括气候谈判中的争论,各国应对策略上观点的不同,以及学术界的争论等。需要指出的是,随着气候谈判的启动和各种社会力量的介入,气候变化已经跨越了自然科学问题,演变成为发展问题和政治问题,并且其“政治化”倾向越来越明显。在某种意义上,各国也都在以保护全球气候的名义为其国家或是不同的利益集团的权益寻找对各自有利的证据、指标及相应的制度安排。许多观点也是在自然科学认识基础上加入了价值判断和利益考量,使气候变化从科学家争论的议题变成国际政治博弈和经济竞争的焦点。②

(1)气候谈判中的争论焦点

气候谈判是迄今全球规模最大、层次最高、影响范围最广、历时时间最长的一次多边谈判。在《京都议定书》第二阶段谈判之前,主要的争论在欧盟与美国为代表的伞形集团之间,核心问题是减排指标的分配和落实;从哥本哈根会议之后,争论可能会更多地出现在发达国家与发展中国家尤其是发展中大国之间,核心问题是是否要坚持《联合国气候变化框架公约》所确定的原则。

①《联合国气候变化框架公约》在现有温室气体存量来源上明确

① 喻捷:《谈判桌上的气候科学》,《财经》2010 年第 12 期。

② 王毅:《探索中国特色的低碳道路》,张坤民等主编:《低碳发展论(上)》,中国环境科学出版社 2009 年版,第 116 页。

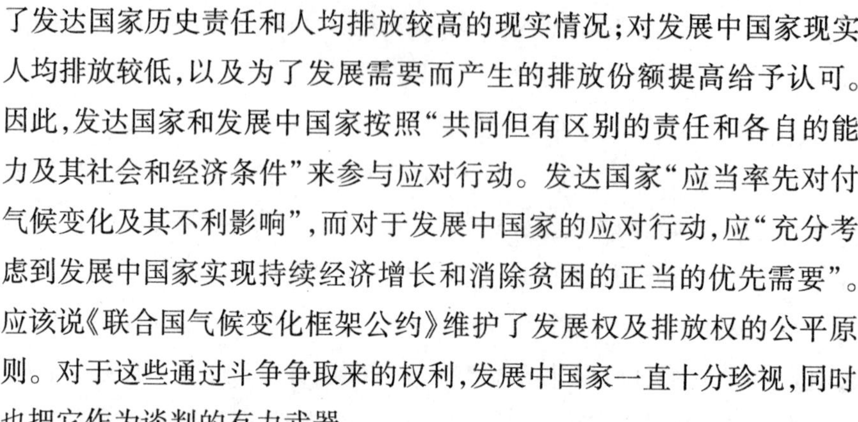

了发达国家历史责任和人均排放较高的现实情况；对发展中国家现实人均排放较低，以及为了发展需要而产生的排放份额提高给予认可。因此，发达国家和发展中国家按照“共同但有区别的责任和各自的能力及其社会和经济条件”来参与应对行动。发达国家“应当率先对付气候变化及其不利影响”，而对于发展中国家的应对行动，应“充分考虑到发展中国家实现持续经济增长和消除贫困的正当的优先需要”。应该说《联合国气候变化框架公约》维护了发展权及排放权的公平原则。对于这些通过斗争争取来的权利，发展中国家一直十分珍视，同时也把它作为谈判的有力武器。

②关于《京都议定书》前途以及“两轨并一轨”等的辩论，其核心是对发展中国家是否也应设定强制减排目标，实质是“共同但有区别的责任”的原则是否应该继续遵守。应该承认，在哥本哈根会议上欧盟谈判的主要目标还是美国，但面对发展中大国经济的高速发展和碳排放量的快速增加，在美国的坚持下，欧盟的态度也发生了转变。在这次大会上发达国家只把眼睛盯在全球碳排放总量尤其是发展中国家碳排放总量的增加以及与2℃上限要求的有限的排放空间上，而无视发展中国家人均排放仍然很低，经济发展和消除贫困必然会增加排放的现实，漠视他们自己本应该承担的历史排放的责任，以及他们远高于发展中国家的消费型人均排放的事实，要求与发展中国家捆在一起减排，自然引起发展中国家的强烈反对。而发展中国家则坚持“共同但有区别的责任”的原则，要求发达国家的减排量到2020年应该比1990年削减25%—40%，并且兑现资金支持和技术转让的承诺。

虽然近几年世界经济的格局发生了变化，发展中大国的经济实力有所增强，但中国、印度等国的发展中国家的性质并没有改变，从人均GDP指标、消费水平、产业结构、贫困人口数量、资源环境恶化等问题都说明这些国家的发展中国家的身份并没有改变，“共同但有区别的责任”的原则并没有失去存在条件。

事实上，在发达国家高调减排的背后，这些年的作为其实有限。其一，美国退出《京都议定书》，逃避责任就是一个最好的例子。其二，无论是在资金援助还是在技术转让上,都没有什么起色。资金缺口大,来源不稳定,谈判经常陷入僵局,管理机制也“不民主”;技术转让也不明显,一方面是很多清洁能源技术闲置,用途有限,而另一方面是迫切需要技术但却买不起。美国代表则回应说,美国的技术基本上掌握在私人手里,而私人的知识产权需要得到保护,以鼓励技术创新。其三,从目前减排的情况看,不少发达国家难以实现2012年的减排目标。如加拿大2006年的温室气体排放比1990年大幅增加了21.3%(加拿大为了逃避罚金,已于2011年12月宣布退出《京都议定书》),而日本2006年的排放仍然比1990年要高出6.2%。

③在谈判策略上,发达国家也使出不同的招数,保护本国的利益,迫使其他国家尤其是发展中大国同他们捆绑在一起或变相同他们捆绑在一起。美国、日本等国都以其他国家包括发展中国家是否一同减排为条件,设定自己的减排目标。欧盟在设定2020年温室气体排放目标时,也退守20%的上限,有条件履行30%的目标。对于中国提出的自主减排行动,美国代表提出核查的要求(可测量、可报告、可核证,英文简称MRV),实质是把中国纳入他们想建立的“具有法律约束力的新框架”,自然遭到中国的拒绝。此外,不管是对已经通过的协议,包括《京都议定书》、“巴厘路线图”的核心问题,还是《京都议定书》第二阶段谈判的新问题,发达国家很多时候采取了“各说各话”的方式,使谈判失去共同的基础,难以取得实际成果。

(2)《斯特恩报告》引发的经济学论争

2006年10月,英国公布了由经济学家尼古拉斯·斯特恩(Nicolas Stern)领导编写的《气候变化经济学:斯特恩报告》,从经济学的角度对气候变化的影响进行了评估。《斯特恩报告》一经推出,就引发了一场关于全球变暖的经济影响的尖锐争论。

《斯特恩报告》认为,如果保持当前的发展模式,未来几十年里,全球平均温度变化超过5℃的风险概率至少是50%。在考虑到突然、大规模气候变化的风险的情况下,“估计温度上升5℃—6℃将会造成相当于全球GDP 5%—10%的损失,而穷国遭受的损失成本将会超过

GDP 的 10%"。他还认为,"分析不应该只是狭隘地集中在 GDP 这样的收入度量上。气候变化所带来的健康和环境的后果有可能非常严峻"。在今后 200 年里,排放的总影响和总风险的成本将相当于全球人均消费平均降低 5%,如果考虑到对环境和人类健康的直接影响,则相当于把全球人均消费量的减少从 5% 提高到 11%。而由于贫困地区所承担的负担更大,气候变化的总成本将相当于当前以及未来人均消费减少 20%。"如果考虑到越来越多有关风险增加的科学证据、考虑到需要避免可能出现的大灾难,那么比较合适的估计很有可能是更加偏向 20% 这一端。""如果我们立即采取行动,将大气中温室气体的浓度稳定在 450ppm—550ppm 二氧化碳当量之间,到 2050 年前每年的成本大概占 GDP 的 1%,并浮动在 GDP 的-1%(净得)到+3.5%之间。"要长期大幅度减少排放,就必须大规模采用一系列清洁电能、热能和交通技术。世界上所有的发电行业都必须在 2050 年之前至少减排 60%,也许要 75%,才能实现稳定在或低于 550ppm 二氧化碳当量的目标。如果减排工作拖延下来,那么成本会更高。应对气候变化采取措施的时间越晚,遭受的损失就越严重,减排花费的费用也越高。

经济分析的结论在很大程度上取决于方法和参数的选择。斯特恩报告的结论在一定程度上取决于所用的贴现率。赞成的观点认为,斯特恩的报告采用低贴现率,重视代际公平,具有经济学理性。而欧洲大陆的一些经济学家认为,斯特恩报告的分析方法和假设条件均存在问题。未来气候变化的不利影响具有不确定性,并非一定是绝对悲观的。对未来经济损失采用过低的贴现率,不是真正意义上的成本收益分析。斯特恩报告采用的经济学分析模型,不仅过于简化,而且长时间系列简单外推,在方法上也是危险的。即使气候变化的不利影响是确定的,人类社会也会不断适应气候变化,增强抵御气候灾害的能力。而在斯特恩报告中,最坏的不利影响延续了 200 年而人类没有有效适应,这显然是不可思议的。[①] 我国学者认为,

① 潘家华:《气候变化引发经济学论争》,《绿叶》2007 年第 Z1 期。

《斯特恩报告》高估了全球变暖的经济影响，但却低估了从目前的经济体系过渡到“低碳（排放）经济”的成本。但应该认同斯特恩的基本落脚点：我们实质性地减少碳排放肯定比因为没有采取行动而冒由此带来的后果的风险要好得多。①

(3)发展中国家的“气候变化经济学”

无论是全球气候谈判，还是应对气候变化的国家行动，都需要经济理论和宏观政策的支持和指导，然而目前有关气候变化及其影响的经济学理论是在西方发达国家的公共理论和政策的背景下建立起来的，缺乏指导发展中国家的针对性。发展中国家迫切需要属于自己的“气候变化经济学”。

近年来，我国经济学家从发展中国家特有的视角，对全球变暖公共政策中的经济问题，包括各种对策在发展中国家中的可行性问题，以及中国所面临的特殊问题、特殊战略与对策等进行了深入的研究，同时也提出了对国际机制进行改革的建议。②

①对气候变化而言，二氧化碳排放在经济学上具有“公共负产品”(Global Public Bads)的特征，即二氧化碳排放，并不造成对本地或本国的污染，而实施二氧化碳减排，并不是一种直接针对本地或本国的行为，而是一种对全球、对人类产生共同影响的公共行为。因此，必然涉及责任和义务在各国之间合理分配的问题。

要界定大气中的二氧化碳排放责任，历史积累排放是首先要考虑的因素，因为气候变暖是工业革命以来大气中二氧化碳大量历史积累造成的，温室气体历史积累排放量是用来衡量各国气候变化责任的指标之一（见表1－2）。

---

① 樊纲主编：《走向低碳发展：中国与世界——中国经济学家的建议》，中国经济出版社2010年版，第7页。

② 樊纲主编：《走向低碳发展：中国与世界——中国经济学家的建议》，中国经济出版社2010年版，“前言”第2页。本节参考整理了该书有关研究成果，其中表1－2、表1－3根据该书附表1整理，表1－4引自该书表7。

表 1-2　1850—2005 年主要国家(地区)二氧化碳历史积累排放量排序

国家(地区)	占世界总量(%)	排名	国家(地区)	占世界总量(%)	排名
美国	29.25	1	波兰	1.99	12
欧盟 27 国	26.91	2	意大利	1.64	13
中国	8.28	3	南非	1.11	14
俄罗斯	8.05	4	澳大利亚	1.09	15
德国	7.04	5	墨西哥	1.01	16
英国	6.04	6	比利时	0.95	17
日本	3.81	7	西班牙	0.93	18
法国	2.85	8	捷克	0.9	19
印度	2.32	9	哈萨克斯坦	0.89	20
加拿大	2.19	10	发达国家	75	
乌克兰	2.14	11	发展中国家	25	

数据来源:世界资源研究室(WRI)。

影响历史积累排放量的主要因素是时间段的选择。土地利用的变化影响了温室气体源与汇,也会对历史责任的分担带来影响。需要指出的是,界定各国碳排放责任至少应该往前推至工业革命的始点,只有这样对广大的发展中国家才是公平的。

对于导致全球气候变化的二氧化碳排放这样一种全球性公共物品,人均意义上的全球公平应该是进行责任分担的基础,这样才是对发展中国家的发展权的尊重。分析发现,只有少数国家既是总量排放大国,又是人均排放大国(见表 1-3)。

表 1-3　1850—2005 年主要国家(地区)二氧化碳人均排放量排序

国家(地区)	人均排放量(吨 CO_2)	人均排名	总量排名	国家(地区)	人均排放量(吨 CO_2)	人均排名	总量排名
卢森堡	1458.7	1		丹麦	641.1	11	
英国	1125.4	2	6	俄罗斯	631	12	4
美国	1107.1	3	1	欧盟 27 国	616.2	13	2
比利时	1021.3	4	17	科威特	609.2	14	
捷克	989.8	5	19	巴林	602.1	15	

续表

国家(地区)	人均排放量(吨 CO_2)	人均排名	总量排名	国家(地区)	人均排放量(吨 CO_2)	人均排名	总量排名
德国	958.3	6	5	澳大利亚	600.6	16	15
爱沙尼亚	851.4	7		波兰	585.1	17	12
加拿大	760.1	8	10	斯洛伐克	570.7	18	
卡塔尔	716.7	9		荷兰	557.7	19	
哈萨克斯坦	656.2	10	20	奥地利	538.8	20	

注:中国人均排放量为71.3吨 CO_2,排在第89位。
数据来源:世界资源研究室(WRI)。

温室气体排放强度也是一个重要指标,它是指单位经济活动的温室气体排放量。排放强度与能源强度和燃料含碳量直接相关,同时,其结果受计算方法的影响较大。

②随着全球化进程的加快,以及国际分工的深化,消费品的生产和消费出现地域的分离,从而导致碳排放的归属权出现争议。有研究发现,从1997—2003年中国约有7%—14%的碳排放是由出口到美国的商品导致的,而英国2004年通过进口中国的产品,使国内碳排放总量降低了近11%。

所谓"消费排放"是指国内实际排放量减去净出口碳排放。消费排放应该成为国际气候谈判中界定碳排放责任的重要指标,其原因,一是生产的转移使发达国家在保持了高消费水平的前提下转移了碳排放,而发展中国家并没有因为高能耗而获得竞争优势,相反,环境资源却遭到一定程度的破坏。以生产排放界定碳排放责任有违公平原则。二是高消费、高排放的生活方式成为世界各国的追求模式,如不改变则不可能有效抑制气候变化。"奢侈的最终消费"而不是"更多的生产"才是导致温室气体大量排放的主要动因。三是消费排放概念提供了一个直接从终端即福利角度考察碳排放产生缘由的办法,并以此界定各国的责任,避免了关于国际贸易或"转移排放"等中间阶段问题的争论。

1850—2005年的人均积累消费排放计算结果表明,大部分发展中

国家人均积累消费排放水平远远低于主要发达国家(见表1-4)。因此,发展中国家的发展权应体现为其居民有权利在将来一段时期内消费更多的含碳产品,以满足其提高福利和发展的需求,而不必付出额外的成本。在发达国家承认为消费他国产品导致的碳排放负责的前提下,发达国家不仅要在本国立即开展减排行动,而且应通过国际资金和技术转移,提高发展中国家产品生产的技术水平,这也是其降低自身消费排放、实现减排目标的重要手段。

表1-4 世界主要国家1850—2005年积累消费排放及人均积累消费排放

国家	积累消费排放(百万吨 CO_2)	人均积累消费排放(吨 CO_2)
英国	71444	1186
美国	290074	966
德国	69330	848
法国	44769	735
意大利	30877	527
澳大利亚	10685	526
日本	55631	435
俄罗斯	37552	262
罗马尼亚	3110	144
墨西哥	16680	162
南非	6393	136
土耳其	9253	128
巴西	23283	125
伊朗	6610	97
中国	59331	45
印度	38706	35
世界	1054922	164

数据来源:樊纲主编:《走向低碳发展:中国与世界——中国经济学家的建议》,中国经济出版社2010年版,第42页。

③从温室气体的历史积累,到人均排放水平,再到人均积累消费排放,界定各国减排责任按这一逻辑的发展体现了对人类公平原则的尊重,也是对发展权的尊重。然而,在坚持"共同但有区别的责任"原则

之下,发展中国家也要积极推进本国的减缓气候变化的行动。这些行动包括了发展中国家的"无悔"减排和志愿减排。

每种温室气体排放情景都是建立在经济、人口趋势、能源价格和技术等因素的基础上。"趋势照常"(Business As Usual,BAU)情景表示在预测期内不出台新的政策而仅沿用当前的能源利用技术及相关的政策,维持基准年趋势照常的一种发展情景。BAU 情景下的温室气体排放趋势可以为衡量新政策的预期效果提供参照。

"无悔"情景表示在预测期内,在"无悔"政策下的温室气体排放情况。所谓"无悔"政策是指即使不考虑气候变化问题,根据国内可持续发展的要求要实施的各种政策。很多"无悔"政策由于存在市场障碍没有得到推广实施,则"无悔"政策可衍变为移除这些障碍的具体策略。

"无悔"情景的碳排放与未来能源利用直接相关,温室气体减排量主要来自于提高能源效率和优化能源结构所产生的对保护全球环境的协同效益。而 GDP 增长及经济结构调整对未来能源利用将产生极大的影响。如果能源价格与国际价格接轨,那么能源使用也将直接受到国际能源价格的影响。技术创新和应用步伐也将影响能源供应、终端用能的成本和能效,从而影响碳排放。

发展中国家的志愿减排,是指在"无悔"减排之外,作为发展中国家主动提出采取的减排行动。根据国际协议的原则,这也属于需要由发达国家根据它们在公约下的义务,向发展中国家提供技术转让和资金支持,帮助发展中国家减缓碳排放的活动。需要指出的是,发展中国家的"无悔"减排和志愿减排,不仅表明了发展中国家积极参与国际减排行动的意愿,也坚持了"共同但有区别的责任"原则。

专栏 1-4　《国际减排公约——我们建议的国际行动方案》

1. 要点:(1)按"历史积累消费排放"计算各国的"责任"。(2)按各国的人均收入和有支付能力人群的大小测定各国的"减排能力"。

(3)根据以上两个指标测算修正过的温室气体发展权框架(Greehouse Development Rights Framework)GDR 即 M—GDR，指明各国都应在减排问题上进行努力，但是并不一定由此来认定每个国家都应立即加入"'限量目标'减排贡献"指标协议，落后国家仍可以"志愿减排"。(4)以《京都议定书》所规定的"附件 1"国家中 1850—2005 年"人均积累消费排放"最低国家的值(即罗马尼亚 144 吨二氧化碳)作为"进入门槛"。(5)在该"进入门槛"之上的为应该作出"'限量目标'减排贡献"的国家，尚未达到该标准的国家，实行志愿减排，志愿减排越多，就可以越是推迟其加入"限量目标"减排协议的时间。(6)门槛外国家同时可以提出自己的国家减排规划，参加"国家间减排协作计划(Inter-country Joint Mitigation Plan，简称 Inter-country Plan，缩写为 ICP)"，与参与协作的发达国家共同按照巴厘路线图的原则，制定"可测量(M)、可报告(R)和可核实(V)"的减排方案和技术转让、资金配置的具体计划。减排量同时计入发达国家"能力减排额度"。(7)参加 ICP 的发达国家需承诺：第一，减排所需技术的转让，取消任何技术封锁；第二，向国际社会提供减排资金。该资金既可以通过已有的两个管道即国际性减排基金和碳交易提供，又可以(更多地)通过现在提出的"第三管道"即"国家间减排协作计划"，进行提供。(8)门槛外国家参加国际协作，接受国家间技术转移和资金配置，可以在发达国家进行资金与技术转让的前提下，承诺进入"门槛通道"(the Track to Threshold，TTT)，即一旦本国排放达到门槛标准，即加入"限量目标"减排协议；如果一国按照国际"责能指数"(Responsibility and Capacity Indicator，R-RCI)获得了充分的国际技术转让和国际资金配置，则该国家应该根据排放相对减少的程度，将"进入门槛"适当降低。

2. 与之前方案的比较：《联合国气候变化框架公约》和《京都议定书》是当前气候变化国际协作的基本准则，《国际减排公约》继承了这些基本原则：(1)谁积累排放越多，谁的减排责任越大。(2)发达国家缔约方应提供新的和额外的资金，以支付发展中国家缔约方为履行其规定的义务而招致的全部费用。它们还应提供发展中国家缔约方所需的资金,包括用于技术转让的资金。(3)发展中国家何时承担减排责任依赖于发达国家是否有效实现其提供资金和转让技术的承诺,还要考虑经济社会发展消除贫困是发展中国家的首要目标这一事实。(4)发展中国家要和发达国家一样承担义务:搜集和提供排放/减排信息、清单,制定并实施减缓和适应气候变化的措施,及其他措施。

《国际减排公约》还具有以下特点:(1)更加体现公平减排原则:强调了消费排放、历史积累的作用;(2)更加体现了谁排放多、谁的责任更大的原则:在界定责能时更强调责任;更提出了以积累消费排放量为加入"限量目标"减排协议的标准;(3)具体化国际协作减排机制:在原有机制基础上,提出了"国家间协作减排计划"和"减排协作伙伴国"机制;(4)更强调发达国家在国家层面上履行技术转让和资金配置的承诺,并提供了相应的机制即ICP;增加了"国家间协作减排计划"第三管道,及减排协作伙伴国下的"双边机制";(5)为发展中国家提供了立即参加减排的动力和机制:现在就可以获得国际技术与资金的转移,并且减排越多,越可以较晚承担"限量目标"减排配额。之前的方案中,发展中国家由于不承担"限量目标",自然无法成为交易主动的一方,只能受中间商盘剥,同时事实上没有机制保障能获得大量技术与资金的转让。

摘自樊纲主编《走向低碳发展:中国与世界——中国经济学家的建议》(中国经济出版社2010年版)第三章第四节。

3. 应对气候变化的国际行动

在应对气候变化的国际行动中,国际组织、各国政府、民间组织、社会公众都扮演着重要角色,发挥着积极的作用。面对不断恶化的气候危机,联合国发挥了不可替代的独特作用。气候问题的"外部性"也使得在联合国框架下采取的国际行动成为应对气候变化的主要方式。

①人类应对气候变化的行动是随着对气候变化研究和认识的不断深入逐步开展的,在这个过程中,政府间气候变化专门委员会(IPCC)起到了极其重要的作用。

IPCC 成立于 1988 年,是全球应对气候变化的最核心和最重要的政府间组织。它由数百名世界顶尖科学家组成,下设三个工作组:第一工作组又称科学工作组,负责评估气候系统和气候变化的科学问题;第二工作组又称气候变化影响工作组,其工作主要针对气候变化导致社会经济和自然系统的脆弱性、气候变化的正负两方面后果及其适应方案;第三工作组又称对策工作组,负责评估限制温室气体排放和减缓气候变化的方案。另外还设立一个国家温室气体清单专题组。每个工作组(专题组)设两名联合主席,分别来自发展中国家和发达国家,其下设一个技术支持组。IPCC 集中了大量顶尖科学家,但本身不做科学研究,而是通过评估全球最新的有关研究成果,发布评估报告、特别报告等工作成果,为国际社会认识和了解气候变化,为联合国及成员国制定减缓气候变化的政策提供科学依据。在过去的二十多年中,IPCC 发布了系列评估报告,为国际气候行动框架的确立、科学研究的推动作出了卓越的贡献。

随着气候变化日益受到关注,一些国际组织和国家的权威研究机构和部门也陆续发布了研究成果和报告,大大丰富了目前已有的知识体系,也为应对气候变化行动的深入开展提供了有力的支持。

②《联合国气候变化框架公约》和《京都议定书》是全球应对气候变化最重要的国际公约,是全球公认的应对气候变化的主渠道。由于应对全球气候变化是一项长期的任务,因此在最初的制度设计上,“框架公约”只对最终目标、原则以及缔约方的权利义务、议事规则等“长期”工作作出规定,而“阶段”强制性目标、具体的执行机制等由公约的“议定书”完成。由此形成的“公约—议定书”框架体系为应对气候变化的国际行动提供了基本原则、体制和制度安排,成为目前国际气候合作的基本框架和行动准则。

《联合国气候变化框架公约》的谈判于 1991 年开始,在 1992 年的联合国环境与发展大会上获得通过,于 1994 年 3 月 21 日正式生效(截至 2009 年 12 月,缔约国增加至 192 个)。从 1995 年开始,每年召开《联合国气候变化框架公约》缔约方大会,讨论《联合国气候变化框架公约》的具体实施。在 1997 年召开的第三次缔约方大会上,通过了基于量化减排目标的《京都议定书》,《京都议定书》于2005年2月正式生效,截至2009年2月26日,共有183个国家最终签署并批准了《京都议定书》。《京都议定书》规定,在2008—2012年(第一承诺期),所有公约附件1国家(以发达国家为主)的二氧化碳等六种温室气体的排放量要在1990年的水平上平均总体减少5.2%,其中,欧盟削减8%、美国削减7%、日本削减6%。按照"共同但有区别的责任"的原则,发展中国家在这一时期不承担量化减排义务。为了保证全球减排目标的实现,《京都议定书》确立了三种灵活减排机制,包括联合履行机制(Joint Implementation,JI)、清洁发展机制(Clean Development Mechanism,CDM)和排放贸易机制(Emissions Trading,ET),这些灵活机制有效地推动了《京都议定书》框架下减排行动的开展。

《京都议定书》从诞生起就步履维艰(前面已作分析)。由于美国的退出曾使《京都议定书》的前途一度充满变数。而经过妥协和让步后,部分发达国家的实际减排义务从5.2%降至1.8%。[①]《京都议定书》的执行也不乐观,不少发达国家难以实现2012年的减排目标,而个别国家的退出也损害《京都议定书》的权威性和严肃性。例如,根据《联合国气候变化框架公约》秘书处提供的数据,加拿大2009年的温室气体排放比1990年增长近30%,比2005年增长17%左右,而根据规定,它必须在2012年把排放削减到比1990年低6%的水平,出于国内经济形势和既得利益的需要,2011年12月,加拿大宣布退出《京都议定书》;日本也承担6%的削减目标,但在2006年其排放仍然比1990年要高出6.2%。[②] 此外,《京都议定书》于2012年到期,后京都时代温室气体减排目标和责任如何安排和界定,目前也在困扰着世界各国,日本就宣称不会就《京都议定书》第二阶段减排目标作出承诺。

③政府间和区域层次的应对气候变化行动也越来越发挥出重要作

① 根据世界自然基金会的估算,在森林吸收(碳汇)问题上的让步,已经降低了议定书原有的效力。实际上,扣除抵消的部分,全球削减的温室气体排放总量只有1.8%,仅仅是预定数字的1/3。

② 徐可:《波兹南不见"共同愿景"》,《财经》2008年第26期。

用。这其中包括亚太清洁发展与气候新伙伴计划、欧盟排放贸易系统、甲烷市场化伙伴计划、碳封存领导者论坛等。在应对行动中,有关国际组织、各国政府、非政府环保组织都对行动的开展给予了大力支持和推动。近几年的八国集团峰会也对全球气候变化问题给予高度关注,对有些问题的政治解决起到一定促进作用。

三、追求低碳发展的国家行动

1. 低碳发展的共识

尽管在气候谈判中由于历史责任和现实利益等原因,在谁应该在应对气候变化行动中采取强制性量化减排的措施,担负起更大的责任等问题上,发达国家和发展中国家之间存在着尖锐的争论,但在向低碳发展模式转型,共同应对气候变化上,世界各国已经达成了共识,并都采取了积极行动。需要指出的是,发达国家与发展中国家的低碳发展理念还是存在差异的,发达国家着眼于量化减排,把低碳发展看成是履行减少温室气体排放义务的手段;而发展中国家更关注发展,强调在实现发展目标的同时,控制和减缓温室气体排放,实现减排与发展的双赢。

十几年来,一些发达国家为了促进低碳发展,在法律体系建设、经济社会政策引导、发挥市场机制作用等方面都作出了积极的尝试,取得了实际的效果,其中碳排放交易体系的建立值得关注。通过建立碳排放交易机制,不仅促使企业寻找成本更低的有效减排方式,向清洁能源和低碳经济的方向发展,实现经济成本最小化的目标,同时也形成了减排行动的市场化和国际化基础,促进了全球应对气候变化行动的开展。随着这一机制的完善,其对于全球低碳经济发展的基础性作用不容忽视。在推动排放权交易方面,欧盟走在世界前列。2008 年,欧盟排放交易体系(EU ETS)交易量达到 30.93 亿吨二氧化碳当量,交易金额达到 920 亿美元,分别占全球碳交易市场的 2/3 和 3/4。欧盟在第二阶段(2008—2012 年)的排放贸易中将实行更为严格的总量限制,交易额还将大幅增长。到 2013 年欧盟的排放贸易将扩展至所有欧盟成员国。

美国等发达国家以及印度等发展中国家在志愿减排市场交易上也作出了积极的尝试。我国也决定在京、津、沪等七省市开展碳交易试点工作,预计2013年年底在试点省市启动碳交易市场,2015年建成全国性市场。虽然从目前碳排放交易体系的建立和运行情况看,发达国家掌握着主导权(包括规则制定、市场管理、定价权主导等),发展中国家在交易中属于弱势的一方,拥有大量碳资源却得不到好的价格。但从发展的角度看,碳排放交易机制在广大发展中国家的积极参与下会得到进一步的完善,一个统一、高效、公平的碳交易市场一旦形成,发展中国家的碳资源优势也将转化为经济优势。这也提醒发展中国家,在经济全球化的今天,任何关起门来发展低碳经济的做法都是行不通的,必须彻底融入世界主流,采取积极的竞争心态和策略,才能纠正目前对发展中国家的不平等对待。

根据国情,积极融入发达国家主导的低碳发展体系与机制是发展中国家追求长期发展目标的使然,与此同时,坚持《联合国气候变化框架公约》提出的"共同但有区别的责任"的原则,坚持发展权和合理的排放权,坚持走适合本国国情的低碳发展道路,也是发展中国家的既定原则。这种发展理念与中国"和而不同"的哲学传统不谋而合。发展中国家应当以此与发达国家一道共同推动全球低碳发展。

长期以来,在应对气候变化的行动中,发达国家一直掌握着"话语权",它们要求发展中国家强制减排的声音不断,但对发展中国家在艰难的发展环境中,对应对气候变化所作的贡献却视而不见。这就要求发展中国家也要学会宣传自己。以中国为例,在发达国家的舆论中,中国是最大的碳排放国家。但中国也是近年来节能减排力度最大的国家,是新能源和可再生能源增长速度最快的国家,是世界人工造林面积最大的国家。

2. 主要国家的应对行动

(1)英国

英国是最早提出"低碳经济"的国家,也是率先实行低碳经济模式的国家。英国作为现有高碳经济模式的开创者,最先站出来"否

定”自己，不管是否有重新构建竞争格局、夺回竞争优势的考虑，其对于全球未来危机的关注和对现实应对方案的设计和实践无疑是值得肯定的。

2003 年英国政府发布能源白皮书《我们未来的能源——创建低碳经济》，首次正式提出“低碳经济”的概念，并提出到 2050 年从根本上把英国变成一个低碳国家。2008 年英国《气候变化法案》正式通过生效，使英国成为世界上第一个为温室气体减排立法的国家。2009 年 4 月，英国把低碳目标以法律的形式写进了 2009—2010 年财政预算报告。根据该法案的要求，英国政府自 2008 年起，要公布 5 年碳预算，到 2050 年要实现减排 80% 的目标。在 3 年内对 600 万家庭的住房进行隔热改装，确保能源和电力企业投入 9.1 亿英镑节能资金，并创造 100 万个现代绿色制造业和服务业的就业机会。2009 年 7 月，英国政府公布《低碳转型计划》国家战略文件及其配套方案：《可再生能源战略》、《低碳工业战略》和《低碳交通战略》等。该计划要求：到 2020 年前，英国的碳排放在 1990 年基础上减少 34%，120 多万人从事绿色职业；700 万栋房屋进行节能改造，150 多万户家庭将得到政府资助自产清洁能源；40% 的电力将来自低碳能源；新车的平均碳排放量将减少 40%。2009 年 6 月，英国政府还公布了发展“清洁煤炭”计划的草案，主要对象是以煤炭为燃料的电厂，要求境内新设煤电厂必须首先提供具有碳捕捉和储存能力的证明，每个项目要有 10 到 15 年内储存 2000 万吨二氧化碳的能力。在实行排放权交易，完善低碳经济的财政与税收政策，征收气候变化税等方面，英国都率先进行了实践。

英国率先实行低碳经济，对保障本国能源安全，减轻气候变化影响，利用其自身能源基础设施更新的机遇和低碳技术领域的优势，提高经济效益和活力，占领未来的低碳技术和产品市场，赢得国际政治的主动权并增强其国际影响力等方面都已产生重要的积极作用，从总体看，英国的转型之路是正确的。

但也有专家认为，“英国的气候变化政策有其独到之处，不过一个重要方面是英国大量转移了自己的高耗能产业，更多地依靠科研、金融、中介、设计、教育等服务业维持经济增长”①。可见，这种模式只适合特定的国家和地区。

(2)德国

德国政府早在20世纪90年代就开始采取行动应对气候变化，首先是推出了一系列法律，对应对气候变化发挥了重要作用。这些法律包括：1999年4月施行的《生态税改革法》，对燃料油、取暖油和电力征收能源税，通过提高价格来鼓励社会多使用新能源；2000年4月施行的《可再生能源优先法》，通过保护收购价鼓励对新能源发电的投资，该法规定，到2020年德国可再生能源发电量在总发电量中的占比将从1999年的13%提高至30%；2002年2月施行的《节约能源条例》，对新建建筑、现有建筑和供暖、热水设备的节能进行了规定，制定了新建建筑的能耗新标准，规范了锅炉等供暖设备的节能技术指标和建筑材料的供暖性能等，根据该条例，建筑的允许能耗要比2002年以前的能耗水平下降30%左右；2002年4月施行的《热电联产促进法》，规定热电联产发电比例到2020年提升至25%；2004年7月施行的《碳排放权交易法》，在排放权取得、交易许可、费用收取等方面规范了排放权的管理，从而奠定了排放权交易在德国的法律地位；2007年1月施行的《生物燃料油比例法》，规定至2015年德国生物燃料在总燃料中的占比要达到8%；2009年1月施行的《可再生能源供热法》，规定所有新建建筑物(2009年1月1日之后建造的建筑物)的所有人，无论是私人，还是商业企业或政府机构，都负有利用可再生能源的义务，这项法律的实施使太阳能和其他可再生能源的市场化发展速度大大加快。

在气候保护政策和措施上，2000年德国议会通过了《国家气候保护计划》，2005年对其进行了修订，制定了新目标，即到2020年将温室气体排放在1990年的基础上降低40%。2007年通过了“能源利用和气候保护一揽子方案”，该方案是德国政府气候保护政策的指导性文

① 高风：《气候变化与低碳经济(二则)》，张坤民等主编：《低碳发展论(上)》，中国环境科学出版社2009年版，第94页。

件,包括29项具体措施,其主要目的是提高能源效率和促成可再生能源的更广泛的利用。2008年12月德国政府通过了《德国适应气候变化战略》,该文件为德国适应气候变化的影响而采取行动搭建了框架。这是德国政府第一次从全局出发考虑如何适应气候变化所带来的影响,并将已经取得进展的各部门工作整合成一个共同的战略框架。德国环境部在2009年6月公布了发展低碳经济的战略文件,强调低碳经济为经济现代化的指导方针,它包含6个方面的内容:环保政策要名副其实;各行业能源有效利用战略;扩大可再生能源使用范围;可持续利用生物质能;汽车行业的改革创新以及执行环保教育、资格认证等方面的措施。文件强调:低碳技术是当下德国经济的稳定器,并将成为未来德国经济振兴的关键。为了实现传统经济向低碳经济转轨,德国到2020年用于基础设施的投资至少要增加4000亿欧元。

(3)美国

自气候变化问题提出以来,美国一直是气候变化科学的积极推动者,每年投入数千万美元用于气候变化科学的研究,这些计划包括了2001年的"气候变化技术计划"、2002年的"气候变化科学计划"、2003年能源部的"碳封存研究计划"等;2003年"芝加哥气候交易所"成立并启动交易,这是北美地区唯一实施志愿参与且具有法律约束力、基于国际规则的温室气体排放登记、减排和交易平台,交易额数量还不大,但成长速度很快。2008年3月,美国"绿色交易所"正式进行交易,由纽约商品交易所负责清算,其产品目录包括了欧盟排放许可权(EUAs)和经核证的减排量(CERs)的期货和期权交易产品,此外还包括符合自愿减排标准的经核查的温室气体减排量(VER/VCU)。美国联邦政府于2002年发布的《全球气候变化倡议》提出,将美国的温室气体的排放强度在未来10年(2002—2012年)削减18%,即从2002年的每百万美元GDP排放183吨碳下降到2012年的151吨碳。2007年12月,布什签署的《能源自主与安全法》规定,到2020年美国汽车工业必须使汽车油耗比目前降低40%。尽管在奥巴马上台前美国没有制定温室气体绝对减排的国家目标,但是有十多个州(加利福尼亚州、马里兰州等)制定了应对计划和减排的区域目标。

奥巴马上台后,在应对气候变化的国家策略上做了调整,除了沿袭美国过去关注清洁能源技术的一贯做法,也在应对气候变化新机制的建立上作出了努力。2009 年 6 月,美国众议院通过了《清洁能源与安全法案》,确定美国温室气体排放到 2020 年在 2005 年水平上下降 17%,到 2050 年下降 83%。法案要求逐步提高美国来自风能、太阳能等清洁能源的电力供应,到 2025 年,电力公司售电中有 25%必须来自可再生能源。此外,法案引入温室气体排放总量限制和交易机制(Cap and Trade),规定美国发电、炼油、炼钢等工业部门的温室气体排放配额将逐步减少,超额排放需要购买排放权。法案授权美国环保署(EPA)实施"智能道路项目"改善客运和货运交通。法案鼓励应用智能电网,采取措施减少高峰负荷。开发能够与智能电网互动的家用电器。法案建议用一系列激励措施和标准,鼓励清洁燃料汽车的发展,降低对石油的依赖,等等。需要指出的是,美国确定的到 2020 年在 2005 年的排放水平上减排 17%的目标仅相当于在 1990 年基础上减排 4%,与欧盟减排 20%的目标差距甚大,美国国内对于通过《清洁能源与安全法案》的阻力依然很大,众议院以 219 票对 212 票的微弱多数通过《清洁能源与安全法案》意味着后续的立法进程更加艰巨,到目前为止,尚没有类似法案在参议院获得通过。目前美国政府主要利用环保署掌握的行政权力限制温室气体排放。

(4)日本

在应对全球气候变化上,日本十分重视立法工作。早在 1979 年日本就颁布实施了《节约能源法》,并对其进行了多次修订,最近一次修订是在 2006 年。为了应对全球气候变化,1998 年日本颁布了《全球气候变暖对策推进法》,并于 1999 年推出了《全球气候变暖对策推进法实施细则》,同时以该法为中心,制定、修订了相关配套法律,包括 2002 年制定了《电力事业者利用新能源等的特别措施法》、《合理用能及再生资源利用法》等。1997 年,日本制定颁布了《促进新能源利用特别措施法》和《促进新能源利用特别措施法施行令》,鼓励发展风力、太阳

能、地热、垃圾发电和燃料电池发电等新能源与可再生能源。此后对该法和施行令进行多次修订,最近一次修订在2009年。2002年6月日本制定并施行了《能源政策基本法》。

在制定战略方面,日本也提出了一些建设性的设想,2006年,日本政府制定了《新国家能源战略》,2007年日本首相安倍晋三在八国峰会上提出了"美丽星球50方案",2008年6月,日本首相福田康夫提出了日本新的防止全球变暖对策"福田蓝图",表示日本减排的长期目标是到2050年使日本的温室气体排放比目前减少60%—80%,并将充分利用能源和环境方面的高新技术,把日本打造成为世界上第一个"低碳社会"。

日本是世界上能源利用效率最高的国家之一。从1997年至2003年,日本的单位GDP平均能源消费指数下降了37%。同时,在太阳能、风能、海洋能、地热、垃圾发电、燃料电池等新能源领域,日本也是全球最领先的国家之一。

然而,由于排放量没有得到应有的控制,日本在《京都议定书》中的削减目标难以实现,使国际社会对日本的减排提出质疑。包括日本专家在内的学者通过研究认为,"抹布已经拧干"(日本企业的温室气体边际削减成本已经达到极限)的说法是站不住脚的,日本企业在节能效果等方面都处于可获经济利益的范围内。在日本无法实施减排的主要原因是,没有针对主要排放源或私人企业的减排建立量化标准;另一个原因是,日本没有制定类似环境税、碳排放贸易等减少二氧化碳排放的具体制度。①

(5)中国

作为最大的发展中国家,中国面对着一系列发展经济、消除贫困、改善民生的艰巨任务,同时也由于中国正处于工业化、城镇化快速发展的关键阶段,能源结构以煤为主,降低排放存在特殊困难。但是,中国

① 吉田文和:《以低碳社会为基础的日本循环经济》,张坤民等主编:《低碳发展论(下)》,中国环境科学出版社2009年版,第810页。

政府始终把应对气候变化作为重要战略任务，通过扎实的工作履行着发展中大国的责任。

2007 年中国政府为了切实加强对应对气候变化工作的领导，成立了以温家宝总理为组长的国家应对气候变化领导小组。同年颁布的《中国应对气候变化国家方案》提出，到 2010 年，实现单位 GDP 能源消耗比 2005 年降低 20% 左右，相应减缓二氧化碳排放；力争使可再生能源开发利用总量（包括大水电）在一次能源消费结构中的比重提高到 10% 左右；力争森林覆盖率达到 20% 等一系列目标。其中仅通过降低能耗一项，中国 5 年内就可以节省能源 6.2 亿吨标准煤，相当于少排放 15 亿吨二氧化碳。

2009 年中国政府又宣布了新的控制温室气体排放的行动目标：到 2020 年，单位 GDP 二氧化碳排放将比 2005 年下降 40%—45%，并将其作为约束性指标纳入国民经济和社会发展中长期规划。到 2020 年，非化石能源占一次能源消费的比重达到 15% 左右；增加森林碳汇，森林面积比 2005 年增加 4000 万公顷，森林蓄积量比 2005 年增加 13 亿立方米。

作为一个发展中大国，从气候变化进入国际议题，中国就积极响应和参加国际合作，中国是最早制定实施《应对气候变化国家方案》的发展中国家。中国重视法律、法规在应对气候变化中的重要作用，这些年通过制定和修订了《节约能源法》、《可再生能源法》、《循环经济促进法》、《清洁生产促进法》、《森林法》、《草原法》和《民用建筑节能条例》等一系列法律法规，强化了应对气候变化的行动。大量数据表明，中国是近年来节能减排力度最大的国家。在工业化进程最关键的阶段，中国不惜巨大的成本，放弃短期利益，2006—2008 年共淘汰低能效的炼铁产能 6059 万吨、炼钢产能 4347 万吨、水泥产能 1.4 亿吨、焦炭产能 6445 万吨。截至 2009 年上半年，中国单位国内生产总值能耗比 2005 年降低 13%，相当于少排放 8 亿吨二氧化碳。中国近几年在能源结构的调整上也迈出了巨大的步伐，成为新能源和可再生能源增长速度最快的国家。2005—2008 年，可再生能源增长 51%，年均增长 14.7%。

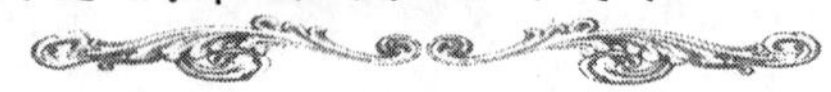

2008年可再生能源利用量达到2.5亿吨标准煤。农村有3050万户用上沼气，相当于少排放二氧化碳4900多万吨。水电装机容量、核电在建规模、太阳能热水器集热面积和累计风电装机容量均居世界第一位。此外，中国也是世界人工造林面积最大的国家。通过持续大规模开展退耕还林和植树造林，大力增加森林碳汇。2003—2008年，森林面积净增2054万公顷，森林蓄积量净增11.23亿立方米。目前人工造林面积达5400万公顷，居世界第一。

（6）印度

印度是世界上第二大发展中国家，目前有12亿人口，正处于工业化发展阶段。为推动应对气候变化的国家行动，印度政府于2008年6月发布了首个《气候变化国家行动计划》。该计划确定的八项国家使命分别是国家太阳能计划、提高能效国家计划、可持续的人居环境国家计划、水资源国家计划、可持续的喜马拉雅生态系统国家计划、"绿色印度"国家计划、可持续的农业国家计划以及气候变化战略知识平台国家计划。在国家太阳能计划中，印度打算通过热能发电和光伏发电两种方式利用太阳能，并在第十一个和第十二个五年计划期间逐渐形成规模，在城市、工业和商业设施的覆盖率达到60%—80%。这项雄心勃勃的使命意在使印度用20—25年时间把太阳能发展成有相当竞争力的能源产业。有关统计数据显示，2011年印度光伏装机为300兆瓦，累计装机已达到450兆瓦，是新兴市场国家发展最快的市场之一。按照印度政府的计划，太阳能发电装机容量到2013年将达到1000兆瓦。印度风能、小水电、生物质能技术的应用也已取得显著进展。2010年，印度风力发电新增装机2139兆瓦，排在全球第三位，累计装机容量5961兆瓦，占全球装机总量的6.5%，居全球第五位。

目前，印度政府应对气候变化的国家政策尚在系统化过程中，相关的政策规定有《印度环境法》、《印度能源法》、《气候变化国家行动计划》等。这些法规和指导意见在把遏制和扭转气候变暖趋势作为目标的同时，更加重视保障印度的社会公平、扶贫问题和经济发展权利。在印度政府看来，唯有通过国民经济高速发展和民众生活水平的大幅提升，才能增强国家和民众应对气候变化的能力。

印度决不接受欧盟、日本和美国提出的发展中国家应承担 20%—30% 约束性减排任务的要求。印度会根据自身国情和发展规划确立适当的减排方案。2009 年，印度宣布到 2020 年将排放强度在 2005 年基础上降低 20%—25%，但声明是非约束性的排放目标。

专栏 1-5　气候变化应对方案

减缓气候变化和适应气候变化是人类社会应对气候变化挑战的两个方面，减缓气候变化是指人类通过削减温室气体的排放或增加温室气体的吸收而对气候系统实施的干预措施；适应气候变化是指增强人工生态系统和人类社会抵御气候变化冲击的适应和恢复能力。不同国家和地区在气候变化的表现、受气候变化的冲击以及应对气候变化的脆弱性等方面差别较大，也决定了不同国家和地区所采取的应对方案存在差别。

1. 气候变化减缓方案

采取各种主动措施降低人类活动对气候变化的驱动力，主要包括 5 个方面：(1) 提高能源效率及管理，包括提升燃料的使用效率、减少车辆的使用、减少高能耗的建筑物、提高发电厂能效等。(2) 燃料使用的转换与 CO_2 的捕获与封存(CCS)，包括以天然气取代煤作为燃料，封存来自发电厂、氢气电厂和综合燃料发电厂的 CO_2 等。(3) 核能发电，主要是用核能替代燃煤发电。(4) 提高可再生能源及燃料的使用率，包括风能发电、太阳能发电、可再生燃料——氢和生物质能等。(5) 加强森林和耕地的管理，增强森林和耕地对 CO_2 的吸收作用。

2. 气候变化适应方案

在未来几十年内，即使作出最激进的减缓努力，也不能避免气候变化的影响，因此，通过提高适应能力并增强恢复能力，可以提高人类社会的可持续发展能力，降低人类社会应对气候变化的脆弱性，而且对于某些气候变化影响来说，适应可能是唯一可行和适当的应对措

施。具体包括以下7个方面：(1)开展预测与预警工作，为迎接气候变化做准备。通过改善和加强季节性气候预报、保险、粮食保障、淡水供应、救灾应急等工作，可以避免在遭受气候变化影响时，出现混乱和较大的损失。(2)提高水资源系统的适应能力，如增加雨水收集，提高水储存、再利用能力，海水淡化，提高水的利用效率和灌溉效率等。(3)加强农业生产的适应能力，如种植制度和作物品种的调整、适宜作物的布局优化、水土保持等土地管理措施。(4)海岸带防护措施，如防波堤和风暴潮防护设施、保护现有的自然屏障等。(5)人类健康计划，如制定高温应急方案、增加应急医疗服务、改进对气候敏感疾病的监控、改善安全的饮用水供应和卫生条件。(6)加强基础设施的适应能力，如调整交通布局、加固架空电缆和输电设施、使用地下电缆、开发利用可再生资源并降低对单一能源的依赖等。(7)受气候变化影响驱使的移民活动。

摘自中国科学院可持续发展战略研究组：《2009中国可持续发展战略报告——探索中国特色的低碳道路》，科学出版社2009年版，第21页、第30—31页。

四、低碳发展理论的雏形

1. 低碳发展的相关理论

有关低碳发展理论的研究是在全球应对气候变化行动不断深化的背景下开展起来的，尤其在发展中国家，研究者更注重把应对气候变化与本国的经济发展联系在一起。2003年，“低碳经济”的概念被提出并引起各国政府的高度重视，相关的学术研究也迅速展开。我国也在积极研究适合国情的低碳发展模式。虽然由于时间较短，低碳发展理论还很不完整，但有一些相关理论却经历了较长时间的发展，目标和内涵的一致性，使这些理论成为低碳发展理论的基础和研究工作的重要参考。这些理论包括了可持续发展理论以及在可持续发展理论框架下的循环经济、绿色经济以及生态经济等理论。

可持续发展理论的形成经历了较长的历史过程，《寂静的春天》、

《只有一个地球》、《增长的极限》等作品和研究阐述了可持续发展的早期思想。1987年,联合国世界与环境发展委员会发表了一份报告《我们共同的未来》,正式提出可持续发展概念。在1992年联合国环境与发展大会上,可持续发展思想在大会通过的文件中得到充分体现。《联合国气候变化框架公约》就是在这次会议上签署的。

可持续发展的理论经过不同学者不同视角的阐释,思想不断融会,内容更加丰富。综述从不同角度为可持续发展所下的定义,可持续发展是指"能够保护和加强环境系统生产和更新能力的发展,可以维持生态持续性的发展";"能在生存不超出维持生态系统涵容能力的情况下,提高人类生活质量的发展";"在保持自然资源的质量和其所提供服务的前提下,使经济发展的净利益增加到最大限度的发展";"转向更清洁、更有效的技术,尽可能接近'零排放'或'密闭式'工艺方法,尽可能减少能源和其他自然资源的消耗的发展";1987年世界环境与发展委员会给出的定义是,"既满足当代人的需要,又不损害后代人满足需要的能力的发展"。可持续发展理论宣扬的是共同、持续、协调、公平、高效的发展理念。

在可持续发展理论的框架下,存在几种类似的经济发展模式,包括循环经济、绿色经济、生态经济、低碳经济。它们都是20世纪后半叶产生的新的经济思想,是人类在社会经济高速发展的同时,面对资源危机、环境危机和生存危机,反省自身发展模式,重新认识人类与自然的关系,并进行深刻总结的结果,区别只在于研究的侧重点有所不同:

(1)循环经济侧重于整个社会的物质循环,强调在经济活动中利用"3R"(减量化、再利用、资源化)原则以实现资源节约和环境保护,提倡生产、流通、消费全过程的资源节约和充分利用。其目的是通过高效的资源循环利用,实现污染的低排放甚至零排放,实现社会、经济与环境的可持续发展。循环经济是把清洁生产和废弃物的综合利用融为一体的经济,本质上是一种生态经济。

(2)绿色经济是个很宽泛的概念,以经济与环境的和谐为目标,突出将环保技术、清洁生产工艺等众多有益于环境的技术转化为生产力,

并通过有益于环境或与环境无对抗的经济行为，实现经济的可持续增长。绿色经济的本质是以生态与经济的协调发展为核心的可持续发展经济，是以维护人类生存环境，合理保护资源、能源以及有益于人体健康为特征的经济发展方式。

（3）生态经济则吸收了生态学的相关理论，核心是经济与生态的协调，注重经济系统与生态系统的有机结合。生态经济强调生态资本在经济建设中的投入效益，生态环境既是经济活动的载体，又是生产要素，建设和保护生态环境也是发展生产力。生态经济强调生态建设和生态利用并重，在利用的同时加强环境保护，力求经济社会发展与生态建设和保护在发展中动态平衡，实现人与自然和谐的可持续发展。

2. 低碳经济的概念与内涵

低碳经济的相关表述最早出现在20世纪90年代，与全球气候变化和温室气体减排的背景有关。2003年2月英国政府颁布的能源白皮书《我们未来的能源——创建低碳经济》首次正式提出“低碳经济”的概念，并指出低碳发展道路不但技术可行，经济上也合理。其后低碳经济的概念进一步传播，并引出“低碳社会”、“低碳城市”等一系列低碳概念。2008年的世界环境日主题定为“转变传统观念，推行低碳经济”，说明低碳经济作为一种发展理念已经成为国际社会的共识。但什么是低碳经济，如何发展低碳经济等理论和实践问题仍存在很大分歧。

英国的能源白皮书并没有对“低碳经济”给出明确的定义，但从提出的初衷看，低碳经济是为实现减排目标和规划减排路线提出的概念，其狭义解释，是建立一个比较少地依赖化石能源、减少温室气体排放的经济体系，更像是发达国家完成温室气体减排的一种途径。随着对“低碳经济”研究的深入，国内外学者都提出了各自的定义。这其中有英国环境专家鲁宾斯德给出的定义：低碳经济是一种正在兴起的经济模式，其核心是在市场机制基础上，通过制度框架和政策措施的制定和创新，推动提高能效技术、节约能源技术、可再生能源技术和温室气体减排技术的开发和运用，促进整个社会经济朝向高能效、低能耗和低碳排放的模式转型。① 国内学者研究提出的低碳经济概念是“以低能耗、低排放、低污染为基础的经济模式，其实质是提高能源利用效率和创建清洁能源结构，核心是技术创新、制度创新和发展观的转变”。② 这两个定义都侧重把低碳经济作为一种经济模式，强调了技术、政策、机制等在模式转型过程中的重要性，但没有说明低碳经济是否也是一种经济形态。这个定义符合发展中国家发展低碳经济的基本诉求，即总量减排不能成为发展低碳经济的先决条件。发展中国家通过发展低碳经济，在发展过程中采用高效低排放的技术，鼓励节约的消费模式和行为，完全可以走出一条不同于高能耗、高污染为代价的传统发展思路的新型发展道路。

还有一类定义，明确提出低碳经济是一种经济形态。一些国外学者认为：低碳经济是一种后工业化社会出现的经济形态，其核心是低温室气体排放，或低化石能源的经济，认为低碳经济是能够满足能源、环境和气候变化挑战的前提下实现可持续发展的唯一途径。③ 我国学者研究认为，低碳经济是指碳生产力和人文发展均达到一定水平的经济形态。碳生产力指的是单位二氧化碳排放所产出的 GDP，碳生产力的提高意味着用更少的物质和能源消耗生产出更多的社会财富。人文发展意味着在经济能力、健康、教育、生态保护、社会公平等人文尺度上实现经济发展和社会进步。④ 把碳生产力和人文发展一同引入低碳经济的定义，其实是对低碳经济目标的规范，低碳经济不仅具有低碳排放的特征，还以经济社会的全面、协调、可持续发展为前提。

我们认为低碳经济作为一种经济形态和作为一种经济模式是不矛

① 中国环境与发展国际合作委员会：《2008 年度政策报告——机制创新与和谐发展》，第三章《中国发展低碳经济的若干问题》第 1 页，http://www.cciced.net/zcyj/yjbg/zcyjbg2008/201210/P020121019560726489627.pdf。

② 周生贤：《为〈低碳经济论〉一书所作的序言》，张坤民等主编：《低碳经济论》，中国环境科学出版社 2008 年版，第 ii 页。

③ 潘家华、郑艳、庄贵阳：《低碳经济的概念与方法学探析》，张坤民等主编：《低碳发展论（上）》，中国环境科学出版社 2009 年版，第 202 页。

④ 潘家华、郑艳、庄贵阳：《低碳经济的概念与方法学探析》，张坤民等主编：《低碳发展论（上）》，中国环境科学出版社 2009 年版，第 204 页。

盾的。但如果从人类文明进化的角度考察未来经济形态，低碳经济不会作为一种独立的经济形态存在，而是作为未来经济（或未来社会或新的文明形态）的主要特征存在。由信息革命催生的知识经济和知识社会才刚展现在我们面前，知识经济与低碳经济在文明进步的理念上是一致的，同时两者各有侧重，和谐互补，因此，我们有理由认为，工业文明后的下一个文明应该是充分体现知识经济和低碳经济两方面主要特征的文明。我们甚至认为，新的文明形态具有充分的开放性和自新能力，再下一次的科技革命和产业革命还会将新的特征融入其中。

从推动社会经济发展的角度考虑，将低碳经济作为一种目前应对气候变化条件下必然选择的经济模式具有重要的意义。在此，低碳经济不仅作为经济发展的目标，即未来的经济形态，还作为经济发展进步的方式，即以"低碳化"的方式实现经济的转型和发展；不仅发达国家要走这条路，发展中国家也得走这条路。由于各个国家能源禀赋、经济实力和技术能力不同，决定了各国发展低碳经济所走的道路（也可以称之为"低碳化"道路）存在着巨大的差异性。也就是说，各国发展低碳经济既存在着普遍性，即共性，也存在着特殊性，即个性。

前面的讨论涉及了一个重要概念，就是"低碳化"。早期"低碳化"的概念主要来自能源与环境研究领域。早在20世纪90年代初，一些国外学者就提出了低碳化的概念，最初的解读主要基于能源技术发展的角度，认为低碳化指的是降低化石能源生产或消费过程中导致的二氧化碳排放；或单位能源生产过程中每千焦耳热量产生的碳（克数）下降。因此，从技术进步的长期进程来看，低碳化意味着初级能源的二氧化碳强度不断降低的过程。之后，又引申为，如果未来某一时期的一个经济体的碳排放强度小于基期值，则视之为低碳化。这个定义隐含了从社会经济角度探讨低碳化的含义，暗含了新科技的发展趋势将是更高的生产力和更少的环境压力。

我们认为，对"低碳化"的定义应该从简单的碳排放强度的对比和变化关系中升华出来，"低碳化"的概念应该与"低碳经济"、"低碳社会"的概念相对应，即"低碳化"表达的含义实际是"低碳经济化"和

"低碳社会化",是指传统经济、传统社会向低碳经济、低碳社会的转变和过渡,它不仅包括了碳排放强度降低的过程,即科技进步的内涵,也包括了经济转型和文明进步的进程,是一种新的文明特征(低碳文明和生态文明)成长的过程,因此具有更广泛和更深刻的内涵。

3. 低碳经济概念模型

由于低碳经济发展的状态与发展阶段、资源禀赋、消费模式、技术水平、体制条件等因素有着密切的关系,我国学者在分析了各种驱动因素的基础上提出了低碳经济(LCE)的概念模型①:

$$LCE = f\{E, R, T, F, C\}$$

式中,E 代表经济发展阶段;R 代表资源禀赋;T 代表技术因素;F 代表体制因素;C 代表消费模式。

经济发展阶段(E)主要体现在产业结构、人均收入和城市化水平等方面,发展阶段的不同,意味着低碳经济发展的状态不同,也意味着向低碳经济转型的难度不同,驱动因素正向作用的程度也不同。一般来说,一国经济发展到后工业时期,社会经济系统具有向高产出、低污染、环境友好型发展模式转型的内在动力和诉求;但对于处于工业化时期的经济体而言,由于资金的相对不足和低碳技术的缺乏,以及巨大的减排成本,低碳发展的内在动力是不足的,这时政策驱动扮演着重要的角色。同时,在市场竞争机制充分发挥作用的条件下,能源资源由于需求增长和赋存量的减少,其价格将会增加,高碳发展的成本上升,使得技术进步的驱动力加强,碳生产力水平将会逐步提高。

资源禀赋(R)包括传统化石能源、可再生能源、核能、碳汇资源等,显然,此处的资源不仅是自然资源,也包含人力资源,没有人力资本的投入,可再生能源、核能等不可能如此高效利用。在能源结构清洁化的过程中,资源禀赋条件有着决定性的影响,因为"禀赋"具有先天的性质,尤其是自然禀赋。如果一国的资源禀赋条件存在先天不足,要想达

---

① 潘家华、郑艳、庄贵阳在《低碳经济的概念与方法学探析》一文中,给出了低碳经济(LCE)的概念模型:LCE=f{E,R,T,C},本书在此基础上,引入了体制因素 F(a frame factor)。参见张坤民等主编:《低碳发展论(上)》,中国环境科学出版社 2009 年版,第 205 页。

到相同的低碳经济的状态,则其他因素,如技术因素、消费模式等要对低碳经济作出更大贡献。

技术因素(T)主要指提高能耗产品及工艺碳效率水平的技术,以及对能源结构清洁化产生作用的技术。对能源技术有重要影响的其他技术应该也在其中。与其他因素相比,技术因素更具有革命的性质,即技术水平不仅代表了发展阶段,技术进步更是推动低碳发展的决定性因素。某种程度上,技术进步可以推动一国实现跨越阶段的发展。所以,通过引进和利用先进的低碳技术,发展中国家可以超越许多发达国家走过的低收入—低碳排放,到高收入—高碳排放的传统发展阶段,实现跨越式的低碳发展,即高收入—低碳排放。技术因素对低碳经济的重要驱动作用也说明发达国家向发展中国家转让技术的重要作用与意义。

体制因素(F)主要指一国推动低碳发展的政策和制度框架以及该框架下的推动机制。体制因素成为发展低碳经济的重要驱动因素,与低碳经济产生的背景有着直接的关系。首先,二氧化碳排放具有明显的"外部性",如果靠排放主体自觉行动进行减排是不可能的,各国发展低碳经济必须有"制度框架"进行规范和主导;其次,由于各国在历史积累排放、消费积累排放以及排放分配上的国际公平、人际公平等的争论,使减排行动的国际谈判和合作成为必需,各国发展低碳经济都没有办法脱离这一特定的国际背景和历史背景;第三,减排行动同时还受到发达国家减低奢侈消费意愿,发展中国家发展经济、消除贫困,提高福利意愿的影响,也受到发达国家向发展中国家提供资金和转移技术的影响,因此各国发展低碳经济的制度框架是在权衡多种因素下建立起来的,随着环境的变化也可能还会变化;第四,在发展低碳经济的过程中,以往的自由市场机制在不同的市场呈现不同的作用,在一般商品和要素市场,市场机制对资源配置起着基础性的作用,碳生产力会随着经济发展和社会进步依循技术变迁的轨迹不断提高,这个过程一般较慢,如果要加快低碳化的速度,建立碳交易市场,扶持低碳技术发展是必不可少的。对于碳交易市场,必须首先建立某种制度框架,如规定碳减排数量和建立碳配额制度，市场机制才能发挥作用，这时各国政府的低碳政策以及有效的国际合作起着关键的作用。一般而言，一国的碳交易市场要依托已有的市场体系和制度才能很好地实现交易，一般商品和要素市场是碳交易市场的基础，其完善程度决定着碳交易市场建立和顺利实现交易的可能。而对于某些促成外部性由负转正的低碳技术市场（如碳捕集和储存技术），企业一般没有应用的动力，这类技术产品必须得到政府的政策支持才能存活和发展。

消费模式（C）主要指不同消费习惯和生活质量对碳的需求或排放。消费模式对低碳经济呈现出与对传统经济完全不同方向的作用（至少是对于奢侈和浪费性的高碳消费而言），在传统经济中，消费对经济具有巨大的拉动作用，是经济增长的三驾马车之一，这种消费不管是必需消费还是奢侈和浪费性的消费。但在低碳经济中，过度的消费则意味着过多的排放。随着技术进步、能源结构优化和采取节能措施，碳生产力将不断提高。但是，碳生产力提高并不必然表明是一种低碳经济。这是因为，奢侈和浪费性的消费，完全可以抵消碳生产力的改进，使得社会总排放居高不下。一个明显的例子是，发达国家的碳生产力远高于发展中国家，但其排放水平也数倍于发展中国家的人均水平。这就表明我们讨论低碳经济时绝不可忽视消费因素的影响。

低碳经济的概念模型是对低碳经济内涵、外延、演变背景、动力因素等的综合描述。在上面所研究的几个重要因素中，资源禀赋、消费模式、技术水平、体制条件等因素是低碳经济发展的驱动因素，其中，资源禀赋、技术水平、体制因素的驱动作用主要体现生产过程，而消费模式的驱动作用则体现在消费过程。

专栏1－6　三个倒U型曲线规律——经济发展与碳排放的关系

基于历史的考察、分析和总结，一个国家或地区经济发展与碳排放关系的演化存在3个倒U型曲线高峰规律，即该演化过程需要先后

跨越碳排放强度倒U型曲线高峰、人均碳排放量倒U型曲线高峰和碳排放总量倒U型曲线高峰。而不同的国家或地区碳排放高峰所对应的经济发展水平或人均GDP存在很大差异，说明了经济发展与碳排放之间不存在单一的、精确的拐点。

根据碳排放的3个倒U型曲线规律，可以将碳排放的演化过程划分为4个阶段，即碳排放强度高峰前阶段(S1阶段)、碳排放强度高峰到人均碳排放量高峰阶段(S2阶段)、人均碳排放量高峰到碳排放总量高峰阶段(S3阶段)以及碳排放总量稳定下降阶段(S4阶段)。不同碳排放演化阶段下碳排放强度、人均碳排放量和碳排放总量指标变化的方向不尽相同(见下表)：

指标	S1 阶段	S2 阶段	S3 阶段	S4 阶段
碳排放强度	↑	↓	↓	↓
人均碳排放量	↑	↑	↓	↓
碳排放总量	↑	↑	↑	↓

研究表明，碳排放强度高峰相对容易跨越，而人均碳排放量和碳排放总量高峰跨越起来则相对比较困难。从那些跨越了碳排放高峰的发达国家或地区来看，碳排放强度高峰和人均碳排放量高峰之间所经历的时间一般为24—91年，平均为55年左右。

在碳排放的不同演化阶段，驱动因子的影响和贡献也存在明显差异。就碳排放的三大驱动因子即人口增长、经济增长和技术进步而言，在碳排放强度高峰之前阶段，能源或碳密集型技术进步对碳排放的变化基本起主导作用，此时碳排放总量快速增加，只有少数国家或地区例外。在碳排放强度高峰到人均碳排放量高峰阶段，人均GDP的变化或者经济增长对碳排放的贡献基本上起主导作用，此时的科技进步作用开始对碳排放增加起到不同程度的缓冲作用，但是不能抵消人口增长和经济增长对碳排放总量的正向促进作用，这导致碳排放总量仍呈现出较快的增长势头。在人均碳排放量高峰到碳排放总量高峰阶段，碳减排技术所起作用显著增强,并逐步抵消人口和经济增长对碳排放增长的正向作用,碳排放增长明显趋缓并逼近零增长。进入碳排放总量稳定下降阶段后,碳减排技术进步将持续地占据绝对主导地位,促使碳排放总量进一步向稳定下降方向发展,从而实现经济增长与碳排放的完全剥离或强脱钩。

经济发展与碳排放的 3 个倒 U 型曲线规律也意味着应对气候变化或者发展低碳经济不能脱离发展阶段和基本国情,必须循序渐进地加以推进。在不同的发展阶段下,应对气候变化和发展低碳经济的重点和目标应有所不同。在较低的发展阶段下,应注重降低碳排放强度或提高碳生产率,而在较高的发展阶段下,应把降低人均碳排放量或碳排放总量作为主要努力的方向。发达国家应以人均和总量减排为重点,而发展中国家包括中国目前应以提高碳生产率或降低碳排放强度为目标导向。

摘自中国科学院可持续发展战略研究组:《2009 中国可持续发展战略报告——探索中国特色的低碳道路》,科学出版社 2009 年版,第 36—37 页、第 52—53 页。

第三节　低碳革命艰难的使命

低碳革命的使命概括起来就是建立低碳经济和低碳社会的新的发展模式,即,促进社会经济结构向低碳经济转型,确立低碳发展模式;大力发展低碳产业,培育和发展低碳市场;构建低碳社会,提倡低碳生活方式。这是面向未来的美好蓝图,然而,由于各国的情况不同,完成低碳革命使命的途径也迥然不同,发达国家大多可以在现有发展模式下实现平滑过渡,而发展中国家大多则面临“路径突破”的困境。

一、充满矛盾的转型

1. 发达国家的转型

每次科技革命和产业革命都会带来经济结构的转型,尤其是产业结构的升级,同时,也都伴随着能源种类的更替和能源技术的进步,但以往的产业革命并没有把能源技术的突破作为经济结构转型的必要条件,而低碳革命的一个突出特点,就是在应对气候变化挑战的背景下,把能源结构的转型作为经济结构调整和产业升级的首要条件。

在过去的一百多年,发达国家先后完成了工业化。在信息革命的推动下,发达国家又陆续完成了经济结构由工业经济向信息经济(知识经济)的转变,第三产业在整个产业结构中处于主导地位。因此,如果从生产角度去考察发达国家的产业结构和生产结构,不应该是"高碳"的,根据有关专家的研究(见表1-5),大多数发达国家在20世纪70年代就达到了碳排放强度(单位GDP的二氧化碳排放量)的峰值,之后一些发达国家人均二氧化碳排放也达到了峰值。但为什么发达国家还有如此巨大的碳排放呢?回答是从消费角度看,发达国家为了维持其高消费甚至奢侈的生活方式,它们的人均碳排放,尤其是人均消费碳排放远远高于发展中国家。2005年,经济合作与发展组织(OECD)国家的碳排放总量为128.38亿吨二氧化碳,其中,美国为57.83亿吨,欧盟为38.64亿吨,而发展中国家总排放量为107.01亿吨,OECD国家的排放量是发展中国家1.2倍。2005年的人均碳排放,OECD国家为10.96吨二氧化碳/人,其中美国为19.49吨二氧化碳/人,是OECD国家的1.8倍,欧盟为7.86吨二氧化碳/人,而发展中国家为2.15吨二氧化碳/人,OECD国家的人均排放量是发展中国家5.1倍,美国是发展中国家的9.1倍。如果考虑到贸易因素,1850—2005年人均积累的消费排放,美国为966吨二氧化碳/人,是中国的21倍,印度的28倍。①

① 樊纲主编:《走向低碳发展:中国与世界——中国经济学家的建议》,中国经济出版社2010年版,第42页。

表 1－5　发达国家（地区）碳排放强度峰值、人均碳排放量峰值、碳排放总量峰值出现的时间①

国家/地区	碳排放强度峰值出现时间（年份）	人均碳排放量峰值出现时间（年份）	碳排放总量峰值出现时间（年份）	备注
澳大利亚	1920	1998	不存在峰值	碳排放强度有多个峰值
	1982			
奥地利	1908	不存在峰值	不存在峰值	
比利时	1929	1973	1973	
加拿大	1921	1979	不存在峰值	
丹麦	1943	1996	1996	
芬兰	1976	2003（可能是峰值）	不存在峰值	
法国	1930	1973	1979	
德国	1917	1979	1979	
希腊	1996	2001（可能是峰值）	不存在峰值	
中国香港	1969	1993	1999	
爱尔兰	1939	2001	2001（可能是峰值）	碳排放强度有多个峰值
	1971			
以色列	1953	2003	2003（可能是峰值）	碳排放强度有多个峰值
	1966			
	2003			
意大利	1973	2003（可能是峰值）	不存在峰值	
日本	1914	2004（可能是峰值）	不存在峰值	碳排放强度有多个峰值
	1973			
韩国	1970	2004（可能是峰值）	不存在峰值	碳排放强度有多个峰值
	1980			
	1997			
荷兰	1913	1979	1979	

① 根据陈劭锋等人的研究“碳排放的历史考察与减排驱动力分析”整理。参见中国科学院可持续发展战略研究组：《2009 中国可持续发展战略报告——探索中国特色的低碳道路》，科学出版社 2009 年版，第 42—49 页。

续表

国家/地区	碳排放强度峰值出现时间（年份）	人均碳排放量峰值出现时间（年份）	碳排放总量峰值出现时间（年份）	备注
新西兰	1910	2001	2001	
挪威	1915	不存在峰值	不存在峰值	
葡萄牙	1913	2002 （可能是峰值）	不存在峰值	
新加坡	1970	1994	1994	
西班牙	1976	不存在峰值	不存在峰值	
瑞典	1937	1970	1970	
瑞士	1913	1973	1973	
中国台湾	1927	不存在峰值	不存在峰值	
英国	1883	1971	1971	
美国	1917	1973	不存在峰值	

注：分析数据时段起始点各国有所不同，截止点为 2005 年。

在发达国家内部，由于能源资源禀赋、环保意识、消费习惯等的不同，能源消费的情况和现有能源结构也不相同。欧盟在 20 世纪 70 年代的能源危机后就着手调整能源战略，从 90 年代开始把环境保护和应对气候变化纳入了能源战略的主要目标，并逐步确立了可持续发展的能源战略，目前已经开始步入低碳经济。美国则一直以有损美国经济发展为由拒绝量化减排。但美国能源技术全球领先，资本市场健全发达，资源禀赋条件也较好，完全有条件实现顺利转型。日本资源禀赋条件较差，“3 · 11”大地震后福岛核泄漏事故对日本的核电发展带来负面影响，但在发达国家中，日本的碳排放强度和人均碳排放量一直都较低，说明日本具有较好的能源转型基础，日本国民的环保意识也比较强，所以通过一定的努力也可以实现顺利转型。

总之，就一般分析而言，发达国家转型的前途比较明朗，但如果考虑到现实的情况和过程因素，也存在一些困难，一是目前发达国家可再生能源的比例并不高，2008 年，欧盟可再生能源占能源消耗的比例为 8.5%（2009 年欧盟可再生能源占电力消费的比例为 19.9%，其中水电占 11.6%），计划到 2020 年提高到 20%。发展的主要困难是，传统能源的市场价格并未包括外部成本，使得大多数可再生能源尽管费用不断降低并得到政策支持，但仍然缺乏市场竞争力；大多数可再生能源由于应用上的复杂性、新颖性和分散性，带来很多管理上的问题，使其推广受到一定影响；此外，虽然发达国家在资金和技术上存在优势，但复杂的利益关系和政治原因，也在一定程度上掣肘了可再生能源的发展。二是新能源技术的前景还不甚明朗。据美国国家情报委员会的预测，到2025年，新能源技术可能还不能大批量生产或普及。即使对生物燃料、清洁煤或氢气实行倾斜政策，提供经费，向新燃料转型的步伐仍将是缓慢的。这是因为任何技术都有个“应用时差”。在能源部门，根据最近一份研究调查，一项新生产技术被广泛应用，平均需要25年的时间。但该预测并未完全失去信心，“尽管现在看起来希望渺茫，但我们也不能完全排除到2025年能源转型的可能性”①。“顺境中也有困难”，也许就是对发达国家能源转型的形象描述。

2. 发展中国家的转型

发展中国家占了全球人口的70%以上，但长期以来，经济上一直处于贫穷落后的状态，20世纪90年代以来，随着中国、印度等国的快速发展，发展中国家的总体经济实力明显增强，但困扰发展中国家的粮食、水资源、人口、环境、能源等问题依然存在，有的问题不但没有解决，反而有恶化的趋势。

发展中国家是气候变化的最大受害者。根据世界银行有关研究报告，由于气候变化带来的旱灾对农业生产造成影响，世界银行在撒哈拉沙漠以南非洲开展的农业扶贫项目中有1/4面临危机，而在这些国家，超过70%以上的人口的生计依赖农业。由于海平面上升以及灾害天气的增加，一些岛屿小国的供水和基础设施也时常被毁坏。气候变化对中国的农牧业、森林和生态、水资源也产生了严重的影响。造成农业生产不稳定性增加，局部干旱高温危害严重，草原产量和质量有所下

---

① 美国国家情报委员会编：《全球趋势2025——转型的世界》，中国现代国际关系研究院美国研究所译，时事出版社2009年版，第5页。

降，气象灾害造成的农牧业损失增大。近二十年来，北方黄河、淮河、海河、辽河水资源总量明显减少。洪涝灾害更加频繁，干旱灾害更加严重，极端气候现象明显增多。号称地球第三极的青藏高原，在近三十年时间里，冰川总面积已经减少了1/10以上，年均减少131.4平方公里，而且近年来有加速消减趋势。这个地区一直被称为“亚洲水塔”，冰川融化将对以冰川融水为主要来源的河川径流将产生较大影响，将严重影响到流域地区广大人民的生活。

需要指出的是，往往生态环境脆弱，受到气候变化危害比较大的地区，也是经济发展比较落后、贫困人口比较多的地区。气候变化不仅使贫困人口的生活现状不断恶化，更会削弱他们对抗贫穷的能力，致使穷者更穷。根据世界银行2005年的统计，大约有14亿人口生活在贫困和脆弱的生态环境之中。中国的贫困地区与生态环境脆弱地带高度重叠，属于全球气候变化的高度敏感区。在生态敏感地带的人口中，74%生活在贫困县内，约占全国贫困县总人口的81%。①

可见，对于发展中国家而言，缓解和消除贫困包括气候贫困（由气候变化影响导致的贫困），有效缓解和消除粮食、水资源、人口、环境、能源、气候等危机的影响，是现实条件下必须首先考虑和应对的，出路也只有一条，就是加快发展。就像胡锦涛主席在联合国气候变化峰会开幕式上的讲话所指出的：“气候变化是人类发展进程中出现的问题，既受自然因素影响，也受人类活动影响，既是环境问题，更是发展问题，同各国发展阶段、生活方式、人口规模、资源禀赋以及国际产业分工等因素密切相关。归根到底，应对气候变化问题应该也只能在发展过程中推进，应该也只能靠共同发展来解决。”②发展中国家向低碳经济转型包括与之相适应的能源结构的转型必须在经济发展中实现，发展是转型的条件，只有经济发展了，才能顺利转型，脱离发展的转型不仅有

① 熊焰：《低碳之路——重新定义世界和我们的生活》，中国经济出版社2010年版，第15页。

② 胡锦涛：《携手应对气候变化挑战——在联合国气候变化峰会开幕式上的讲话》，新华网：http://news.xinhuanet.com/world/2009-09/23/content_12098887.htm。

可能使经济停滞、倒退，转型也不可能真正实现。

根据各国发展阶段的不同，发展中国家可以分为以农业经济为主的并未实行工业化的国家和工业化进程中的国家两类，前者包括了最不发达国家和地区，后者则以基础四国（中国、印度、巴西、南非，占全球人口的41%）为代表。对于前者，应通过积极的国际扶贫合作，帮助这些国家改善基本的生存条件，早日实现脱贫。对于后者则首先应尊重它们的发展权。发达国家的工业化仅使不到全球15%的人口实现了现代化，它们没有理由阻止超过全球人口40%的人民追求现代化的美好生活。

但发展中国家也必须认识到向低碳经济转型是大势所趋，即使没有全球气候变化的影响，这个趋势也是本世纪上半叶最具震撼力的潮流。事实上，发展中国家的二氧化碳排放近几年呈快速上升的趋势。IPCC第四次评估报告显示，如果按目前的发展趋势，2030年全球温室气体排放将比2000年增长25%—90%，能源利用的二氧化碳的排放量将增长40%—110%，二氧化碳排放增长量的2/3到3/4来自发展中国家。2005年发展中国家的二氧化碳的排放量从1990年的31%上升到44%。[①] 发展中国家的二氧化碳排放增长一方面是经济发展和人民生活水平提高的必然趋势，同时，由于粗放式发展和技术水平较低导致的"超额"排放也是不争的事实。每个工业化进程中的发展中国家都必须主动调整发展模式，积极向低碳经济迈进。转型应处理好三个关系：

第一，正确处理合理有效利用传统能源和积极发展可再生能源的关系。在未来的15—20年里，发展中国家的工业化至少有三方面的问题需要面对，一是世界人口将增加10亿以上，绝大部分来源于发展中国家；二是越来越多的人会从农村迁移到城市或发达地区，很多人将加入中产阶级行列，效仿西方高消费的生活方式；三是发达国家由于国内对碳排放的限制会把高碳产业向工业化进程中的发展中国家转移。这

① 数据来源：IEA网络数据库（2006），转引自何建坤、苏明山：《加快能源技术创新，促进向低碳经济转型》，张坤民等主编：《低碳发展论（上）》，中国环境科学出版社2009年版，第138页。

就必然导致发展中国家能源需求在相当长的时期内持续增长。面对气候变化形势和能源资源短缺形势的加剧，如果在清洁能源能够大范围使用推广之前，强制削减化石燃料的使用，必将大大打击发展中国家的发展，同时也危及世界经济。而如果漠视低碳发展的趋势，沿袭粗放增长的模式，不仅持续的能源供给难以为继，发展中国家也会丧失结构升级的机会，因为今天的工业化已不同于100—200年前的工业化，必须兼顾工业化、信息化和低碳化的使命。因此，根据各国的实际情况，在合理有效利用传统能源和积极发展可再生能源中找到合适的结合点并顺势应时进行调整，才能为可持续发展和顺利转型创造条件。

第二，正确处理约束性量化减排与"无悔"减排和志愿减排的关系。在未来的15—20年里，发展中国家的碳排放量将保持增长的势头，如果技术升级充分，产业结构调整到位，人均碳排放量有可能达到峰值。根据以往的谈判经验，发达国家一定要求工业化进程中的发展中国家同它们一道实行约束性量化减排，对此，发展中国家要有正确认识。在人类社会二百多年的工业化历程中，还没有在工业化过程中能源消耗与经济增长呈长期负相关的例子，在清洁能源大范围使用推广之前，要求发展中国家跳过发达国家工业化过程中曾走过的高排放阶段，即使不是别有用心，也是荒谬无理的。发展中国家的减排必须以不影响持续发展为前提。在坚持"共同但有区别的责任"原则之下，发展中国家拒绝发达国家的无理要求，并不意味着发展中国家拒绝参加减排行动，发展中国家完全可以通过适合本国情况自主的"无悔"减排和志愿减排，积极推进本国的减排行动。低碳经济是在碳减排的背景下提出的，但低碳经济并非"碳减排经济"。事实上能源结构对经济增长存在较强的约束关系，如果在既有技术条件和价格体系下，能源结构已得到优化（如提高能效，降低碳排放强度），那么这时的碳排放就应该被接受，如果一味要求削减（如用成本较高的清洁能源替代），那么发展中国家的经济肯定无法承受。发展中国家追求的应该是"碳排放合理的最小"，而不是"碳排放绝对量的减小"。

第三，正确处理发挥后发优势与主动开拓创新的关系。后发优势理论是在传统工业化背景下提出的，并被日本以及亚洲“四小龙”的高速增长所印证，成为很多发展中国家比较推崇的发展理论之一。然而，在向低碳经济转型的背景下，后发优势发生作用的条件部分发生了变化。其一是引进技术的难度加大，而引进技术正是后发国家保持高速增长的首要条件。原因是低碳技术大多是新开发的技术，如果按市场规则交易则过于昂贵，发展中国家无力承担；而气候谈判中发达国家在资金支持和技术转让上一直是雷声大雨点小，其实是在维护自己的技术优势，在发达国家眼里，发展中大国已经成为现实的竞争对手；此外，目前能源技术总体上还不具备使传统能源结构升级换代的能力，发达国家科技革命的呼声一直很高，技术相对缺乏也是现实情况。其二是发展中国家“传统”的比较优势相对减弱，而国际贸易环境却越来越严苛。以往发展中国家所具有的诸如劳动力、资源、能源、“外部性”等“优势”正在丧失或得到纠正，而发达国家“碳关税”呼之欲出，后发国家的“引进资本和技术—总成本领先—外向型出口”的思路将受到严峻挑战。传统条件下侧重的是数量效益型的发展思路，而新模式下侧重的则是结构效益型的发展思路，在这种情况下，既要争取条件发挥后发优势，同时又要创造条件实现自主创新。对于发展中大国而言，从传统经济向低碳经济过渡存在短期的“追赶平台”，这个时期发达国家的技术不十分充分，迫于气候变化形势的严峻，发达国家会在一定程度开放与发展中国家共同开发合作的平台，给有一定技术积累和资金基础的发展中国家提供追赶的机会。然而随着技术的成熟，“追赶平台”会下沉并开裂成为“低碳鸿沟”，发展中国家与发达国家的差距将进一步拉大。发展中国家应把握住这“千年一次”的历史机遇。

发展中国家向低碳经济转型还会遇到很多困难。首先，全球化过程中高耗能、高污染产业向发展中国家转移，所导致的锁定效应使发展中国家的转型难度越来越大。从积极的角度看，产业转移对于发展中国家消除贫困，促进经济增长有一定的积极作用。但由于发达国家向发展中国家转移的大部分产业属于高耗能、高污染的低端产业，而鉴于自身的技术和经济条件，发展中国家只能被动接受，但其负面影响会随

着气候变暖的恶化而加剧。如果没有气候变化的影响，按照比较优势参与对外贸易，发展中国家的经济也能保证平稳发展。但随着全球气候变化的加剧，发达国家开始转移（推卸）排放责任，他们不但无视低端产业转移所强化的锁定效应，还把责任推给发展中国家要求其一同参加减排。其次，在气候谈判无法达成一同减排的情况下，发达国家很可能通过单边的贸易措施向发展中国家施压，发展中国家的转型将处于恶劣的贸易环境中。目前有迹象表明发达国家将进一步抬高进口产品的环保标准和能效标准，设立“绿色贸易壁垒”，或直接采取征收碳关税等措施。例如，欧盟委员会于2008年通过的有关法案，决定将国际航空业纳入欧盟的碳排放交易体系（EU ETS）中，该法案已于2012年1月1日起开始实施，目前遭到多国航空公司的抵制。根据该法案，全球2000多家航空公司在欧洲机场起降的航班，都必须为超过免费配额的碳排放支付费用。虽然这个法案并不是专门针对发展中国家的，但鉴于发展中国家的经济状况，其所受到的影响会更为严重。根据国际航空协会的测算，欧盟碳税将使航空业成本2012年增加34亿欧元。由于欧盟设定的免费配额逐年递减，随着航空公司机队规模和航线网络的扩大，航空公司要缴纳的航空碳税将逐年递增。此外，在国际贸易双边谈判中也出现附加能效和环保条款、规定新义务的动向。第三，发展中国家内部的问题日趋复杂化，气候灾害，环境污染，能源、粮食、水等战略资源短缺，或由于供不应求而价格过高，这些问题可能会交织在一起，牵一发而动全身，解决起来尤为复杂。能源结构的调整会引发诸多问题，因此要积极稳妥。例如，使用可再生能源和新能源可能会导致能源价格的上涨，而能源价格的上涨，将增加消费者的负担，增加农业产业化和利用化肥的成本，从而影响粮食生产，引起粮价上涨，进一步增加消费者负担。实施能源结构的调整，如果行动过激，如将农耕地转为生产生物燃料，虽然增加了清洁燃料供应，但无法从根本上解决能源问题，而粮食生产会受到更大的影响，得不偿失；但如果行动过缓，气候变化带来的降雨失常会加剧水资源的短缺，并导致农业受到严重的影响。如果发展中国家没有强大的国力基础，那么转型政策应更侧重于考虑多种因素协同后的“避害”政策，而无法简单选择“趋利”政策。所以，与发达国家能源转型的形象描述“顺境中也有困难”相对应，发展中国家的转型将是“逆境中充满无奈”。

二、战略制高点的争夺

1. 逐鹿清洁能源和低碳技术产业

历史的经验表明，每一次科技革命和产业革命都会催生一个新兴的产业。这个产业代表了世界技术、经济和社会发展的新的方向和动力。我们注意到，由低碳革命催生的清洁能源和低碳技术产业具有这样的特征，它是一个超越以往工业化发展模式的新的技术载体，它的出现已经开始影响整个全球的产业链，触及了工业、农业、服务业各个方面，也正在触及人类的日常生活，改变人类的生活方式、行为方式和需求模式。清洁能源和低碳技术产业的这一特质使它成为世界进入新的经济长周期的带动力量，具有无限广阔的发展前景。

也正基于此，清洁能源和低碳技术一直被看做是21世纪国家竞争力的所在，美国总统奥巴马甚至说，当今世界，能够领导全世界在21世纪发展清洁能源的国家，必定是领导21世纪全球经济的国家。我国专家在总结了历次科技革命和产业革命中大国崛起的经验后，也得出了这样的判断：下一个崛起的大国，必定是掌握新动力能源革命核心技术的那个国家。[①] 正是基于这种预测和判断，各国纷纷瞄准了这个发达国家希望借此继续引领全球经济，发展中大国愿借此实现跨越式发展的新兴的战略产业，展开了激烈的竞争。

全球金融危机后，西方国家提出的各种经济刺激计划，都把增加科技投入、培育新一代主导产业作为摆脱经济衰退、创造就业机会的着力点，清洁能源和低碳技术产业在金融危机的背景下迎来了投资增长，为新的技术突破和科技革命埋下了伏笔。在美国，奥巴马政府上台后提出了雄心勃勃的方案，在7870亿美元巨额经济刺激计划中，将发展新

---

① 《危机能否催生新技术革命?》,《北方新报》2009年4月7日第48版。

能源作为摆脱危机和抢占发展制高点的重要战略产业。奥巴马提出在未来3年内可再生能源产量增加一倍,未来10年投资1500亿美元建立“清洁能源研发基金”,用于太阳能、风能、生物燃料和其他清洁可再生能源项目的研发和推广。为了通过投资清洁能源和节能帮助美国经济迅速恢复,在未来经济竞争中保持领导地位,奥巴马政府还推动气候变化相关立法进程,2009年6月,众议院通过了《清洁能源与安全法案》,确定美国温室气体排放到2020年在2005年水平上下降17%,到2050年下降83%。该法案还包括快速实施清洁能源和节能技术的标准和激励措施,同时对碳排放设置了严格的全面限制。美国高调介入清洁能源技术领域,欧盟、日本、澳大利亚等国家也有紧跟之势,使得清洁能源和低碳技术领域的争夺更加明朗化和白热化。对此,中国正面临着巨大的压力。一旦发达国家在清洁能源和低碳技术上率先取得重大突破,中国与发达国家的产业技术差距就有可能从代内差距扩大为代际差距,中国现有的大量技术装备就面临着很快过时淘汰的危险,巨额投资可能变成沉没成本,中国企业的利润空间也会大幅度压缩,出口将受到更大冲击。①

审视未来清洁能源和低碳技术产业的发展,我们认为各国都面临着三个方面的挑战。

(1)选择适合的科技发展路线的挑战。化石能源的时代终究要过去,新型的清洁能源必将取代传统能源,成为21世纪的主流能源,可再生能源和新能源是未来发展的重点。从高碳走向低碳,从低效走向高效,从不清洁走向清洁,从不可持续走向可持续,是能源发展的规律。对于这些能源格局演变的大势和发展的基本规律,目前已取得广泛的共识,但对具体哪种或哪几种能源形式和能源技术代表了未来能源发展的方向,如何找到适合本国国情的科技发展路线,专家们还有不同意见。产业发展,科技先行。近十年来,很多发达国家都制定了能源科技

---

① 韩启德:《在中国科协年会上的开幕辞》(2009年9月8日),中国科学技术协会网站:http://www.cast.org.cn/n35081/n35473/n35518/11481845.html。

发展路线图,用于本国能源科学研究和技术发展的规划和预测,以及国家能源战略政策的制定。中国科学院于2007年也启动了"中国至2050年能源科技发展路线图"研究,提出了10个瞄准科技前沿、有助于形成中国自主创新核心技术体系和中国特色的新型能源工业的重要技术方向。包括:节能领域的高效非化石燃料地面交通技术;化石能源领域的煤炭的洁净和高附加值利用技术;电力领域的电网安全稳定技术;可再生能源领域的生物质液体燃料和原材料技术、可再生能源规模化发电技术(风力发电技术、光伏电池技术、太阳能热发电技术)、深层地热工程化技术;核能领域的新型核电与核废料处理技术;新能源领域的氢能利用技术、天然气水合物开发与利用技术、具有潜在发展前景的能源技术(海洋能发电、新型太阳能电池、核聚变技术)。① 这个发展路线图有以下特色:一是考虑了中国资源禀赋和目前能源应用现状,把煤炭清洁利用技术和电动车技术、新型轨道交通技术等作为重要研究方向,体现了用好现有资源,减轻对石油的依赖,调整能源结构,减少二氧化碳排放,提高综合能效的整体构想;二是对于具有一定基础和储备,有良好应用前景的能源技术,尤其在规模化商业应用和制造方面,争取在中短期内有较大的突破,促进应用产业和相关制造业的发展壮大,这方面的技术包括了风力发电、太阳能热发电、光伏发电、生物质发电技术,以及大容量、低损失电力输送技术、可再生能源发电并网、分布式电网技术,及生物质液体燃料技术、新一代核电技术和核废料处理技术等;三是对于具有潜在发展前景的技术,则尽早给予部署,安排研究力量,做好技术储备,力争在新一轮的能源科技竞争中取得优势地位,这些技术包括了氢能利用技术、天然水合物开发与利用技术、燃料电池汽车技术、深层地热工程化技术、海洋能发电技术等。

(2)应对商业化推广的挑战。高科技能源的发展不会一帆风顺,需要经过研发、示范、推广、竞争等阶段,这期间既要突破技术障碍,也

① 中国科学院能源领域战略研究组:《中国至2050年能源科技发展路线图》,科学出版社2009年版,第4章。

要突破成本障碍和其他障碍。表面上看清洁能源和低碳技术领域的竞争是企业与企业的竞争,实际上反映的是国与国之间的竞争,其结果是一国科技能力、综合国力和政府组织管理能力的体现,也体现了一国市场机制配置资源的效率,以及金融体系、产业体系的支持和支撑能力。因此,要制胜清洁能源和低碳技术产业,必须把握住发展的时机和必要的条件。第一,早期的技术投入存在一定的不确定性风险,很多技术还不能直接面向市场,需要新的研发解决技术障碍和降低成本。此外,这些技术开发对科技领域基础研究的依赖性也很强。这就需要政府在基础研究中加大投入,并建立起通畅的技术转移机制。而企业的技术开发项目除了需要政府的资金支持外,风险投资以及直接和间接融资的支持也必不可少,这在某些国家存在着一定的障碍。当技术在工艺上可行时,通过示范项目考察其在商业规模和相关工况下的运行情况是必要的程序,通常情况下,由政府提供部分或全部的示范资金的支持。可见,在早期的开发中,政府和金融的支持作用是必不可少的。第二,能源新技术在实现成本竞争力之前,即使通过研发实现了技术可行性并经过了示范,但对市场而言往往成本仍然过高,必须经过艰难的技术推广并获得成功后,才能够跨过所谓的通向商业化的“死亡之谷”。技术推广往往需要比研发阶段更多的资金投入,在很多情况下,如果推广成本高于研发成本,一般通过进一步的研发以降低成本,降低市场推广的门槛。在市场推广中,政府的支持是必不可少的,但企业的主体作用更不容忽视,必须经得起市场的检验。技术的成功并不意味着市场的接受,“铱星计划”失败就是个例子。第三,由于二氧化碳排放的“外部性”,一些新的减排技术即使在完全商业化以后,成本可能仍然较高,企业推广应用的积极性仍然很差。例如,CCS 技术的应用可能需要政府提供长期的经济激励措施,否则企业可能会抵触使用该技术,在这方面,政府必须建立起长期稳定的政策环境预期,为低碳技术的推广应用铺平道路。第四,社会公众的接受程度以及对既得利益的权衡也会影响新技术和市场的推广。社会公众支持应对气候变化,并不意味着他们本人已经准备好采用更清洁的能源技术。成本因素、不愿改变习惯以及对个人既有利益的维护等都可能成为他们拒绝或抵制采用新技术的因素。此外，节能技术的决定者与节能效益的受益者相分离（如节能技术由房屋的设计建造者决定，并非由居住者决定，而前者考虑最多的是成本因素），也使得节能技术的采用主要受其他因素的影响而非节能收益的诱导。所有这些都要通过更好的信息传播、公众教育以及建立激励机制等措施来减少和消除这些消极因素的影响。

（3）发展中国家克服技术“锁定效应”的挑战。近几年，伴随着发展中国家工业化和城市化的快速发展，对能源的需求也迅猛增长，并在未来20—30年里还将继续保持上升的势头。据国际能源机构（IEA）预测，从2005—2030年，世界一次能源需求的新增量将有2/3来自发展中国家。能源需求的快速增长意味着新建能源基础设施的增加，未来一段时间，是发展中国家基础设施建设的活跃期。如果发展中国家仍采用以前的非低碳技术建设这些能源基础设施，而这些新设施应该在其生命周期内保持运行状态（虽然温室气体排放量大，但推倒重建所造成的巨额浪费是发展中国家经济不堪承受的），这必将形成发展中国家对既有高排放技术的“锁定效应”。这种“锁定效应”不仅延缓了发展中国家向低碳经济的转型的进程，削弱了清洁能源和低碳技术产业的发展，也会对全球二氧化碳的减排带来负面影响和压力，最终将影响到发达国家的利益。因此说，“锁定效应”对于发展中国家和发达国家都是没有好处的，从极端的情况看，发展中国家不可能在没有足够的资金和技术援助下推倒重建能源设施，在同一个大气层下的发达国家也难以袖手旁观。

缺乏技术和资金是发展中国家无力发展低碳技术产业的主要原因。要想克服发展中国家高碳技术的“锁定效应”，建立广泛高效的国际低碳技术转让和资金机制刻不容缓。事实上，早在1992年《联合国气候变化框架公约》就明确强调了技术开发与转让的必要性和迫切性。但是在公约生效以来，在发达国家向发展中国家进行技术转让方面进展甚微，有关谈判困难重重，其主要原因是发达国家将低碳技术视为其未来国家竞争力的重要组成部分，不愿与发展中国家分享低碳科

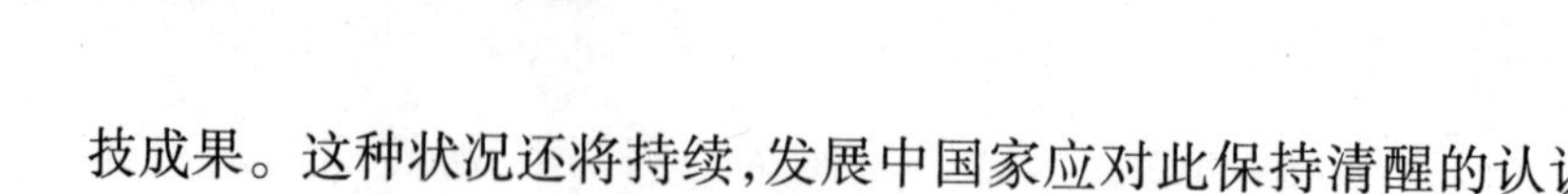

技成果。这种状况还将持续，发展中国家应对此保持清醒的认识。要想改变这种局面，发展中国家必须团结一致，以政治力量促进建立起国际低碳技术转让的新机制，同时，要增强自主创新能力，在某个领域找到突破点，培育出具有本国特色的低碳技术产业。①

专栏1－7　2050年展望和能源技术的作用

世界能源并不处于可持续发展的轨道，但这种趋势是可以改变的。在技术加速发展情景（ACTs）下的研究表明，采用正在开发或者已经成熟的技术，世界的能源可以进入可持续发展的轨道。到2050年，通过提高能效的措施，可以将用电需求降低到基准水平的2/3。根据基准情景，液体燃料的节约量将占石油需求增长量的56%，2050年节约的石油将超过目前全球石油消费量的一半以上。

这些ACT情景中展示的巨大变化基于以下假设：(1)交通、工业和建筑部门的节能；(2)随着一次能源发电向核能和可再生能源发电的转变，以及配备二氧化碳的捕集与封存CCS手段的天然气和煤炭发电设施的普及，电力供应呈现显著的脱碳效应；(3)生物燃料在道路交通上得到普及。即使在ACT情景中，化石燃料仍然是2050年世界能源消费中的主要角色，石油、煤炭和天然气的需求仍然高于目前的水平。如果涉及的技术在发展中国家广泛商业化，二氧化碳的减排成本不超过25美元/t，相当于燃煤电力成本增加0.02美元/(kW·h)，或者汽油成本上涨0.07美元/L。

建筑、工业和交通能效：在这些领域，采用更高效的技术，还存在很大发展空间。(1)在很多国家，新建筑的能效提高70%；现代的油气燃烧设备效率已经达到95%；高效的空调比10年前的产品要节能30%—40%；集中供暖、热泵和太阳能的采用都有助于节能；照明设备

---

① 例如巴西通过实施“国家酒精计划”，利用丰富的甘蔗资源生产乙醇代替汽油，巴西的甘蔗燃料乙醇技术已实现了商业化，乙醇成本仅为每升0.2美元左右。全国近1/3的车辆直接使用乙醇或使用掺有22%无水乙醇的汽油。

的改进可以节能30%—60%;一些新的技术,如智能计量、微型热电联供、燃料电池和太阳能光伏发电等,也正在走入人们的生活。(2)工业部门通过改进电机、泵、锅炉和加热设备的效率,提高废旧材料的回收,采用更加先进的工艺和材料,可以大幅降低能耗和二氧化碳排放。在石化工艺中,采用先进的膜取代蒸馏设备,采用生物原料替代石油和天然气等都有助于节能和减排。(3)交通行业采用的技术包括混合动力车以及先进柴油发动机等,可以使传统车辆效率显著改善;增压器、燃料喷射和先进的发动机电子控制技术都有助于降低燃料消耗;新材料和更紧凑的发动机使车身更轻,从而更省油;车辆电器尤其是空调能效也有望大幅改善。

洁净煤与CCS技术:CCS可以显著降低发电、工业、交通燃料合成行业的二氧化碳排放。该技术目前的成本还很高,但可以在2030年前降低到25美元/t。如果被捕集的二氧化碳被用来进行石油增采,则成本将进一步下降,甚至为负成本。在实施CCS的同时也要实现煤炭的高效利用。煤炭燃烧的更高效技术已经成熟或即将成熟,包括高温粉煤电站和整体煤气化联合循环(IGCC)。2050年CCS技术对二氧化碳减排的贡献为20%—28%。只要煤炭在发电行业中占据主要地位,CCS对于控制二氧化碳排放必不可少。

天然气发电:很多因素会影响到天然气的获得和价格,但天然气发电的二氧化碳排放只有煤炭的一半。目前最先进的天然气联合循环电站效率为60%,扩大这种技术的应用有助于显著降低排放。如果要实现更高的效率,必须开发出更耐高温的新材料。

核能发电:第三代核电技术在安全性(包括被动式安全)和经济性方面可圈可点,目前有11个国家正在联合开发第四代核电站。目前核能发电面临的挑战是:巨大的资金成本;公众的抵触情绪;核武器的扩散等。如果这些问题得到解决,增加核能的份额有助于二氧化碳的大幅减排。

可再生能源发电:在ACT情景中,2050年水电、风能、太阳能、生物质等可再生能源的扩大利用将贡献9%—16%的二氧化碳减排。可再生能源发电的份额从目前的18%增长到2050年的34%。(1)水电在可再生能源发电中占有最大的比例。(2)近年来,陆上和海上风能发展迅速,通过规模生产以及大型叶片和复杂控制的应用而显著降低了成本。最好的陆上风电场的发电成本为0.04美元/(kW·h),与其他手段的电力价格相比已具竞争力。海上风电场的安装成本要更高一些,但是有望在2030年得到商业化。在风能发电份额较高的场合,需要配备复杂的网络、备用系统或者储能手段来补偿风能的间歇特性。在大多数情景中,风能被认为是仅次于水电的最重要的可再生资源。(3)生物质燃烧发电已经是成熟的技术。在燃料容易获得并且价格合适的地区,这种技术的商业化具有相当的吸引力。少量生物质和煤混烧发电不需要对电站进行显著修改,而且具有运行经济性和二氧化碳减排效应。(4)自1970年以来,高温地热发电的成本快速降低。地热开发的潜力很大,但只在特定的地方用于发电。相对而言,低温地热可用于集中供暖和地源热泵,因而应用要广泛一些。(5)光伏发电技术在一些特定的应用场合得到快速发展。随着不断推广及技术进步,光伏发电的成本得到降低。太阳能热发电也具有很好的前景。但在所有的ACT情景中,光伏发电和热发电的份额都被设定在2%以下。

用于交通的生物燃料和氢能燃料电池:(1)从植物中得到的甲醇具有良好的燃烧性,它经常与汽油混合使用。在巴西,从甘蔗生产的甲醇已经达到量产水平,价格与目前的汽油相比具有竞争力。目前的甲醇生产主要采用淀粉或含糖作物,限制了其推广。但随着技术的发展,纤维素生物质可以作为甲醇的原材料,这项技术目前还处于研发阶段。(2)从低碳或无碳原料中生产氢,并用于燃料电池车中,可以实质性地实现交通零排放。但是向氢燃料转型需要大量的基础设施投资。另外,虽然氢能燃料电池在近几年取得显著进展,但成本仍然显得过高。

目前尚未商业化但具有应用潜力的先进技术有:生物燃料、氢能和燃料电池、储能和先进可再生能源等技术。这些领域的研究也应延伸到基础科学范畴，尤其是生物技术、纳米技术和材料技术，都可能对未来的能源发展产生深远的影响。

摘自国际能源机构：《能源技术展望——面向2050年的情景与战略》，张阿玲等译，清华大学出版社2009年版，第1—6页。

专栏1-8　我国科学家在研究能源科技发展路线时提出的论点和建议

关于化石能源利用中的二氧化碳对策问题。一些专家认为煤炭仍是中国的主要能源，解决二氧化碳大量排放应以捕获和分离燃料消费过程中排放的二氧化碳为主，另一些专家认为应大力发展新能源和可再生能源，减少化石能源的消费，从源头降低碳排放强度，或通过改变燃煤技术和煤利用方式，如化学链燃烧、纯氧燃烧、煤基化学品工业技术等，以降低排烟中的二氧化碳含量或将碳固化于转化后的物质中。

关于煤基化工技术问题。由于煤具有聚合物、大分子化学结构的特点，所以有专家认为，与其将煤作能源利用，不如将煤视为化工资源，可通过生物法、化学法、物理法将煤中的各种化学物质提取利用，这样一方面可以提高煤的附加值，另一方面可以将碳、硫、氮等排放污染物固定于化学产物中。也有专家认为煤基化学品的定向提取技术从20世纪50年代就开始研究了，至今技术进展不大，主要是煤中的化学物质太多、太复杂，难以得到纯化学物质。

关于生物质能利用技术发展方向的问题。生物质是唯一可以转化为气、液、固三种形式能源物质和化工原料的可再生能源。现代的生物质能利用技术中，燃烧发电技术、生物质发酵制燃料乙醇技术、热化学法制醇醚燃料技术已经成熟，进入应用推广阶段，纤维素制燃料乙醇技术也不断取得突破性进展，经过多年的发展，生物质能利用技术日趋多样化，技术水平不断提高。但是，围绕生物质利用的争论很多。一些专家认为生物质作为能源利用在一定的时、空范围内同样存在二氧化碳排放问题（虽然理论上是二氧化碳零排放），故不宜将生物质作为能源利用，而是将其转化为大宗化学品，这样既可间接替代石

油，又可将生物质中的碳固定于转化后的物质中。另一些专家认为，将生物质的利用分阶段进行，即近期以沼气、发电为主，中期以制液体燃料为主，远期以制大宗化学品为主，同时要大力开发水生生物质、油藻微生物等。另外，还有专家认为，本着“不与民争粮，不与农争地”的原则，应尽量慎重发展生物质能；而另一些专家认为，作为技术发展应不受上述原则约束，因为能源不仅是经济资源，更是政治和战略资源，为了满足国家安全的需求，多做些技术储备是十分必要的。

关于天然气水合物开发与利用的问题。中国是继美国、日本、印度之后第四个在海底采集到天然气水合物样品的国家，确认了中国海相天然气水合物资源的存在，标志着中国天然气水合物的勘探、开采技术长足的进步和科技实力。但由于还不清楚中国海相天然气水合物资源量、分布情况、赋存性状以及中国永久冻土层是否蕴藏有天然气水合物，所以，在以多大力度开展相关研究、开发以及何时成为主流能源、环境影响等方面存在较大争议。

关于氢能的问题。美国最早提出氢能和氢经济的战略构想，在全球掀起了氢能和燃料电池技术研究的高潮。氢作为可从多种途径获取的理想能源载体，是化石能源向可再生能源过渡的重要桥梁之一；具有清洁、灵活特征的燃料电池动力和分布式供能系统，将为终端能源利用提供新的重要形式。但由于氢是基于其他物质的二次能源，制氢和储氢都将大量耗能耗材，所以，人们对氢能未来可能对能源发展的贡献度产生疑问，甚至怀疑是否需要开发氢能技术。

关于太阳能发电技术。硅基太阳能光伏技术和光伏产业取得了快速的发展，虽然性价比还不能支持光伏技术的市场化推广，但是技术成熟，产业已经形成。所以，一些专家认为在继续加大力度推动硅基太阳能电池技术发展的同时，加速叠层硅基薄膜太阳电池、染料敏化太阳电池、碲化镉太阳电池、聚光太阳电池和铜铟镓硒薄膜电池等的研究开发，以提高光伏电池的光电转化效率，降低成本。另一些专家认为现行的硅基太阳能电池技术和正在研究开发的诸多太阳电池的生产过程都存在耗能、耗材、产生污染物、成本高和废电池处理等问题，一方面应限制硅基太阳能电池的发展，另一方面应加大力度研究太阳能转化的新原理、新方法，以期克服上述问题，产生新的技术。还有些专家认为应加快发展规模化的太阳热发电技术的研发，一旦在高密度聚光、聚热以及高温高效传热工质上产生技术突破，就可望大规模发展，并且可以继续利用传统的火力发电系统的发电技术部分。

关于核电的问题。专家们对于发展核电技术形成了相对统一的共识，但对于技术路线的选择仍存在不同意见。一些专家认为应加速聚变能的研究开发，使之到21世纪中叶成为主流能源；而另一些专家认为，聚变能技术难度大，至少要到21世纪末方能成为主流能源，所以应加大力度发展引进、消化、吸收第三代核电技术，重点发展自主创新的第四代乃至以后的核电技术，以赶超世界核电技术先进水平，从而形成中国特色的核电工业。加速器驱动次临界反应堆是目前嬗变核废料的最强有力手段之一。

关于地热能的利用问题。地球的地热资源相当丰富，人类至今为止已较广泛地利用了地表几百米内的地热资源，尤其是在热利用方面的技术已较成熟，可是由于这部分资源的品位和能量密度低，暂时难以对能源总量作出大的贡献。所以，一直以来人们都没有将其作为可能成为主流能源的重要能源资源看待。但是，一些专家认为深层地热丰富，应加快开发与利用，一旦技术突破，它有可能成为安全可靠、资源量巨大的主要能源。

摘自中国科学院能源领域战略研究组：《中国至2050年能源科技发展路线图》，科学出版社2009年版，第119—122页。

2. 剑指全球碳排放交易市场(碳金融市场)

(1)全球碳排放交易市场的兴起与发展

排放权交易的思想形成于20世纪60年代的美国，是针对环境利用中的外部性而提出的一种经济手段，以解决当时严重的空气污染、水污染问题，并克服单纯依靠命令控制手段的高成本、低效率等弊病。经过20年的探索，在90年代的二氧化硫排污权交易中取得成功。这一

成功大大鼓励了排放权交易在《京都议定书》中的应用。

排放权交易有两种交易机制:一种为总量限制和交易机制(Cap and Trade),即以一定时间段内一定区域的二氧化碳排放总量为限额,通过监管和政治谈判等方式确定总量下的配额(Allowance),每个主体(通常是国家、地区或行业)在一定的减排目标下,分配到一定数量的排放配额,排放主体的实际排放量若超过所分配的排放配额,则必须购买其他主体的排放权以满足配额限制,否则将承担法律责任。配额的有限供给(稀缺性)形成了对配额的需求和价格,这些配额在市场主体间进行交易,形成了配额市场。配额市场通常是现货交易。总量限制和交易机制的特点就是使减排成本内部化,驱使企业不断地去寻找成本更低和更有效的减排措施,从而达到深度减排和全社会减排成本最小化的目的。但这种机制要求总量限额要适合、排放监测与交易监督要严格,使得这种机制的普遍应用存在一定的挑战。①

另一种为基线与信用机制(Baseline and Credit),补偿(Offset)也称碳信用(Carbon Credit)是在这种机制下创建的。这些碳信用是通过实施减排项目所产生的,而这些项目必须满足减排的"额外性"条件,即在通常情况下,这个项目根本不会发生(不具有经济可行性)②,这时项目所产生的碳信用被买走后,才可以用来履行买家的减排责任。这些基于项目的碳信用的交易构成了项目市场。项目市场通常以期货方式预先买卖。总量限制和交易机制通常允许履约实体购买一定数量的来

---

① 总量Cap的确定是总量限制和交易机制的核心,其设定是根据环境质量的目标,并评估环境容量水平,推算出最大允许排放量,并将其分割成若干份额,即排放权配额,然后通过公开竞价拍卖、定价出售或无偿分配等方式将配额分配给排放主体。这里有两方面的监管特别重要,一是对配额交易市场的监管包括一级市场和二级市场的监管;二是对排放主体真实排放的监管。这不仅与监管者的行政能力有关,也与市场发育水平、技术手段、人员素质、社会环境等有关。不同国家、不同发展阶段,社会基础管理以及可能产生的交易成本都存在差异,对这种机制的适应性也不同。

② 以CDM项目为例,如果政府或企业打算上马的项目是一个无论在财务上、技术上都有条件和能力开展的项目,这样的项目的减排就不具备"额外性",必须是在以上条件或者其他方面存在困难或者障碍而无法独立开展的项目,而通过CDM的支持克服障碍使项目得以实施,这样产生的减排量才是额外的。

自总量体系以外、产生于项目市场的碳补偿,这时的碳补偿并不能带来超额减排,而只能带来减排额产生地的地理转移。所以,只有满足“额外性”条件的碳补偿才不会破坏总量限制和交易机制的正常运行。

在应对气候变化的经济手段中,还有一种是税收手段,即征收碳税。碳税与排放权交易并不是截然对立的,在欧洲,丹麦、芬兰、荷兰、挪威、瑞典、英国等国已陆续开征碳税或气候变化税,同时,这些国家也是碳排放权交易的积极参与者。税收与国家主权密切相关,征收碳税属于一个国家自主的减排行动,然而,根据全球一致减排行动的趋势,如果按照国内税设计碳税,税基、税率、征收范围、减免、征收管理等都属于一国内部的事务,是不可能与国际社会谈判的,在这种情况下,碳税对于减排的效果不易得到其他国家的认同;而若设计成国际碳税,由于各国国情的不同,对征收碳税所造成的对 GDP 增长、进出口等方面的损失的承受能力不同,此外,还会涉及责任匹配、税收公平等问题,因此,税收设计本身就难以达成一致。实施的难度也很大,如果由国际机构负责征收,则会牵涉国家主权难以被采纳,如果由各国分别征收,则难免会出现“免费搭车”的现象。总之,碳税作为一种减少二氧化碳排放的重要经济调节手段,具有操作性强、管理成本低等特点,适合以灵活的国内税的方式征收,但如果采取国际税或协调的国家税的方式,将比排放权交易困难得多。碳关税是一种贸易保护主义手段,对世界经济和贸易的危害很大,应坚决给予反对。从发展的趋势看,全球碳排放交易是全球一致应对气候变化的主要形式。

《京都议定书》确立了三种灵活减排机制,其中,排放交易机制(Emissions Trading,ET),是指附件 1 国家之间可以将其超额完成的碳减排义务指标包括“分配数量单位(AAU)”等以贸易方式进行交易;联合履行机制(Joint Implementation,JI)是指附件 1 国家之间通过温室气体减排项目的合作,其所实现的“减排单位(ERU)”可以转让给另一附件 1 国家缔约方,但是必须同时在转让方的“分配数量(AAU)”配额上扣减相应的额度;清洁发展机制(Clean Development Mechanism,CDM),是指附件 1 国家通过资金支持和技术转让帮助非附件 1 国家实施温室

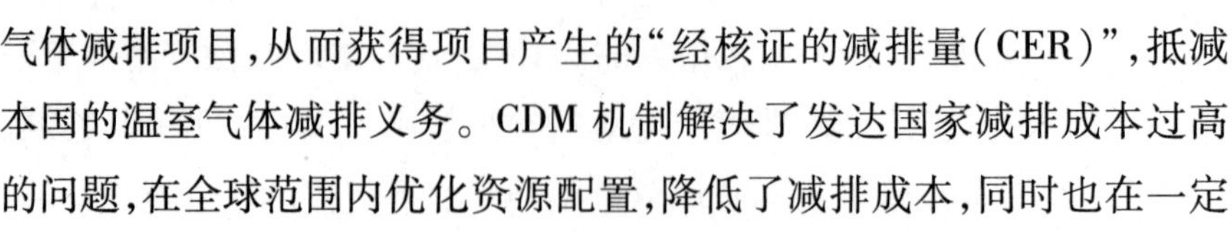

气体减排项目,从而获得项目产生的"经核证的减排量(CER)",抵减本国的温室气体减排义务。CDM 机制解决了发达国家减排成本过高的问题,在全球范围内优化资源配置,降低了减排成本,同时也在一定程度上缓解了发展中国家减排技术和资金的瓶颈状况。

全球碳排放交易市场的建立是一个渐进的过程。2000 年,清洁发展机制(CDM)启动[①],2003 年,芝加哥气候交易所(CCX)[②]开始运营,2005 年,欧盟碳排放交易体系(EU ETS)[③]和欧洲气候交易所(ECX)[④]开始运营。2008 年,联合履约(JI)信用额能够用于履行发达国家的减排义务。目前,全球主要碳交易市场有欧盟排放交易体系(EU ETS)、欧洲气候交易所(ECX)、美国芝加哥气候交易所(CCX)、加拿大蒙特利尔气候交易所(MCEX)、澳大利亚三大气候交易所(ACX、ASX、FEX)、印度两大气候交易所(MCX、NCDEX)等。从 2005 年《京都议定书》生效以来,全球碳排放交易市场进入了快速发展的轨道。2005 年全球碳交易额仅为 110 亿美元,到 2008 年全球碳排放市场交易规模达到 1351 亿美元,较 2005 年增加了 11.3 倍。受金融危机的影响,2009 年后全球碳市场规模增长有所放缓,价格也出现大幅波动,但发展的内在活力依然强劲。金融危机和欧债危机对全球碳交易市场的影响是暂时的,不会改变碳交易市场发展的长期趋势,英国新能源财务公司曾在 2009 年 6 月发表报告,预测全球碳交易市场 2020 年将达到 3.5 万亿美元,有望超过石油市场交易量。[⑤]

---

① 《京都议定书》规定,在 2000 年后一旦其生效起至 2008 年第一个承诺期开始这段时期内,CDM 就可实施,参与 CDM 的发达国家缔约方就可获得由 CDM 项目活动产生的经核证的减排量(CERs)。

② 芝加哥气候交易所(CCX)是美国志愿减排市场的先行者,也是全球第一个具有法律约束力、基于国际规则的温室气体排放登记、减排和交易平台。

③ 欧盟排放体系(EU ETS)是目前全球最大的碳交易市场,2008 年占全球交易量的 2/3,交易额的 3/4,由场外交易和场内交易组成。

④ 欧洲气候交易所(ECX)是芝加哥气候交易所(CCX)的一个全资子公司,成立于 2004 年。目前是欧洲碳交易量最大的交易所,具有重要的价格发现作用。

⑤ 也有专家提出不同意见,认为无论从现货交易还是从期货交易来看,碳交易量与原油交易量均不在一个量级。

当前，发达国家普遍利用市场手段建立温室气体的排放交易体系。其中，英国等欧盟国家建立了欧盟排放交易体系，并主导着全球碳排放交易市场，新西兰从2010年7月开始实施碳排放交易机制，美国、澳大利亚和日本等国都曾考虑在国内建立碳排放交易市场，虽然由于金融危机和欧债危机的影响，一些国家有可能推迟已有的计划，但从发展趋势看，实行碳排放交易机制势在必行。2009年6月美国众议院通过了《清洁能源与安全法案》，把总量限制和交易机制(Cap and Trade)作为主要的减排手段，尽管到目前为止未获参议院通过，但由于美国早在2003年就建立了芝加哥气候交易所，并开始实施具有法律约束力的自愿性碳交易，因此美国已经具备实施碳排放交易的技术条件和市场条件，其所缺乏的是全球责任感和政治决断力。但可以预期的是，一旦利益杠杆发生变化，美国可以迅速建立碳排放交易市场，并很快掌握全球排放贸易体系的主导权。

(2)碳金融的助力及全球超大规模碳市场的形成

纵观近代经济发展的历史，任何重大经济发展、产业升级、技术进步都必然有金融的助力和推动，这种推动力量越来越强，正像吴敬琏教授指出的那样，货币诞生后，通过第一阶段的产业革命，金融慢慢地发生了变化，已经开始左右整个经济活动的行为，尤其是今天的金融，不仅仅是国家的命脉、血液，今天金融仿佛已经走到了经济的制高点。① 任何国家在向低碳经济转型的过程中，无一例外地需要金融业的全面参与和金融工具的不断创新。也正因为金融自始至终贯穿并左右着经济活动，因此发达国家凭借着掌控金融的优势，始终游走于短期既得利益和长期战略利益的高端，它们以资本为龙头和纽带，期望着在技术、市场、资本三个重要方面全面领先，主导低碳经济发展的潮流。

碳金融是一个比较新的金融创新形式，它包含了市场、机构、产品、

① 吴敬琏:《谁拥有了货币谁就拥有了世界》，纪录片《华尔街》主创团队编著:《华尔街》，中国商业出版社2010年版，第214页。

服务、政策等一系列不可分割的要素，这些要素创新性地构成了低碳经济的碳金融体系，为实现可持续发展、减缓和适应气候变化以及灾害管理三重目标提供了一个低成本的有效途径。①

碳金融市场的主体是碳排放交易市场。碳排放交易本质上就是一种金融活动，一方面金融资本直接或间接投资于创造碳资产的项目与企业，另一方面，来自不同项目和企业产生的减排量进入碳金融市场进行交易，并被开发成标准的金融工具。通过这一来一往的金融活动，低碳技术和低碳产业得到发展，金融资本也得到增值。目前，发达国家围绕碳排放交易已经逐步建立起了以直接投融资、银行贷款、碳排放配额现货以及项目市场期权期货等一系列金融工具为支撑的碳金融体系。通过建立金融制度和交易程序，开展一系列碳排放权及其衍生品的交易和投资、低碳项目开发的投融资、银行绿色信贷以及相关的中介服务等金融创新活动，发达国家已占领碳金融领域的制高点，并取得不菲的经营业绩。② 发展中国家碳资源丰富，但定价权却掌握在发达国家手中，发展中国家如果希望提高对碳资源定价的影响力，自主发展低碳经济，就必须建立反映自身需求、与国际规则接轨的碳市场体系和金融支持体系。在这方面，印度的经验值得借鉴。③

当前，全球碳交易市场的格局是，强制市场为主，志愿市场为辅；配额市场为主，项目交易为辅，这种格局还会延续下去。从本质看，碳交易市场不是自发形成的，而是在强制减排的前提下形成的市场。只有在具有法律约束的强制减排的情况下，碳排放额才能成为稀缺资源，才

---

① 刘倩、王遥：《碳金融全球布局与中国的对策》，《中国人口、资源与环境》2010 年第 8 期。

② 2008 年，全球二氧化碳当量的交易价格为平均每吨 26 美元，而世界银行原型碳基金在发展中国家收购 CER 的价格仅为 3—5 美元（碳基金是一种通过前端支付、股权投资或者提前购买协议，专门为减排项目融资的投资工具。2009 年，碳基金的数量已达到 89 只，资金规模 161 亿美元）。

③ 印度 2005 年就对 CDM 项目采取了单边策略，将注册成功的 CDM 项目所签发的 CER 存储起来。这种项目策略与印度的现代金融体系的强力支持是分不开的。印度的金融体系延续了英国人留下来的金融制度，银行体系有 130 多年历史，股票市场也有百年以上历史，金融监管制度健全，积极投身碳金融应该是市场的选择。

能创造市场需求。而随着参与强制减排的国家的增加，未来 30 年内，全球碳交易市场交易量和交易额可能会呈现爆发式的增长。试想，如果美国加入这个强制减排市场，若干年后，中国、印度、巴西等发展中大国也加入这个市场，这个市场的规模会有多大！正因为有这种预期，各大国对于这块巨大的低碳经济“蛋糕”都心存觊觎。当然，全球碳交易市场规模与未来气候变化的趋势和实际影响也有着密切的关联。如果气候形势恶化，需要全球以更严厉的措施实行减排，市场规模和价格都会发生剧烈的变化，因此，与一般商品市场相比，碳排放权交易市场存在着更大的政策性和技术性风险，也需要引入一些金融创新工具化解风险。

需要指出的是，我们提出的全球超大规模碳市场的预期是基于长期发展趋势，目前学界对碳交易市场和碳税进行了大量的比较研究，证明了两种减排手段在不同情况下具有各自的优势，因此在现实政策的选择和运用上应把握好两者的互补性。

专栏 1－9　数量控制还是价格控制：排污权交易 VS 碳税

应对气候变化有多种政策工具，包括命令控制型手段（Commond and Control Regulation）、基于总量控制的排污权交易（Cap and Trade）、基于价格控制的税收手段或排污收费（Tax or Price Based Regimes）。一般而言，应对气候变化，后两种经济激励手段要比第一种传统手段更为有效。这是因为，在现实世界，各个企业所属的产业不同，生产活动与技术千差万别，同样温室气体减排的成本也不相同，政府不可能有完全的信息命令企业进行最优减排，这时最有效的经济配置就是让具有比较优势（能以较低成本减少污染排放）的企业承担绝大部分的减排量，而没有比较优势的企业则需要通过购买排放许可证的方式或者通过上缴更多环境税的方式，通过市场来自动地合理分配减排任务，提高效率。如果企业间减排成本的方差越大，经济激励手段相比命令控制手段而言在效率提高方面的收

益越大。

基于数量控制的排污权交易在美国国内实施的二氧化硫交易市场、国际在《蒙特利尔公约》下用于控制消耗臭氧层物质的CFC交易市场,以及欧盟目前的碳排放交易市场已经积累了一定的经验。目前在应对全球气候变化上尚不存在国际的全球和谐碳税应用的经验,但欧洲的许多国家都开征了各种各样的碳税或能源税,国际贸易关税谈判也积累了类似的经验。另外在两者之上也逐渐形成一些混合机制,例如在定量的排污权交易的同时设定一定的价格上限或下限,或者在推行和谐碳税的同时配给定量的配额,从而在一定程度上将某种机制的优点保留又对其缺陷的产生加以限制。

那么,对于控制排污量的排污权交易与控制价格的碳税而言,哪种经济激励手段更符合温室气体的减排?两种控制方式的优缺点分析如下:

1. 根据Nordhaus(2006)的观点,《京都议定书》中1990年的基准年的选择从一方面惩罚了一些经济发展更有效的国家或一些经济发展很快的国家,而一些经济发展过慢或历史上能源排放无效率的大国则因为排放量甚至低于1990年水平,从而可以得到额外的配额。另外,很多国家从现在看来根本无法达到第一承诺期的减排目标,因此从某种意义上来说如果设定相对基准年的绝对量减排,并非永远是真正意义上的减排。因此,基于价格的手段可以从没有排放的限制作为基准出发,然后通过价格的变化间接地带来减排量,这样无论经济如何发展,相对于没有碳税的基准情景,有碳税的情景总是可以通过价格的增高导致温室气体的减排。另外,目前的碳排放交易多为政府先根据历史排放免费发放排放许可证,这样对后入者就不公平,而通过碳税的方式所有的企业都一视同仁。

2. 理论上政府可以通过碳税获得和拍卖许可证同样的收入,但在实际操作中,免费发放许可证给现有的企业是更为普遍推行的手段,政治上更为可行,然而后者政府则无法获得收益,来纠正扭曲的税收或经济行为,也无法获得某些环境税带来的“双重红利”。

3. 气候变化目前在科学上与经济上仍存在着巨大的不确定性，未来50年、100年可能带来的损害，以及随着技术的变迁，人类将来是否可以获得减排技术上革命性的突破都具有很大的不确定性，因此事实上边际成本曲线和边际收益曲线都存在很大的不确定性，而且两者也很大程度上可能是非线性的。根据Weitzman的理论，如果边际收益曲线的斜率小于边际成本曲线的斜率，则基于价格机制的碳税要优于基于排放量的碳排放交易，反之亦然。由于气候变化问题的特殊性，学者们一般认为边际收益一般是温室气体的积累存量的函数，而边际成本则往往是减排量的函数，因此边际收益曲线一般而言更为平滑，不随现阶段排放的变化而变化，一般趋于线性方程，而边际成本曲线更为敏感，往往呈非线性变化，因此当边际成本曲线存在不确定性时，基于价格的碳税机制从经济学的角度而言更为有效。然而根据Edenhofer等(2008)的观点，如果未来海平面继续上升，恶劣的气候变化带来的损失会远远大于减排成本曲线，因而从短期而言碳税更为有利，但如果考虑到未来灾难性的气候变化可能带来的后果，长期而言碳排放交易更为有利。

4. 从政策的可操作性角度与政治可行性而言，两种机制也存在很大差异，而且各国国情不同，选择也会不同。一般而言，政府会更倾向于使用碳排放权交易，通过免费发放排放许可证来控制排放，现有企业往往更为欢迎这样的机制而反对新的税赋，从这个角度而言碳排放交易政治上更为可行。然而，在一些发展中国家和转型国家，如果本身的商品市场或金融市场还没有达到完全竞争的市场条件，在市场准入和一些基础法律法规还有待发展的情况下，新建排放许可证市场可能面临很高的交易成本的窘境，而中央集权的碳税政策可能更为有效。同时，碳排放交易需要建立严格的污染排放监测与交易监督，这些也需要发展中国家在提高政府监督职能的前提下才能达到预想的效果。最后，在气候变化的国际谈判中，碳排放交易所依据的定量化的减排目标更为直接，比较易于各国在责任分担上达成协议，而碳税目标较为间接，而且考虑到一些已有的碳排放市场(如欧盟的ETS

等),和谐的碳税谈判政治上要比全球的碳排放交易更难达成一致的合约。

摘自樊纲主编:《走向低碳发展:中国与世界——中国经济学家的建议》,中国经济出版社2010年版,第103—108页。

三、生态文明的涅槃

1. 不可避免的荆棘之路

全球气候变化使人类社会第一次共同面对如此巨大的危机与挑战。然而,气候问题又比较特别,它的根源是人类自身的活动,更确切地说是人类追求富裕生活造成的二氧化碳等温室气体过多的排放。那么就引出了一个问题,人类追求富裕生活错了吗?然而,这并不是问题的关键,关键是世界上只有小部分人过上了富裕生活,大部分人还在追求富裕生活的路上(其中一部分还停滞在贫困的状态),让这小部分过上富裕生活的人降低生活水准,他们不愿,让那大部分人停止追求富裕生活,他们自然不干。更特别的是,排放二氧化碳与排放二氧化硫等污染物不同,后者直接污染到排放地所在的国家和地区,且污染效果很快会显现(如酸雨对农作物的危害),因此政府会采取严厉措施治理,人民也会积极响应支持;而前者对排放地并不造成污染,而是积累在大气里,积累到一定程度所带来的"温室效应"才会影响全世界。二氧化碳的积累二百年来并未引起人类社会的重视,现在气候变暖已成事实,气候灾难开始出现,各国不得已才在联合国的组织下坐下来研究怎么办。应对的唯一办法,也只能是减少二氧化碳的排放。但二氧化碳的排放直接与各国的生产活动、人民的生活质量密切相关,减谁的、减多少、怎么减成了谈判的焦点。发达国家把注意力引向本世纪还有多少可排放的空间,他们先定下减排的目标,剩下的空间自然是发展中国家的,据说,按照发达国家的预算,本世纪剩下的排放空间只够中国用10年。因此,发展中国家要求,必须首先搞清楚历史积累的责任怎么办?转移排放的责任怎么算?奢侈消费排放能不能减?……,这是在这艘越来越热的地球航船上的一次充满争吵的旅行,争吵的内容是如果因负载太重,地球航船正在下沉,谁应该扔掉更多的东西。这使笔者想起了一幅漫画:在负载过重正在下沉的地球上,一个坐在奔驰车里西装革履叼着雪茄烟的富人,正在要求站在地上已经穿得很少的瘦弱的孩子脱掉唯一遮体的背心裤衩,那孩子一脸无奈但心中充满了怒火。以调侃的笔触写这些沉重的问题是想说明,就目前人类智慧发展的阶段而言,走上一条充满荆棘的转型之路是不可避免的,同时也无须沮丧,因为低碳减排的路标并没有变,人类面对日益严峻的气候形势还在思考、权衡,还会作出进一步的抉择。

我们有理由相信这个判断。因为在目前阶段,发达国家与发展中国家在如何应对气候变化的议题上还有诸多争议,争议的背后既有对人类未来的担忧,也有对潜在机会的觊觎;既有经济利益的权衡,也有国内外政治的考量;既有大国之间的角力,也有南北问题的介入。进入《京都议定书》第二个承诺期谈判后,发达国家与发展中国家的争论在加深,难以形成折衷方案。

以美国为代表,执行的仍然是冷战思维下的唯本国利益至上的策略。作为世界上最大的发达国家,第二次工业革命和信息革命的领导者,美国目前拥有全球最多的高新技术和最大的消费市场。美国温室气体排放总量长居世界首位,人均排放量也居世界前列,有着非常大的减排潜力。然而,2001 年美国这个最应该减排的国家却以避免削弱美国经济为由宣布退出《京都议定书》;在其后的一系列气候谈判中,美国不仅无视自己所应承担的责任,还把发展中大国一同参加强制性减排作为其减排条件;虽然在奥巴马政府上台后,情况发生了一些积极的变化,但在 2009 年 6 月美国众议院通过的《清洁能源与安全法案》中,除了设定的较低的减排目标外,还提出了发展中国家普遍反对的碳关税措施,美国碳市场对发展中国家也难以产生良好的预期。应该说,这一切都为日后要求发展中国家加入强制性减排埋下伏笔。

为了回击发达国家无视发展中国家正当权益的行径,发展中国家

也不甘示弱,提出了发展权、气候公正①等诉求,也回绝了发达国家提出的不平等、不公正的方案。②

联合国秘书长潘基文 2007 年说过,“气候变化是全世界面临的一个十分复杂而具有多层面的严重威胁。应对这一威胁要从根本上关注可持续发展与全球公正性”。如果发展中国家的发展权得不到应有的尊重,如果发达国家仍采用“口惠而实不至”的政策和策略,甚至用一些不公正的手段(如碳关税)强迫发展中国家参与减排,不仅应对气候变化的行动难以有实质性突破,还可能出现倒退。

2. 生态文明的浴火重生

人类会沿着一个什么样的轨迹走向低碳社会,走向生态文明,没有人会给出明确答案。但是,我们相信,以人类的智慧和能力,人类社会不可能因为矛盾的存在和利益的纠纷,在应对气候变化的问题上走向衰退和败亡,气候问题只是人类向低碳经济转型中的催化剂,会增强人类社会的紧迫感,从而加速转型的步伐。当然,以科技进步和外部灾难压力双驱动的转型,与一般市场竞争状态下以科技进步驱动的转型相比,组织的有序性会差一些,尤其是在科技进步还没有准备充分,而灾难压力又非常大的情况下,人类社会将面临短时间仓促无助的状态,但随着科技革命的深入很快就会得到恢复。发展中国家由于技术和资金的缺乏,受到的影响会更大。因此,在一个有良知和秩序的国际社会里,越是在这样的时候,发展中国家的权益越应得到关注。

我们可以设想几种情形,预测走向未来的轨迹:一种是气候变化并

① “气候公正”有两方面的含义,一是基于发达国家是历史上和目前温室气体排放的主要来源的事实,发达国家应率先减排,承担减排的主要责任;二是为满足发展中国家社会发展的需要,其在全球排放中的份额还会增加,应该给它们预留出排放空间。目前,国际上对减排义务有不同的理解,一是基于国际公平原则,即每个国家都承担总量减排的义务;二是基于人际公平的原则,主张发达国家应当减少奢侈消费排放,应保障发展中国家满足基本需求的碳排放。以人际公平的原则,即以人均排放量为基准,才能体现“气候公正”。

② IPCC 方案、G8 国家方案和 OECD 方案等有失公允,这些方案在全球未来排放权的分配上,违背国际关系中的公平正义原则和共同而有区别责任原则。IPCC 方案的本质,是给发达国家安排了比发展中国家多2—3 倍的未来人均排放权。贾鹤鹏、郑千里:《科学理性地对待气候变化问题——专访中科院副院长丁仲礼院士》,《科学新闻》2010 年第 14 期。

没有像目前科学家所预言的那样严重,未来可排放的空间远比现在所预算的要大。① 尽管发达国家与发展中国家没有达成实质性的一致减排方案,但发展低碳经济的共识已经达成,发展中国家的发展权得到了尊重,与此同时,“无悔”减排和志愿减排也逐步成为发展中国家企业和居民的自觉行动,当主要发展中大国初步达到中等发达国家水平后也加入发达国家减排的行列。美国也改变了以往不负责的态度,尽管减排的步伐较小,但也开始实施强制性减排。

第二种是正如科学家所言,气候灾难提早出现,人类已深刻意识到必须采取强有力的行动,否则任何国家都不可能独善其身。大国间通过谈判达成妥协性的协议,共同强制减排。同时,采取尽可能的措施,避免气候环境的进一步恶化。从目前气候形势分析,这种能够对各国有深刻触动的气候灾难征兆如果出现最早也要10年以后,那时中国、印度、巴西等发展中大国凭借自身技术水平和资本实力参与减排的能力将有很大提高。②

我们还希望有第三种情形。那就是下一次公约缔约方大会时,发达国家摆脱现实的政治桎梏,拿出最大的诚意,同意无条件实施更大幅度的量化减排,同时,拿出资金和技术帮助发展中国家发展低碳经济。发展中国家也拿出最大的诚意,在志愿减排上作出更大的努力。

有一个传说,叫“凤凰涅槃”。相传凤凰是人世间幸福的使者,每五百年,它就要背负着人世间的所有痛苦和恩怨,投身于熊熊烈火之

---

① 有科学家认为2℃阈值主要是一个价值判断,而不完全是科学结论。以物种灭绝为例,IPCC指出升温2℃,可导致30%左右的物种灭绝。这个结论是模型计算的结果,依据是实验室对物种的一些控制实验。但研究者忽视了自然界的物种具有适应气候变化的能力,比如可以迁徙。所以仅仅增温2℃就将造成灾难性后果的说法值得质疑,至少地质历史上增温后生物多样性增加这一普遍现象不支持“灾难性后果”这种预测。但从控制增温这个目标出发,总得有一个具体的数字,以表明各国政府对增温的态度。所以我们要从道德层面去理解“2℃阈值”。贾鹤鹏、郑千里:《科学理性地对待气候变化问题——专访中科院副院长丁仲礼院士》,《科学新闻》2010年第14期。

② 1992年诺贝尔经济学奖得主,芝加哥大学教授加里·贝克尔认为,合理的温室气体减排政策,开始的时候步子不必迈得太大,可以在全球变暖的迹象更明显时,再采取更积极的举措。他认为,今后10年里,将会有更多的信息帮助我们判断,是否需要采取更为积极的措施来应对严重的气候变暖。加里·贝克尔:《清洁能源立法》,《财经》2009年第15期。

中，以生命和美丽为代价换取人世间的祥和与幸福，并且在肉体经受了巨大的痛苦和煎熬后得以重生。难道我们地球家园的公民集体（国家）就不能像凤凰那样，为了人类家园依旧美丽舍弃一些自己的利益吗？或许，我们的地球家园也要像凤凰一样，只有投身浴火的洗礼，才能获得新文明的重生！这一切都值得我们深入思考。

第二章　中国低碳化崛起之必然

在世界低碳革命的浪潮下，选择一条什么样的发展道路，关系到一个国家和民族的未来。对于中国，选择存在着两难：一方面，中国的以煤为主的能源资源禀赋，工业化中后期的发展阶段，城镇化发展的相对滞后，资金技术的相对缺乏，以及长期形成的增长模式，都为低碳化转型设置了障碍；另一方面，资源环境面临的严峻形势，中国经济进入新阶段后的内在要求，金融危机、欧债危机引发的全球经济环境的深刻变化，以及多年来高速增长中所暴露出的一系列经济和社会问题，都促成了我国经济转型的倒逼机制，实现经济转型不再是以往的口号和宣传，而是以改革和创新为动力，以资源环境约束为前提，以经济可持续发展为基础，以全体人民共同富裕、全面发展为目标的一次经济发展方式的重大转变和经济结构的重大调整。低碳化转型是我国经济转型的重要特征。我国人口多，人均资源能源赋存少，环境容量有限，以往经济发展对资源环境的透支严重，以后的发展也难以维持高能耗的经济运行方式和超高消费的美式生活方式，这是中国经济转型的约束条件，决定了中国经济的转型必须走节约的、低碳的、环保的、绿色的、高效的发展之路。

在大国崛起之路上，尚没有低碳化崛起的先例。英国、美国在其实现大国崛起，亦即工业化和现代化的道路上，采用的都是高碳化的发展模式。英国现在是低碳经济的积极倡导者，而美国还在保留着高碳的生活方式。所以，中国的低碳化崛起之路必定充满艰难。当然，激进的

低碳化不但在中国难以走通,还可能把中国带进“中等收入陷阱”,这是我们必须慎重面对的。中国作为一个负责任的大国,在全球气候变化日益严峻的形势下,把低碳化与国内不断深入发展的工业化、信息化、城镇化、市场化、国际化结合在一起,推动经济和社会的可持续发展,不仅反映出这个国家承担责任的勇气,更体现了中华民族化解危机的智慧。联想到30年来把公有制与市场经济有机结合所创造出来的世界经济奇迹,我们有理由相信中国的低碳化崛起将为世界树立起新的典范。

第一节　中国国情及国际环境分析

中国走低碳化发展之路,首先是由中国的国情决定的。而在中国的国情里,资源环境面临的形势又是最为紧迫的。能源需求的高速增长、煤炭资源的大量开采、化石燃料的大量使用使生态不堪其扰、环境频遭污染、资源难以为继,子孙后代的福祉遭到侵害,经济和社会的可持续发展受到挑战。回顾与反思,现在是到了结束这种高能耗、高污染、以资源环境为代价的发展模式的时候了。

中国国情还包括了早年曾经促进中国经济增长的因素已经变得不和谐,有的已经对经济机体带来了严重的危害。中国经济总量失衡、结构失调以及不断深化的各种矛盾已经到了非解决不可的时候了。中国已经进入新的发展阶段,经济发展的内在要求和国际市场将长期低迷的预期都促使中国经济尽早实现转型,而全球金融危机触动了倒逼机制的按钮。

国际气候外交中,中国的压力也越来越大,随着中国的二氧化碳排放量超过美国,更成为发达国家减排矛头的主要指向。中国作为最大的发展中国家,既要维护发展中国家的发展权益,又要履行大国的神圣责任,实现低碳化的经济转型成为必然。

一、资源环境面临严峻的形势

1. 能源需求的高速增长使供给的可持续性受到挑战

从2002年下半年起，随着我国工业化进程步入重化工业阶段，先是汽车、住宅、电子通讯等行业的带动性发展以及大规模的基础设施建设，拉动了钢铁、有色金属、机械、建材、化工等一批中间投资品性质的行业，进而拉动了对电力、煤炭、石油等能源行业的巨大需求。巨大的需求冲击引发了2004年的"电荒"，当年全国用电的供需缺口约4000万千瓦。在这样的形势下，2005年，新增装机超过6000万千瓦，全国电力装机容量突破了5亿千瓦①，电力供需矛盾得到缓解。"十五"期间，我国GDP增长突破了7%的计划目标，达到年均增长9.5%。而同期我国一次能源生产量年均增长9.82%，其中原煤产量年均增长11.16%；我国一次能源消费量年均增长10.15%，其中原煤消费总量年均增长10.42%。② 五年中有三年能源消费的增长速度超过同期GDP的增长速度（见表2－1）。

"十一五"期间，我国GDP年均增长率达到11.2%，又一次超过预期的7.5%的增长目标。在实现了单位GDP能耗降低19.1%的前提下，2010年，我国总能耗达到32.5亿吨标准煤（见表2－1）。③ "十一

① 从1949年到1987年，用了38年的时间，全国发电装机容量超过1亿千瓦；从1987年到1994年间，用了7年的时间，新增装机容量1亿千瓦；从1994年年底到2004年中，用了10年时间，新增装机容量2亿千瓦；2004—2005年，我国电力装机容量以每年5000万千瓦以上的速度增长，从全国装机4亿千瓦到5亿千瓦，只用了19个月的时间。从1996年起，中国的发电装机容量和年发电量一直位居世界第二位。我国一年内新增加的发电能力相当于欧洲一个大中型国家全国所有的发电能力。到2010年，全国电力装机容量突破9亿千瓦。

② 2005年，我国一次能源生产总量和消费总量分别达到20.59亿吨标准煤和22.47亿吨标准煤，其中原煤产量和消费量分别为22.05亿吨和21.67亿吨。根据我国"十五"能源发展重点专项规划，"十五"期间，我国能源需求弹性系数预计为0.4左右。预计到2005年，全国一次能源生产量达到13.2亿吨标准煤，其中煤炭11.7亿吨；全国发电装机达到3.7亿千瓦。实际完成值都突破了这些指标，其中，一次能源生产量和煤炭产量的实际值分别是计划值的1.56倍和1.88倍。二者的增长速度均超过GDP的增长速度。

③ 根据能源发展"十一五"规划，2010年，我国一次能源消费总量控制目标为27亿吨标准煤左右，年均增长4%。一次能源消费总量又一次突破计划目标，是计划目标的1.2倍。

五”期间由于国家制定了单位GDP能耗降低20%的约束性目标，能源消费总量的增速较“十五”期间有所放缓，但由于基数较大，每年增长的绝对量依然很大。有专家分别按年均增长4%和8%对2011—2020年能源消费总量进行了估算，认为2020年我国能源消费总量很有可能达到52亿吨标准煤，这远远超过我国资源和生态环境所能承载的极限。[①] 也有专家对单位GDP碳排放比2005年下降40%—45%的目标下，我国2020年一次能源消费总量进行了估算，得出的结论是，在GDP增长8%，碳强度下降目标分别为40%和45%的情景下，2020年我国一次能源消费总量分别为52.36亿吨标准煤和47.72亿吨标准煤。[②] 从这两个预测分析中，我们可以切身感受到能源需求高速增长所带来的严峻挑战。

表2-1　2001—2010年全国能源消费总量及其增长率

（单位：亿吨标准煤）

年份	能源消费总量	比上年增长(%)	同期GDP增速(%)
2001	14.32	3.4	8.3
2002	15.18	6.0	9.1
2003	17.50	15.3	10.0
2004	20.32	16.1	10.1
2005	22.47	10.6	10.4
2006	24.63	9.6	12.7
2007	26.56	7.8	14.2
2008	28.50	7.3	9.6
2009	31.00	8.8	9.2
2010	32.50	4.8	10.3

资料来源：江泽民：《对中国能源问题的思考》（《上海交通大学学报》2008年第3期）、历年国民经济和社会发展统计公报数据。

① 倪维斗、陈贞、李政：《能源生产和消费的总量控制势在必行》，张坤民等主编：《低碳发展论（上）》，中国环境科学出版社2009年版，第28页。

② 丁仲礼：《对中国2020年二氧化碳减排目标的粗略分析》，《山西能源与节能》2010年第3期。该估算假设了三个条件：在能源结构中，化石能源占比85%；化石能源的内部结构保持2008年的比例不变；水泥生产排放与2008年相当。

根据欧盟委员会(European Commission)2006年的"世界能源技术展望"(World Energy Technology Outlook)的数据,2020年,全球预计能源消费总量192.27亿吨标准煤。[①] 如果2020年中国能源消费总量达到52亿吨标准煤,则相当于整个美洲(含北美洲和拉丁美洲)能源消费量的总和,占世界能源消费总量的27%。[②] 假设今后50年中国能源消费量保持在每年平均52亿吨标准煤的消费水平(人均能源消费量3.7吨标准煤[③]),如果按照2005年中国化石能源资源储量2439亿吨标准煤(包括煤炭、石油和天然气)[④]进行计算,那么现有资源储量仅够支持47年。当然,这期间,由于能源技术的进步和可再生能源的发展,中国能源效率会大幅提高,对化石能源的依赖可能减弱,但由于中国人口众多,生活水平提高后能源消耗总量必然会保持在一定高位上。根据国际能源机构的预测,化石燃料仍然是2050年世界能源消费中的主要角色[⑤],即使中国能源结构发生了明显的变化,如果总消耗量仍然保持高位,能源供应的可持续性仍然受到挑战。

同时,中国的能源禀赋条件并不好,煤炭人均剩余可采储量仅为世界人均水平的60%,石油、天然气人均占有量更只有世界人均水平的6.2%和6.7%。在我国2010年一次能源消费总量中,12%是由进口支撑。2010年中国的石油对外依存度已接近55%,天然气依存度已经超过16%,而根据有关部门给出的数据,2011年我国石油和天然气的对

---

① 数据来源:中国科学院能源领域战略研究组:《中国至2050年能源科技发展路线图》,科学出版社2009年版,第26页。如果2020年中国能源消费总量达到52亿吨标准煤,该数据有可能被低估。

② 2010年,中国能源消费总量已经占世界总量的20%,但是GDP不足世界的10%;中国的人均能源消费与世界平均水平大体相当,但人均GDP仅是世界平均水平的50%;我国的GDP总量和日本大体相当,但能源消费总量是日本的4.7倍;我国的能源消费总量已经超过美国,但经济总量仅为美国的37%。

③ 根据估算,未来50年,欧洲的人均能源消费量为5吨标准煤,北美洲为9.5吨标准煤,日本为7吨标准煤。

④ 中国科学院能源领域战略研究组:《中国至2050年能源科技发展路线图》,科学出版社2009年版,第20页,根据表2-4计算所得。

⑤ 国际能源机构:《能源技术展望——面向2050年的情景与战略》,张阿玲等译,清华大学出版社2009年版,第2页。

外依存度已经达到56%和24%。

由于资源赋存条件的限制,在化石能源中含碳量最高、清洁度最差的煤炭是我国的主体能源,分别占一次能源生产和消费总量的77%和70%。我国85%的发电能力为燃煤发电,年消耗煤炭占煤炭总产量的50%。煤炭的开采条件也很不理想。在世界前十位煤炭生产大国里,除中国以外,露天开采占全部煤矿的40%以上,一些生产大国,如美国、澳大利亚等国,其露天矿比例都在60%,高的甚至接近80%。而中国以井下开采为主,并且由于地质条件的限制,中国真正适合建设大型矿井的矿区也不多,这都给安全生产带来一定困难。在产量上,根据《BP世界能源统计2011》的数据,2010年全球共有10个国家煤炭产量超亿吨,其中中国为32.4亿吨位列第一,美国以9.85亿吨位居第二,印度5.70亿吨,位居第三。中美两国都是能源生产和消费大国,但对比煤炭生产状况,我们发现,中国在资源条件、技术水平、单矿规模、生产效率等方面都与美国存在较大的差距,在如此差距下,产量却是美国的3.3倍,可想而知我国的煤炭生产有多么不容易。在有限的资源和相对落后的开采条件下,维持如此高的产量,其可持续性不能不受到质疑(见表2-2)。

表2-2 中国煤炭资源储量

		数量(亿吨)	备注
探明储量	烟煤和无烟煤	1145	美国的探明储量为4472亿吨;俄罗斯的探明储量为3188亿吨。
	亚烟煤和褐煤	1088	
	合计	2233	
可开采储量	烟煤和无烟煤	622	美国的可开采储量为2383亿吨;俄罗斯的可开采储量为1570亿吨。
	亚烟煤和褐煤	523	
	合计	1145	
估计储量	烟煤和无烟煤	3632	
	亚烟煤和褐煤	3047	
	合计	6679	

资料来源:联合国《能源统计年鉴》2007年。引自国家统计局网站:国际统计年鉴2010。

我国石油供给安全也面临着严峻的挑战。根据2003—2008年开展的新一轮全国油气资源评价：我国石油远景资源量1086亿吨，地质资源量765亿吨，可采资源量212亿吨，勘探进入中期。[①] 而根据新华网提供的信息（2012年10月5日），由国土资源部组织石油公司开展最新动态评价结果表明，中国石油地质资源量比稍早完成的新一轮全国油气资源评价增长15%，达到881亿吨，可采资源量增长到233亿吨。根据《2011年中国国土资源公报》，2010年年底，我国石油剩余技术可采储量为31.7亿吨。虽然近年来我国石油勘查工作取得了一定的进展，但我国待探明石油资源70%以上主要分布在沙漠、黄土塬、山地、近海和深海海域，地面和地质条件更加复杂，勘探开发难度加大，技术要求和成本费用也比较高，长期可持续供给的形势并不乐观。

同煤炭资源一样，我国石油消费需求一直保持着快速增长的势头，从2001—2010年（见表2－3），石油消费量除了2008年稍有回落外，一直以较快的速度增长，10年间年增长率达到7.8%，而产量仅以2.3%的速度增长。[②] 越来越大的产需缺口只能通过不断增长的进口弥补，对外依存度不断提高。[③] 2009年进口量突破2亿吨，2010年达到2.39亿吨，10年间原油进口年增长率达到16.6%。

---

① 《新一轮全国油气资源评价结果表明》，《国土资源报》2008年8月18日。地质资源量指在目前的技术条件下最终可以探明的油气总量，包括已探明的和尚未探明的。可采资源量，指在未来可预见的条件下可以采出的油气总量，包括累计采出量和剩余可采储量。据国土资源部对中国石油天然气股份有限公司、中国石油化工股份有限公司、中海石油有限公司和地方油气公司所属油气田初步统计，截至2005年年底，我国石油剩余可采储量24.85亿吨，居世界第12位。

② 美国《油气杂志》公布的2009年度世界主要国家的石油产量，中国仅次于俄罗斯、沙特阿拉伯、美国，排名世界第四，占世界石油总产量的5.4%。尽管中国石油产量居世界前列，但面对快速增长的国内需求，仍无法满足要求。

③ 我国自1993年首度成为石油净进口国，中国的石油对外依存度由1993年的6%一路攀升到2005年达到45%，其后每年都以2个百分点以上的速度向上攀升，2008年突破50%警戒线，达到51%。2009—2011年石油对外依存度分别为52.6%、54.8%、56.7%。（数据来源：《2011年中国国土资源公报》）

表 2-3　2001—2010 年石油生产、消费、进口数量　（单位：亿吨）

年度	石油消费量	原油产量	原油进口量
2001	2.28	1.64	0.60
2002	2.48	1.67	0.69
2003	2.71	1.70	0.91
2004	3.17	1.76	1.23
2005	3.25	1.81	1.27
2006	3.49	1.84	1.45
2007	3.65	1.87	1.63
2008	3.60	1.90	1.79
2009	3.84	1.89	2.04
2010	4.34	2.03	2.39

资料来源：《2011 年中国国土资源公报》、历年《中国统计年鉴》。

面对能源消费总量快速增长，不断突破规划目标，很多专家学者表示出了忧虑，并希望对能源的生产和消费总量进行合理的控制。[①] 这些意见已经取得广泛共识，“优化能源结构，合理控制能源消费总量”作为政策导向，写入了《国民经济和社会发展第十二个五年规划纲要》。虽然目前合理控制能源消费总量的工作已取得重要进展，但工作难度依然很大。煤炭总量控制是能源总量控制的关键，并且需要对下游电力、钢铁、水泥、煤化工等产业的用能进行控制，国家提出能源控制总量目标后[②]，只有真正建立起有效的总量控制目标分解落实机制，以及严格的核查机制和科学的预测预警机制，才能保证目标不会像以往那样不断被突破。

2. 煤炭资源的大量开采使得生态环境难以承受

首先是对水资源的破坏。一项关于山西省煤炭开采对水资源的破坏影响的研究表明，山西每挖 1 吨煤损耗 2.48 吨水资源。山西每年挖 5 亿吨煤，使 12 亿立方米的水资源遭到破坏，相当于山西省整个引黄

① 倪维斗、陈贞、李政：《能源生产和消费的总量控制势在必行》，张坤民等主编：《低碳发展论（上）》，中国环境科学出版社 2009 年版，第 29 页。

② 《能源总量控制目标出炉》，《证券日报》2012 年 3 月 1 日 D4 版。

河水入晋工程的总引水量。[1] 另据中国工程院"中国能源中长期(2030、2050)发展战略研究",我国每年因采煤破坏的地下水资源有22亿立方米。[2] 我国是水资源匮乏国家,人均淡水资源仅为世界人均量的1/4。同时,我国也是水污染最严重的国家之一,目前全国70%的江河水系受到不同程度的污染,3亿农村人口喝不到符合标准的饮用水,流经城市的河流95%以上受到严重污染。因此,煤炭的开采量必须与水资源保护、水污染治理相结合,必须受水资源条件的约束。第二,土地塌陷。根据有关报道,截至2004年12月,我国累计煤矿采空塌陷面积已超过70万公顷,因采空塌陷造成的经济损失累计超过500亿元。由采空塌陷导致的江河断流、泉水、地下水枯竭、水体污染、耕地退化、农业歉收,以及生态环境恶化已经给我国的煤炭生产敲响了警钟。有关专家也建议把治理塌陷的费用列入煤炭成本。第三,大量煤矸石堆积和自燃。据估算,全国煤矸石排放量累计堆存近40亿吨,占地约1.2万公顷,全国国有煤矿共有矸石山1500余座,其中长期自燃的有380余座。此外,矿难事故频发,尘肺病例增多也对煤炭资源的大规模开采提出考问。据报道,2009年全国煤矿生产事故死亡2631人,百万吨死亡率为0.86,是美国的近10倍。根据中国工程院"中国能源中长期(2030、2050)发展战略研究",我国2007年形成的煤炭产能,只有1/3左右符合安全、高效开采要求,另外1/3通过改造重组可以逐步达到科学开采的要求,还有1/3以小煤矿为主不具备安全生产条件,或由于资源量和地质条件限制,无法改造成安全高效矿井,应该逐步关闭,退出市场。[3]

煤炭开采在给环境和生态带来严重影响的同时,也受到生态环境、地质条件等客观条件的制约。一是我国煤炭资源分布不均匀,西多东

---

① 《山西每年采煤5亿吨损失一个"引黄入晋"总水量》,中国政府网:http://www.gov.cn/jrzg/2006-03/01/content_215166.htm。

② 中国能源中长期发展战略研究项目组:《中国能源中长期(2030、2050)发展战略研究(节能、煤炭卷)》,科学出版社2011年版,第230页。

③ 中国能源中长期发展战略研究项目组:《中国能源中长期(2030、2050)发展战略研究(节能、煤炭卷)》,科学出版社2011年版,第230页。

少。北方查明资源量占全国的90%，其中65%集中分布在晋、陕、蒙；南方查明资源仅占10%，且77%集中分布在贵州和云南。二是经过长期大规模开发，我国重点产煤区的浅部煤炭资源已开采殆尽，深部开采难度很大。三是我国煤炭资源与水资源呈逆向分布，煤炭多的地方水资源很少，制约了煤炭的产能。如太行山以西煤炭资源富集区的水资源只占全国水资源的1.6%，特别是晋陕蒙宁区煤炭储量占全国的65%，水资源只占全国的2.6%。全国96个国有重点矿区中，缺水矿区占71%，其中严重缺水的占40%。四是我国北方中西部地区生态环境十分脆弱，但集中了我国近90%的煤炭资源，生态环境成为煤炭开发的重要制约因素。通过对制约因素的研究，中国工程院"中国能源中长期（2030、2050）发展战略研究"煤炭课题组提出，我国水资源约束下的煤炭资源产能为38.5亿吨，生态环境约束下的煤炭资源产能为39.2亿吨，地质条件约束下适宜于机械化开采的产能为47.62亿吨，其中安全高效开采的产能为35亿—38亿吨。最后得出的结论是，我国煤炭工业可持续发展的产能以不超过38亿吨（折合27.14亿吨标准煤）为宜。①

3. 化石燃料的大量使用使污染治理面临更为严峻的考验

二氧化硫和氮氧化物是大气的主要污染物和形成酸雨的主要成分，而化石燃料燃烧是其主要来源。在我国，大量二氧化硫和氮氧化物等有害气体的形成，主要是由于煤炭在工业领域和建筑采暖中以及石油类燃料在交通运输领域中的大规模应用。从2002年下半年我国步入重化工业阶段到2005年年末，由于火电、钢铁、建材等行业的超常规发展，导致二氧化硫排放总量失控。2006年我国二氧化硫的排放量仍比2005年增长1.5%，直到2007年，二氧化硫排放总量首次出现下降，比上年分别下降4.66%（见表2－4）。

---

① 中国能源中长期发展战略研究项目组：《中国能源中长期（2030、2050）发展战略研究（节能、煤炭卷）》，科学出版社2011年版，第227—228页。

表 2-4　2000—2010 年 SO_2 排放量　　（单位:万吨）

年份	合计	生活	工业	其中:电力
2000	1995.1	382.6	1612.5	810
2001	1947.8	381.2	1566.6	
2002	1926.6	364.6	1562.0	666
2003	2158.7	367.3	1791.4	826
2004	2254.9	363.5	1891.4	929
2005	2549.3	380.9	2168.4	1121
2006	2588.8	354.0	2234.8	
2007	2468.1	328.1	2140.0	
2008	2321.2	329.9	1991.3	
2009	2214.4	348.3	1866.1	
2010	2185.1	320.7	1864.4	

资料来源:根据邹首民等主编的《国家"十一五"环境保护规划研究报告》(中国环境科学出版社 2006 年版)以及环保部网站数据综合整理。

2008 年,我国二氧化硫排放量为 2321.2 万吨,氮氧化物排放 1624.5 万吨,其中燃煤对二氧化硫和氮氧化物排放量分别占到 90% 和 67%。机动车尾气大约占氮氧化物排放量的 30%。煤炭消费在各个部门的比例为:电厂占 45%,工业锅炉占 21%,建材占 13%,钢铁占 12%,化工占 2%,其他(包括城镇生活用煤等)占 7%。二氧化硫产生量在各个部门的比例为:电厂占 43%、燃煤锅炉占 29%、建材占 6%、钢铁占 4%、其他占 18%。[①] 可见,电厂、建材、钢铁是二氧化硫排放最大的三个行业,燃煤锅炉量大面广,也是二氧化硫最大排放源之一。

"十一五"期间,国家设定了化学需氧量(COD)和二氧化硫(SO_2)排放量分别比 2005 年减少 10% 的约束性目标。为了确保二氧化硫减排目标的实现,"十一五"期间全国累计建成运行 5 亿千瓦燃煤电厂脱硫设施,火电脱硫机组比例从 12% 提高到 80%,建成的脱硫机组是"十一五"初期的 10 倍;累计关停小火电机组 7000 多万千瓦。并淘汰了一

① 《实现"十一五"环境目标政策机制》课题组编著:《中国污染减排战略与政策》,中国环境科学出版社 2008 年版,第 198 页(2005 年数据)。

批落后产能,关闭了一批高污染企业。2010 年,全国二氧化硫排放量为 2185.1 万吨,比 2005 年减少 14.29%。

虽然"十一五"二氧化硫减排目标提前一年实现,但由于造成环境污染的因素较多,个别污染物减排还难以确保环境质量的同步改善,我国大气污染和酸雨的形势依旧严峻,化石能源消耗快速增长的趋势还没有改变,排污总量仍居高位,二氧化硫浓度依然维持在较高水平,减排的任务依然十分艰巨。首先,根据环保部公布的"2010 年全国大气环境状况",全国部分城市空气污染仍然较重,全国酸雨分布区域保持稳定,但酸雨污染仍然较重。全国监测的 494 个市(县)中,出现酸雨的市(县)249 个,占 50.4%。发生较重酸雨(降水 pH 年均值 < 5.0)的城市有 65 个,占 13.1%;重酸雨(降水 pH 年均值 < 4.5)的城市有 42 个,占 8.5%。这意味着包括二氧化硫在内的传统污染物排放量仍然很大,超过环境容量。有研究表明,我国二氧化硫排放的环境容量总量为 1200 万—1800 万吨,而煤炭消耗同样较多的美国 2008 年二氧化硫排放量仅为 1142.9 万吨,因此,我国的远期二氧化硫排放目标应该定位于 1200 万吨或更低。① 这意味着我们还要在 2010 年排放量的基础上至少削减 45% 以上。第二,"十一五"期间主要是依靠工程减排和结构减排来完成任务的,减排设施的建设和管理都很不完善,据业内估计,有超过三成的脱硫设施处于非正常运行状态,因此,后续的整改和绩效巩固刻不容缓。只有切实保障脱硫设施的稳定运行,有效解决企业在二氧化硫减排上的技术不足、成本上升、管理落后、缺乏动力等问题,同时加强政府部门的环境监管和执法,才能确保"十一五"减排成果成为"十二五"减排的稳固基础,从这个意义上讲,"十一五"工程减排的工作还远未结束。② 第三,"十二

① 《实现"十一五"环境目标政策机制》课题组编著:《中国污染减排战略与政策》,中国环境科学出版社 2008 年版,第 229 页。

② 欧洲用二十多年时间完成对燃煤电厂的脱硫设施建设,中国用了不到十年就为近 80% 的火电机组安装了烟气脱硫设备;美国从 1973 年排放峰值 2881 万吨到 2008 年下降到 1142.9 万吨,用了 35 年时间,年均降幅为 2.61%;中国从 2006 年排放峰值 2588.8 万吨到 2010 年下降到 2185.1 万吨,用了 4 年时间,年均降幅为 4.15%。这些亮丽的数据体现了近年来中国二氧化硫减排的突出成就,但同时也提醒我们应该对速成绩效可能产生的不稳定性给予关注。

五”期间工程减排的空间大大缩小，结构减排的成本大大增加，经济性好的大规模集中减排项目越来越少，技术复杂相对分散的减排项目越来越多，减排对技术、管理、监管等的要求越来越高，工业化和城镇化加速发展所带来的排放总量增加、增速加快的趋势将会继续保持，新增量因素对减排的影响依旧很大。[①] 由此可见，“十二五”减排任务的艰巨性将超过“十一五”。为此，应在以下几方面挖掘减排潜力。一是要继续寻找工程减排的空间，在不断提高火电机组脱硫率的同时，加强对非火电行业的二氧化硫减排项目的开发，金属冶炼烧结机是二氧化硫排放大户，应作为重点项目加强推广。二是以经济发展方式的转变促进结构减排。利用目前我国钢铁、水泥、传统煤化工产品等的产能过剩，市场力量会促使其转型的机会，淘汰高污染、高能耗的落后产能，做好结构减排。三是强化前端和中端减排。通过优化能源消费结构和提高能源利用效率，实现节能降耗，在“前端”环节就实现减排；有效控制污染源头，推行清洁生产，实现全过程减排。如限产关停高硫煤矿，加快发展动力煤洗选加工，限制城市燃料含硫量，禁止进口高硫分燃料油等。四是随着城镇化建设的推进，燃煤工业锅炉还会保持较快的增长势头，因此应重视其在二氧化硫减排中的作用。[②] 对于燃煤工业锅炉，尤其是小容量的燃煤工业锅炉，应大力推广清洁燃烧技术，制定更为严格的燃煤锅炉污染物排放标准；大中型城市及污染严重的地方应该考虑能源替代，努力解决这个仅次于火电的二氧化硫污染源的排放问题。五是建立排污权交易制度，通过市场机制引导企业开发和应用二氧化硫减排技术，并给排污企业多种选择，尤其是解决那些技术复杂、减排

① 以“十一五”为例，如果 GDP 增长率为 7.5%，在节能目标如期实现的条件下，动态削减量实际相当于在 2005 年排放量的基础上削减 19%；如果 GDP 以 10% 的速度增长，动态削减量则达到在 2005 年排放量的基础上削减 26.4%。我国“十一五”期间 GDP 年增长速度为 11.2%，其实际削减量要比静态计算的数量多出两倍以上。“十二五”如果仍保持如此快速的 GDP 增长率，在工程减排空间不多的情况下，减排的难度会大大增加。

② 燃煤工业锅炉是指燃煤电厂外的锅炉，包括工业生产蒸汽的燃煤锅炉和城镇建筑供热采暖的燃煤锅炉，具有量大、面广、低空排放、容易引起局地污染的特点，其排放量仅次于火电，但由于数量众多且比较分散，减排管理的难度较大。

成本较高、企业动力不足的二氧化硫排放源的减排问题。六是国家通过财政、税收、信贷、价格、排污收费等政策引导企业有效实施二氧化硫减排。需要指出的是，脱硫优惠电价政策促进了“十一五”火电厂脱硫装置的大规模建设，取得了较好的效果，但从长远看，电价市场化有助于全社会节约能源资源，促进企业采用先进技术，达到更好的减排效果。

与治理二氧化硫污染相比，由于采取的减排措施不足，我国氮氧化物排放一直保持在高位，并保持着增长的势头。空气中氮氧化物的浓度增加，使得酸雨和灰霾现象不但没有减轻，一些地区反而变得更加严重。近年来，北京到上海之间工业密集区已经成为全球对流层二氧化氮污染最为严重的地区之一，灰霾和光化学烟雾污染呈加剧趋势。为了扭转这种不利的局面，“十二五”期间，氮氧化物被首次列入国家约束性指标体系，并确定了10%的减排目标。

我国氮氧化物的排放一直是随着能源消费的增长而快速增长。1980年，我国氮氧化物排放量为476万吨，到2002年达到1401万吨，年增长率为5.0%；2007年我国氮氧化物排放量达到1797.7万吨，2002—2007年年均增长5.1%。有专家预测，如果不采取有效的控制措施，2020年和2030年全国能源消费所导致的氮氧化物排放总量将达到2363万吨—2914万吨和3154万吨—4296万吨。[①] 如此巨大的排放量将给公众健康和生态环境带来灾难性后果。

在2007年我国氮氧化物排放量中，电力行业氮氧化物排放量为695万吨，占全国排放总量的38.7%；全国机动车尾气排放氮氧化物549.65万吨，约占全国排放总量的30.6%；水泥行业氮氧化物的排放占总排放量的10%左右。[②] 在燃料品种方面，燃煤是我国氮氧化物排放的最主要来源，其次是柴油和汽油。由于我国耗能主要集中在中东部地区，近年来大城市机动车保有量迅速增加，我国中东部大城市的空

---

① 数据来源：《第一次全国污染源普查公报》；邹首民等主编：《国家“十一五”环境保护规划研究报告》，中国环境科学出版社2006年版，第313页。

② 刘秀凤：《氮氧化物减排需破哪些难题》，《中国环境报》2011年5月26日第1版。

气污染已经从煤烟型向与 NO_x 的复合型转变，少数城市向 NO_x 污染型转变。根据2010年全国环境质量状况报告，全国重点城市空气中二氧化硫年均浓度较2009年下降了2.3%，但二氧化氮和可吸入颗粒物年均浓度分别上升2.9%和1.1%。氮氧化物大量排放将导致光化学烟雾、细颗粒物污染等大气环境问题，大气氮沉降对生态系统造成的危害也越来越大，所引起的地表水和土壤的富营养化问题也越来越突出。因此，必须采取有效措施，加大氮氧化物减排的力度。大量消耗煤炭的火电、水泥等行业是我国氮氧化物排放控制的重点行业，城市机动车是我国氮氧化物排放控制的重点区域。工业燃煤锅炉数量多、分布广，污染物排放强度高，对城市氮氧化物水平影响大，也是我国氮氧化物排放控制的重点方向。

我国氮氧化物污染控制起步较晚，减排的技术成本较高，近期还难以大规模下降，且氮氧化物排放和污染特性比二氧化硫复杂得多，因此，不管是在技术环节，还是管理环节，还是在调动企业积极性上，氮氧化物的减排都要较二氧化硫减排困难得多，更具有复杂性和挑战性。此外，氮氧化物减排还涉及对机动车尾气排放的控制，因此难度更大。"十一五"期间二氧化硫减排的成功做法为氮氧化物减排提供了重要的借鉴，但相对于二氧化硫减排，氮氧化物减排还有一些短时间难以克服的困难，必须引起足够的重视。①

化石燃料的大量使用所排放的大量二氧化碳对环境带来的影响，前面已经有较全面的论述，本节不再赘述。

① 我国在燃煤电厂脱硝、机动车氮氧化物减排等方面技术储备不足，水泥行业脱硝还没有成熟的国际经验可循。目前，国内已建脱硝工程基本采用全套进口或引进技术和关键设备的方法建设。燃煤电厂脱硝设施绝大多数采用SCR工艺，其中，催化剂造价占整个脱硝工程造价的40%左右，但催化剂的配方和生产工艺的关键技术目前为国外企业所掌握，生产成本居高不下。在控制机动车氮氧化物排放方面，柴油车的氮氧化物排放量超过了机动车排放总量的60%，是减排的重点，但相比汽油车，柴油车在氮氧化物控制方面还没有成熟的技术路线，技术也更为复杂。

二、经济发展的内在要求和外部条件发生深刻变化

1. 发展进入新的阶段,经济转型刻不容缓

(1)中国经济发展的新阶段

中国经济的发展进入了新的阶段,给出这个判断有多个角度。第一个角度,按照党的十五大提出的新"三步走"战略,2011 年是第二步走的开局之年,再过 10 年,也就是到建党一百年的时候,中国要基本实现工业化,建成完善的社会主义市场经济体制和更具活力、更加开放的经济体系。经过了改革开放后尤其是近十年的高速发展,目前中国经济的内在要求和外部条件都发生了深刻的变化,正像《"十二五"规划纲要》所指出的,中国经济社会发展呈现新的阶段性特征,中国发展既面临难得的历史机遇,也面对诸多可以预见和难以预见的风险挑战。第二个角度,从 1949 年新中国成立到 1978 年年底确定实行改革开放,经历了 30 年时间,从 1979 年到 2008 年,经历了改革开放后的第一个 30 年,也是新中国成立后第二个 30 年,而就在 2008 年,发生了百年不遇的全球金融危机,全球需求急剧萎缩,中国的外部经济环境充满危机且前景暗淡,中国"外向型"的发展模式受到挑战。在严峻的形势下,中国步入了第三个 30 年,因此,这个新 30 年的发展模式引人关注。第三个角度,人均 GDP 是衡量一个国家经济发展水平的重要指标,常用来划分不同国家和经济体的经济发展程度,也用来分析工业化不同发展阶段。根据世界银行 2008 年的划分标准,人均国民收入(人均 GNI)[①]低于 975 美元为低收入经济体,人均 GNI 在 976 美元至 3855 美元之间为中等偏下收入经济体,人均 GNI 在 3856 美元至 11905 美元之间为中等偏上收入经济体,人均 GNI 在 11906 美元以上为高收入经济体。这个标准不是固定不变的,而是随着经济的发展不断进行调整。新中国成立初期,我国人均 GDP 不足 100 美元,改革开放初期,人均

① 国民收入总值(GNI)=国内生产总值(GDP)+(来自国外的劳动者报酬和财产收入——支付国外的劳动者报酬和财产收入),人均国民总收入是指国民总收入除以年均人口,与人均国民生产总值(GNP)相等,与人均国内生产总值(GDP)大致相当。

GDP 不足 200 美元。2000 年，我国 GDP 超过 1 万亿美元，人均 GDP 超过 800 美元。从 2002 年到 2011 年的 9 年间，我国人均 GDP 完成了具有历史意义的五连跳，分别于 2002 年、2006 年、2008 年、2010 年和 2011 年突破人均 GDP1000 美元、2000 美元、3000 美元、4000 美元和 5000 美元。2010 年我国 GDP 超过 6 万亿美元，经济总量超过日本，跃居世界第二位。随着新世纪初我国迈入中等收入国家的门槛，2011 年我国人均 GDP 达到 5432 美元，进入中等偏上收入国家的行列，这意味着中国经济的发展又跨入了一个新的阶段，但距高收入国家的目标还有很长一段距离。根据美国经济学家钱纳里对工业化阶段的划分，我国目前的人均 GDP 水平正好对应工业化中期后段（见表 2－5），这与我国的实际情况也比较吻合。

表 2－5　钱纳里对工业化阶段的划分

	工业化起始阶段	工业化实现阶段			后工业化阶段
		初期阶段	中期阶段	后期阶段	
人均 GDP（1970 年美元）	140—280	280—560	560—1120	1120—2100	2100 以上
人均 GDP（2007 年美元）	748—1495	1495—2990	2990—5981	5981—11214	11214 以上

资料来源：H. 钱纳里等：《工业化和经济增长的比较研究》（上海三联书店、上海人民出版社 1989 年版），2007 年美元按换算因子为 5. 34 计算所得。

根据国际经验，一般认为人均 GDP 达到 3000 美元是一国经济发展的重要转折点，之前的发展模式有可能成为羁绊，其后的发展也会有很多变数，战略得当，通常会保持较长时期的快速增长，顺利进入高收入经济体；应对不当，则可能面临经济振荡不前，甚至倒退，陷入“中等收入陷阱”的泥潭。日本、亚洲“四小龙”、拉美地区有关国家的经验和教训都印证了这一点。

（2）国际、国内严峻的经济形势和突出的问题

就在中国人均 GDP 突破 3000 美元的时候，一场影响范围和严重程度堪比 20 世纪经济大萧条的全球金融危机爆发了，凭着强有力的财

政刺激政策和宽松的货币政策的运用,中国率先扭转了经济下滑,成为带动世界经济复苏的积极力量。然而,世界经济的总体形势并没有根本改观,金融危机的阴影尚未褪去,欧洲主权债务危机还在持续深化,发达国家的市场信心严重不足,经济短时间内将难以走出低迷、振荡的态势,并可能重新步入温和性衰退。发展中国家也出现了通货膨胀、出口受阻、经济下行的压力。2010 年下半年,我国 CPI 指数突破 3% 的警界线,并开始一路上升,2011 年,全国居民消费价格总水平比上年上涨了 5.4%。我国的宏观经济政策也从大规模的刺激经济政策逐步收紧,然而就在通货膨胀得到控制,CPI 指数趋于合理水平的时候,2012 年第二季度我国 GDP 增速从第一季度的 8.1% 放缓至 7.6%,时隔三年后再次跌破 8%。随着经济下行压力的增大,稳增长被摆在宏观政策的重要位置。

外部经济环境的严重恶化,使得中国经济在实现转型,从而避免陷入"中等收入陷阱"上所面临的不确定性和挑战,大大超过历史上任何转型时期的国家。同时,中国经济发展中积累的发展方式和结构性问题越来越突出,已经严重影响到经济和社会的可持续发展,影响到人民群众的生活质量。这些问题包括上节分析讨论过的资源和环境问题,也包括居民收入增长缓慢、投资和消费关系失衡、产业结构不合理、技术创新能力不强等问题。

①通过对十年来城镇居民人均可支配收入、农村居民人均纯收入等指标的增长速度与 GDP 增长速度进行比较(见表 2 - 6),我们发现,人民群众并没有从 GDP 的高速增长中同步提高收入水平,居民收入增长的速度明显低于 GDP 增长的速度,其中农村居民收入的增长速度最低,直到近两年(2010 年、2011 年)才出现两位数的增长,而 GDP 的增速在 11 年间有 6 年保持在两位数。在 2008 年以前,居民人均收入增长速度与 GDP 增长速度的对比关系基本上是以农村居民人均纯收入的增速<城镇居民人均可支配收入的增速<GDP 的增速的趋势在发展,并且差距比较明显,其中农村居民人均纯收入的增速与 GDP 增速的差距有 4 到 5 个百分点,差距十分明显。2008 年以后,三个指标增速的

差距有所减小，尤其是2010年、2011年农村居民收入增速连续两年快于城镇，城乡居民收入差距有所缩小。城镇居民人均可支配收入的增速在这11年中，只有2001年、2002年和2009年高于GDP增速，这3年都是因为在世界经济增长出现问题时，我国采取了扩大内需的有关政策，保持了收入的稳定增长。除去这3年，城镇居民人均可支配收入增长要比GDP增长慢2个百分点左右。如果按照年均增长率进行比较，2002年到2011年，我国人均国内生产总值年均增长10.1%，财政收入年均增长20.8%，而在相同期间，我国城镇居民人均可支配收入年均实际增长9.2%，农村居民人均纯收入年均实际增长8.1%。我国人均GDP、城镇居民人均可支配收入、农村居民人均纯收入增长速度之间大致上是各差一个百分点，而财政收入的增长速度是人均GDP增长速度的2倍。这些速度关系的对比在一定程度上反映了国民收入初次分配的格局和倾向。① 还有数据显示，1998年到2008年的10年间，我国工业企业利润平均增长30.5%，劳动力报酬年均仅增长9.9%，劳动力成本的上升远远低于资本回报率的增长。这就从另外一个角度解释了为什么收入的差距在拉大。居民收入增长不仅是经济发展的目的所在，也可以转化为经济发展的驱动力，居民收入增长缓慢不仅对扩大内需影响甚大，同时也会固化不合理的经济结构，扩大城乡之间和贫富之间的差距，带来严重的经济问题和社会问题。可见，对居民收入增长的调节已经刻不容缓。

②高投资率和高储蓄率对我国经济而言具有阶段性特征。改革开放以来，我国投资率基本处于30%—45%的高位。1993年，投资率高达42.6%，并且出现经济“泡沫”，通过有效的宏观调控，我国经济在保持10%以上增长率的同时，投资率逐步下降到1996年的38.8%，成功地实现了经济“软着陆”。随着我国工业化进程步入重化工业阶段，投

---

① 有资料显示，西方发达国家居民收入占GDP比重一般为50%—60%，例如日本、美国、英国的居民收入占比分别达到60%、65%和71%。根据有关专家的研究，我国城乡居民收入占GDP的比例1985年为56.18%，2007年下降到50%左右，2010年又下滑至43%，同时，居民内部的家庭之间、个人之间的收入分配差距也非常明显。

资率又出现新一轮的攀升,2004年达到43.0%,在4万亿经济刺激政策实施后,2009年和2010年分别上升到47.5%和48.6%,这些数据是世界平均水平的两倍(自1980年以来,世界投资率平均水平为22.7%),引起全球学术界和投资界的不断质疑。除了高投资率,我国的投资增长率也一直在领跑GDP增长。2003年以后我国固定资产投资增速一直保持在25%左右,2001—2011年11年中,有7年固定资产投资增速达到GDP增速的2倍以上,最高的年度达到3.3倍(见表2-6)。[①]与此同时,我国储蓄率也节节攀升,2002年突破40%,2008年达到51.4%,2009年尽管略有下降,但也达到49%。我国消费率则呈下降的趋势,1981年,我国居民消费率为42.5%,1985年达到52%,是历史最高水平,2008年下降到35.3%。最终消费支出包括了居民消费支出和公共消费支出(以政府消费支出为主),我国最终消费率的下降主要是由居民消费率下降引起的,农村居民消费率迅速下降是主因,而导致居民消费率下降的原因,包含了消费倾向下降和可支配收入占比下降两方面的因素,多年来政府在提供教育、医疗、社会保障等公共服务方面的投入不足,也对居民增加预防性储蓄的和降低消费倾向产生了导向作用。近年来全球经济低迷,对我国居民消费也产生了一定程度的影响。2010年我国最终消费率为47.4%,远低于美国的87.7%、欧盟的80.7%、日本的78.6%,也明显低于中等收入国家平均67%左右的水平。

我国2002年以后的高投资率,在某些方面具有合理性成分,当然也意味着系统的高风险性。同时,由于高投资率可以带来经济高增长,往往会掩盖投资效率的低下并催生更大规模的投资。其合理性的成分,一是有较高的储蓄率作基础;二是有国外市场的强力拉动,2002—2007年我国出口的增长率年年超过固定资产投资的增长率,期间,出

---

① 3.3倍的数据出现在2009年,主要是因为全球金融危机后,我国加大了财政刺激政策的力度,投资大大增加,但经济增长还没有同步好转。但2008年以前,我国经济产出的增速大大小于投资的增速,粗放性增长的特征十分明显。

口额的年均增长率为29.9%，而固定资产投资年均增长率为25.8%。[①] 三是资金主要投向了与对外贸易有关的制造业部门，如果这些部门的市场销售能够顺利实现，那么经济循环就不会中断。当然能否顺利实现国际市场销售并不取决于我国制造业部门的一厢情愿。同时，在大量资金转向房地产，尤其是通过金融杠杆大量涌入房地产市场的时候，巨大的经济泡沫被吹起，高投资率曾经加速经济增长的作用必然转化为引爆经济“硬着陆”的定时炸弹。我们之所以认为高投资率具有阶段性特征，是因为在长达30年的时间里，这种模式确实推动中国经济实现了超高速增长，使中国的经济规模在不太长的时间内连上数个台阶，占据了经济总量居全球第二的位置。与此同时，我们也清醒认识到，中国的高积累率和低消费率也是世界经济失衡的一部分，在世界经济失衡还没有彻底激化之前，这种模式可以得到维持，一旦世界经济出现问题，我国经济必然要遭遇到严重的冲击，全球金融危机爆发后以及当前我国经济面临的严重困难，都说明了这种模式的不可持续，也意味着经济增长由出口与投资驱动向消费驱动的转型刻不容缓。当然，从中国目前工业化和城镇化所处的阶段来看，在10—20年内消费驱动还不可能主导经济增长，必须同时发挥投资与消费双轮驱动的作用，但回顾我国经济增长方式调整的历史不难发现，政策及舆论上强调双轮驱动但实际依靠投资单驱动的例子并不少见，现有制度条件与强化投资驱动有着难以割舍的关联，因此，尽管向消费驱动转型是一项长期的任务，但在制度创新和改革上促进转型的工作决不能懈怠。

随着我国经济发展和城乡居民财富的积累，我国已经进入了消费活跃和稳定增长阶段。2003—2008年我国社会消费品零售总额一直呈现快速上升的势头，尽管全球金融危机后，增长有所放缓，但仍然保持了15%以上的高速（见表2-6），2008年我国社会消费品零售

① 2003—2011年全社会固定资产投资累计完成144.9万亿元，年均增长25.6%；其中，基础设施投资25.7万亿元，2004—2011年年均增长21.9%。投资规模之大、增速之快为历史所少有。

总额突破10万亿元大关，预计2012年将突破20万亿元。可见，通过提高居民收入水平，实施包括社会保障在内的一系列制度建设，实行长期稳定的鼓励消费政策，消费完全可以成为驱动经济增长的主导因素。

总结我国投资和消费关系失衡的原因，我们应当在全球经济失衡的视角下进行分析和判断。首先，中国经济失衡并不是孤立的，从某种意义上说，它是由美国不负责任的赤字政策和毫无节制的巨大消费需求所导致的经济失衡派生出来的。如果美国的财政和金融一旦出现问题，中美的游戏就会面临终止，将对中国经济产生极其不利的影响。全球金融危机以及欧洲主权债务危机的爆发已经为全球经济失衡拉响了警报，我国经济面临着巨大的转型压力。第二，尽管我国的高投资率在特定时期具有一定的合理成分，但它是以中国工业化、城镇化以及巨大的国际市场需求为条件的，也是以广大民众持续的高储蓄、低消费为代价的。然而，与之相伴的投资效率的低下和资源环境的透支已经证明了这种模式的不可持续，预示这种模式必将走向终结。尽管我国的工业化和城镇化对投资的较大拉动作用还会存在一段时间，但已经不足以支持如此之高的投资率。从另一个角度看，在金融危机和欧债危机爆发后，在世界经济持续低迷的情况下，我们应该庆幸工业化和城镇化保有的驱动力为我国经济转型提供了缓冲时间，但时间已经不多，转型迫在眉睫。第三，我国经济已经患有严重的"投资依赖症"，经济中确有很多令人困惑的现象，既鲜见于成熟市场经济国家，也难以简单地用经济学理论解释。这也说明，就一般的经济规律而言，这种状况是不可持续的，因此必须及早纠正。第四，扩大国内市场消费需求还不可能一蹴而就，原因是消费需求的增长既受到收入水平的限制，也受到消费心理、消费习惯的影响，还受到制度因素的制约，因此，应从最根源的因素入手，采用系统化的办法逐步加以解决。

表 2-6 投资、消费、收入与 GDP 增速对照表

年份	GDP 增长速度(%)	全社会固定资产投资增长速度(%)	社会消费品零售总额增长速度(%)	城镇居民人均可支配收入增长速度(%)	农村居民人均纯收入增长速度(%)
2001	8.3	13.0	10.1	8.5	4.2
2002	9.1	16.9	11.8	13.4	4.8
2003	10.0	27.7	9.1	9.0	4.3
2004	10.1	26.6	13.3	7.7	6.8
2005	11.3	26.0	14.9	9.6	6.2
2006	12.7	23.9	15.8	10.4	7.4
2007	14.2	24.8	18.2	12.2	9.5
2008	9.6	25.9	22.7	8.4	8.0
2009	9.2	30.0	15.5	9.8	8.5
2010	10.4	23.8	18.3	7.8	10.9
2011	9.2	23.6	17.1	8.4	11.4

资料来源:历年《国民经济和社会发展统计公报》,并根据《中国统计年鉴 2011》做了调整。

③如果从改革开放 30 年的时间跨度来考察我国产业结构的变迁,我们可以看到,第一产业从 1982 年占 GDP 比重 33.4% 下降到 2010 年的 10.1%;第二产业占比则一直在 41%—49% 之间波动,在本世纪初我国进入重化工业阶段后,呈逐年增长的趋势,2006 年达到 48%,2008 年以后由于金融危机的影响有所回落,2010 年为 46.8%,在工业内部,制造业的比重大大提高,但还以低度加工组装型工业为主,高度加工组装型工业比重偏低;第三产业占比增长有两个关键时期,20 世纪 80 年代后期的城市改革和个体工商业的发展使第三产业占比突破了 20% 阶段,1988 年第三产业占比达到 30.5%,亚洲金融危机后,我国加大了扩大内需,发展第三产业的步伐,从 1997 年起第三产业的增长速度连续 6 年超过 GDP 增长速度,2001 年进入占比 40% 的阶段,然而随着我国工业化进入重化工业阶段,第三产业占比长期在 41% 左右徘徊,金融危机爆发后,在政策刺激下,2009 年和 2010 年占比才达到 43.4% 和 43.1%。我国三次产业的演变趋势基本符合产业结构演变的一般规

律，目前三次产业结构为10.1∶46.8∶43.1（见表2-7），三次产业吸纳就业的比重为36.7∶28.7∶34.6。根据有关资料，全球中等偏上收入国家三次产业结构为6.5∶31.8∶61.7，美国在20世纪70年代三次产业结构为4∶30∶66，韩国在1990年三次产业结构为8.7∶43.4∶47.9，这一时期美、韩在人均GDP水平上与我国目前的水平大致相当

表2-7　2001—2010年三次产业结构及增长速度对照表

（单位：万亿元）

年份	GDP		第一产业增加值		第一产业增加值占比（%）	第二产业增加值		第二产业增加值占比（%）	第三产业增加值		第三产业增加值占比（%）
	数量	增长率（%）	数量	增长率（%）		数量	增长率（%）		数量	增长率（%）	
2001	10.97	8.3	1.58	2.8	14.4	4.95	8.4	45.1	4.44	10.3	40.5
2002	12.03	9.1	1.65	2.9	13.7	5.39	9.8	44.8	4.99	10.4	41.5
2003	13.58	10.0	1.74	2.5	12.8	6.24	12.7	46.0	5.60	9.5	41.2
2004	15.99	10.1	2.14	6.3	13.4	7.39	11.1	46.2	6.46	10.1	40.4
2005	18.49	11.3	2.24	5.2	12.1	8.76	12.1	47.4	7.49	12.2	40.5
2006	21.63	12.7	2.40	5.0	11.1	10.37	13.4	48.0	8.86	14.1	40.9
2007	26.58	14.2	2.86	3.7	10.8	12.58	15.1	47.3	11.14	16.0	41.9
2008	31.40	9.6	3.37	5.4	10.7	14.90	9.9	47.5	13.13	10.4	41.8
2009	34.09	9.2	3.52	4.2	10.3	15.76	9.9	46.3	14.80	9.6	43.4
2010	40.15	10.4	4.05	4.3	10.1	18.76	12.4	46.8	17.31	9.6	43.1

资料来源：国家统计局编《中国统计年鉴2011》。

（但这一时期，美国已完成工业化多年，韩国也基本实现工业化，这与我国目前情况不同），而在吸纳就业方面，大多数发达国家第三产业吸纳就业的比重都在50%到70%之间，1998年，美国第三产业吸纳就业比重为74%。可见，无论就自身发展阶段而言，还是与发达国家曾经的发展过程进行比较，我国第三产业的发展相对滞后是不争的事实，这也从另一个角度说明了我国城镇化滞后于工业化发展的现状。而从服务业内部结构来看，传统服务业比重偏高，劳动密集型服务业仍然是吸纳就业的主要部门，而信息、科技、金融等新兴服务业的比重偏低，生产

性服务业发展慢于生活性服务业发展。此外,通过考察劳动生产率在三次产业之间的变动情况,我们发现,在全社会劳动生产率持续提高的背景下,从20世纪90年代起三次产业间的劳动生产率对比呈现出扩大的趋势,第二产业、第三产业、第一产业的劳动生产率相互间的差距在逐渐拉大。第二产业是推动全社会劳动生产率提高的主要部门,这符合我国处于工业化高速发展阶段的特征,但如果任由差距持续扩大,将不利于第一产业和第三产业各自的发展。虽然第三产业吸纳就业和农村剩余劳动力转移是产业结构演变过程中的必然结果,但如果劳动力的产业转移主要发生在第一产业和第三产业的低效率部门之间,而不去提高它们各自效率的话,产业升级必将面临停滞。我们认为,问题的根源还应该从我国的发展模式中去寻找,虽然第二产业相对而言劳动生产率最高,但由于长期实行以产业链低端竞争为导向的外向型粗放发展模式,红利的取得主要来自廉价的劳动力,而依托于技术进步和创新的效率提高实际上被压抑了,束缚了第二产业内部的转型和升级,不仅难以为第三产业的发展创造新需求,也抑制了全社会消费水平的提高,这就是第三产业尤其是新兴服务业和生产性服务业发展缓慢的重要原因,而新兴服务业和生产性服务业发展缓慢以及第二、第三产业竞争环境的差异,恰恰说明了第三产业与第二产业劳动生产率之间较大的差距。

随着经济增长和人均收入水平的提高,第一产业在GDP中的比重将呈明显下降趋势,产业结构的重心向第二、第三产业转移,第三产业将逐渐取代第二产业而居于主导地位,产业结构按照这一规律演变升级反映了现代经济发展的趋势。一般认为,产业结构升级的根本动力是人们需求层次的变化,正是由于人们需求层次的提高推动了科技进步和劳动生产率的提高,进而推动了产业结构的升级。没有科技进步和劳动生产率的提高,产业结构的转变和升级是难以完成的。此外,国际经济环境和国内产业政策对产业结构的转变和升级也产生重要影响。在我国,由经济发展所引发的产业升级的内在要求不断增强,但由于我国多年来实行以廉价劳动力成本比较优势为特征的出口导向型发

展模式，制造业长期被固化在全球价值链底端，科技进步和劳动生产率的提高受到抑制，劳动者的收入增长缓慢，再加上地方政府对投资拉动GDP的过分追求，重投资轻消费的怪圈始终难以打破，束缚了消费需求的合理增长，也制约了产业的转型和升级。

需要指出的是，由于发展阶段的变化和全球金融危机对以往发展模式的冲击，我国由生产大国向消费大国过渡的趋势是不可避免的，而从国际经验看，想要实现这一转变，三次产业的结构必须有较大调整，第三产业的增长也应超过第二产业的增长。以美国为例，从二战后到目前，美国的第一产业增长约5倍，但第一产业占GDP的比重从8%递减到1%以下；第二产业增长了三十多倍，但第二产业的比重由30%以上下降到20%左右，其中下降程度高的行业主要是劳动密集型产业和资本密集型产业；第三产业增长约70倍，其比重由不到60%上升到80%左右，其中，传统服务业总体上呈周期性下降趋势，而新兴的现代服务业则呈上升趋势。作为制造业强国，日本的产业结构变化对我国有重要的借鉴意义。第二次世界大战后，随着经济增长，日本第一产业占国内生产总值的比重不断下降，从1955年的16.7%下降到1970年的5.0%，进而下降到1994年的2.1%。第二产业的比重从1955年的21.5%上升到36.9%，其后一直保持在35%—36%之间。第二产业中，制造业的比重从1955年的12.6%提高到1970年的24.1%。在两次石油危机后，以原材料为支撑的制造业增速变缓，从1985年的8.1%下降到1990年的7.4%，而以技术为支撑的制造业发展加快，从1985年的10.7%上升到1990年的12.5%。进入90年代以后，制造业在整个产业中所占的比重从1990年的26.8%下降到1994年的25.1%，并且还保持着下降的趋势。第三产业则始终保持在60%左右，进入90年代以后，第三产业的比重继续上升，从1990年的60.9%上升到1994年的62.8%，并且还保持着上升的趋势。其中，服务业的比重从1990年的14.1%上升到1994年的15.5%。

④技术创新能力不强是我国面向未来的最大障碍。根据日本和韩国的经验，跨越“中等收入陷阱”，技术创新成为经济发展的重要驱动

力是关键。R&D 投入强度（研究与试验发展经费支出占国内生产总值的比重）是衡量一个国家科技创新活动规模和科技投入水平的重要指标，体现了经济结构优化的状态，以及经济增长的潜力和可持续发展能力。进入 21 世纪以后，我国 R&D 经费增长较快，2011 年我国的 R&D 经费支出达到 8610 亿元，11 年间增长了 8 倍。根据有关资料，“十五”和“十一五”期间，我国 R&D 经费支出年平均增长速度分别达到 18.5% 和 23.8%，呈现出加速增长的势头。2009 年，我国 R&D 经费支出排在美国、日本和德国之后，位居世界第四。但中国 R&D 经费支出占全球 R&D 经费支出的比重还不大，以 OECD 成员国及 9 个非成员国家（地区）2007 年 R&D 经费支出为例，美国占 36.1%、日本占 14.8%、德国占 8.2%、法国占 5.3%、英国占 4.9%、中国占 4.8%、韩国占 3.3%。美国是中国的 7.5 倍，日本是中国的 3.1 倍。值得注意的是，尽管我国 R&D 经费支出总量已经位居全球前列，并且企业已经成为 R&D 活动的主体，但在企业 R&D 经费中，外资企业占的比重比较高，而高技术产业的 R&D 经费比重偏低，2007 年，在我国大中型工业企业 R&D 经费中，高技术产业只占 25.8%，而发达国家和新兴工业化国家或地区的这一比例一般在 30%—40%，高的达到 50%—70%。① 从 R&D 投入强度看，美国、日本、德国在 20 世纪 80 年代就已经达到 2.5% 以上，目前世界领先国家的 R&D 投入强度平均为 3% 左右，我国 2011 年 R&D 投入强度为 1.83%（见表 2－8）。同时，技术进步对我国经济的推动作用，与我国的科技实力和地位相比，也不匹配。经过 30 年的发展，我国的科技能力和科研水平明显提高，尤其在某些尖端技术领域，中国已经进入世界前列。但令人忧虑的是，我国经济发展的动力

① 《中国 R&D 经费支出特征及国际比较》，《科技统计报告》2009 年第 6 期（2009 年 7 月 6 日）。我国高技术产业产值占制造业的比重，从 1995 年后保持上升趋势，并于 2003 年达到最大值 16.1%，从 2004 年开始这一比重逐年下降，到 2008 年降至 12.9%，这个现象一方面说明我国重化工业粗放发展条件下制造业内部结构的变化，也说明我国高技术产业远未发挥技术推动的应有作用。同时，三资企业在我国高技术产业中占据着主导地位，暴露了我国高技术产业存在的软肋，也从一个侧面反映了长期以来我们在经济发展指导思想上存在的问题。

主要来自外部因素，经济发展的内生动力明显不足，尤其是科技创新的动力不足，这就有可能导致我国未来的发展乏力，尤其在遇到外部困难的时候，发展可能出现停滞，甚至后退。目前我国 R&D 人员的数量仅次于美国，R&D 经费支出总量也居世界前列，在这种条件下，科技创新能力不足，科技成果转化乏力，科技对经济的驱动能力疲弱，其制约因素一定存在于深层次，即体制机制层次。如果这些体制机制障碍不去除，“技术创新成为经济发展的重要驱动力”只能是一句空话。

表 2－8　R&D 经费支出及其投入强度

年份	R&D 经费支出（亿元）	增长率（%）	R&D 投入强度（%）
2001	960	7:1	1.00
2002	1161	11.3	1.10
2003	1520	18.1	1.30
2004	1843	19.7	1.35
2005	2367	20.4	1.30
2006	2943	20.1	1.41
2007	3664	22.0	1.49
2008	4570	23.2	1.52
2009	5433	17.7	1.62
2010	6980	20.3	1.75
2011	8610	21.9	1.83

资料来源：根据历年《国民经济和社会发展统计公报》整理。

（3）经济转型的大好时机

外部环境发生深刻变化所产生的压力和新阶段经济发展的内在要求所产生的动力，将对一直以来由出口拉动和投资推动的粗放型、数量型的发展惯性形成制动，迫使中国经济摆脱“经济增长依赖症”，开始真正的转型。第一，根据对发达国家或地区尤其是日本、亚洲四小龙等的研究，当这些国家或地区人均 GDP 达到一定水平后，经济发展的驱动力和经济结构的变化会呈现出一些相同的趋势。工业化和城镇化的进程会加快，社会需求结构、居民的消费类型、消费行为也会发生重大的转变，从而使消费对经济增长的贡献快速增长，而投资和出口的贡献则相对下降，反映在增长方式上，投资和出口驱动的增长方式将转变为技术进步和效率提高驱动的增长方式。在产业结构上，原先由投资驱动的工业占主导地位的产业结构将转变为由消费驱动的服务业起主导作用的产业结构，第三产业将逐步取代第二产业的地位，发展成为主导产业；在工业内部，劳动密集型低附加值的传统工业将转变为资金和技术密集型的具有核心竞争力的现代工业，工业的科技含量明显提高，新型重化工业①和高新技术产业得到较快发展；在经济发展动力上，从主要依靠要素驱动和投资驱动向主要依靠创新驱动和效率驱动转变，技术创新逐渐成为经济社会发展的重要驱动力。2008 年以后，我国经济结构调整明显加快，说明在外部巨大的压力下我国经济转型的动力已经开始激发出来，但要形成持续的动力，还必须解决深层次的矛盾。第二，我国提出经济增长方式转变已有十几年时间，1995 年中共中央明确提出，实现“九五”和 2010 年的奋斗目标，关键是实行两个具有全局意义的根本性转变。其中之一就是“经济增长方式从粗放型向集约型转变”。然而，十几年过去了，经济增长方式并没有发生根本性的转变，由粗放型增长带来的资源、能源的过度开采和低效利用，以及生态环境的破坏和污染等问题不但没有得到有效控制，还有加重的趋势；由经济发展失衡、结构失调、分配不公等带来的贫富差距拉大、老百姓生活质量相对变差等社会矛盾不断积累甚至激化，而关系未来发展的技术创新能力、技术和产品竞争能力、国民经济的整体素质和效益却提高不快，其症结是我国经济增长的动力仍然建立在投资推动的过热的市场需求的基础上，建立在有关利益集团和既得利益者对短期利益、个人

① 重化工业是指生产资料的生产，包括能源、机械制造、电子、化学、冶金及建筑材料等工业。新型重化工业是指融入了当代最新科技成果和管理技术，附加价值高，市场竞争力强的重化工业，以区别于传统的粗放型、高物耗、高能耗、高污染的重化工业。重化工业为国民经济各部门提供生产手段和装备，是工业化、现代化建设的重要支撑，是一个国家或地区工业化水平乃至经济、科技总体实力的重要标志。从日本等发达国家经验看，日本的重化工业阶段从 1955 年开始，到 20 世纪 70 年代才结束，经历了 20 年左右的发展时间。中国重化工业阶段从 2002 年开始，预计要持续到 2020 年左右，但发展方式必须转变。

利益和局部利益的追求上，建立在以GDP增长速度为主要政绩标准的地方政府的行政推动上。2007年党的十七大提出，“实现未来经济发展目标，关键要在加快转变经济发展方式、完善社会主义市场经济体制方面取得重大进展”。可见，要想从根本上解决发展方式转变和经济转型的问题，市场经济体制的进一步改革是关键。在深层次矛盾积累越来越多、解决的难度越来越大、外部的压力越来越强的情况下，必须拿出党的十一届三中全会推动改革开放那样的智慧和勇气，我国市场经济体制的进一步改革才能切实推进。第三，全球金融危机后，发达国家经济持续低迷，市场需求大减，对我国出口产生不利影响。但对于这一利空现象如果利用得好，完全有可能转化为促进我国经济转型的倒逼机制，对我国以往的高速增长惯性产生制动，迫使我们对经济发展方式和经济结构进行调整，这对于我国经济加快转型，无疑是个良好的时机。提高质量、调整结构必须适当降低速度，从世界经济发展史来看，重大的结构性调整和发展方式的转变，往往都是在发展遇到挫折，甚至是在经济危机的条件下，为摆脱困难、重新获得活力而进行的选择。这一现象正好印证了中国哲学思维中对“危机”即“危”与“机”的理解。需要指出的是，在经济全球化的背景下，一国经济的独立性受到制约，中国目前经济发展既受到发达国家市场规模缩小的减速压力，也受到国内经济下行压力增大，通货膨胀有可能卷土重来的压力，既要解决面向未来的经济转型问题，也要解决当前经济稳步增长问题。中国是经济全球化的受益者，中国的经济问题也必须在全球化的背景下加以解决。这将使中国经济转型面临更为严峻的挑战。

2. 要素价格优势逐渐丧失，发展红利取向质量和创新

经过30年的发展，中国取得了“世界工厂”的称号，成为全球工业品的生产制造基地。根据联合国工业发展组织的统计，2009年中国制造业在全球制造业总值中所占比例已达15.6%，成为仅次于美国的全球第二大工业制造国，而美国所占比例为19%，日本为15.4%。但是与美国、日本等老牌世界工厂相比，中国制造业的主体还处于生产加工组装阶段，承担的是产业链中“加工厂”和“组装车间”的分工，产品设

计开发和品牌营销等核心环节都很薄弱，产业创新和增值能力一直不强。例如，发达国家1个单位价值的中间投入大致可以得到1个单位或更多的新创造价值，而中国只能得到0.56个单位的新创造价值；中国制造业产品增加值率仅为26.23%，比美国和日本低22个百分点。由此可见，中国还不是名副其实的世界工厂，或者说中国离真正的世界工厂还有相当距离。

就在“中国制造”产品遍布全球，出口规模不断扩大的同时，中国产品“低端”、“廉价”的称呼也如影随形，与中国作为制造业大国的形象极不协调，也对中国产品今后的市场定位提出挑战。由于中国制造业长期处于全球产业链的低端，大部分产品靠廉价占领国际市场，虽然低价的产品补贴了国外的消费者，抑制了发达国家的通货膨胀，但却频繁遭遇贸易摩擦，屡次受到贸易调查；而我国从现行贸易中得到的比较利益越来越少，劳动力成本被低估，资源环境被透支，创新能力建设被搁置，可持续发展越来越成为问题；而随着国际市场景气状况的波动，我国庞大的制造能力也出现结构性过剩，“订单经济”的现象非常普遍。所有这些，使得现行的外向型发展模式受到质疑。

根据一般外向型经济国家的经验，在经济起飞时期和工业化初期，由于国内市场支撑作用有限，经济发展比较依赖于外部因素。利用外部因素还可以激活内生性增长因素，触发经济增长的活力。这个时期，利用要素价格优势抢占国际市场是这些外向型经济普遍采取的策略，而由于国内经济基数尚小，只要外部市场有一定拉动力，经济增长就会很快。但随着经济的发展，资本积累、人均资本拥有量的提高，资源禀赋结构也得以提升，以往的要素价格优势将逐渐丧失，主导产业会从劳动密集型逐渐转变到资本密集型和技术密集型。日本、韩国的发展轨迹印证了这一演化规律，作为制造业的大国和强国，这两个国家的经验可以为中国提供借鉴。

中国在改革开放初期，积极利用发达国家和亚洲四小龙产业转移的机会，以发挥劳动力资源比较优势，发展劳动密集型产业为突破口，选择了外向型出口导向战略，同时积极引进外资，经济的活力被大大激

发，取得了改革开放后经济的飞跃发展。这种战略选择符合当时中国既缺资金，又缺技术，国内市场狭小，消费水平非常有限，而劳动力资源充沛，生产要素成本低等特点，顺应了经济全球化的趋势，为中国的经济起飞注入了动力。然而，资本的逐利性和国家政策调控的相对滞后以及地方政府的 GDP 政绩追逐，使得在经济起飞和工业化初期比较适合的低级的技术结构、产品结构和产业结构，在发展的过程中由于没有适时进行调整升级而变得越来越不合理。① 20 世纪 90 年代后，由于发达国家环境标准越来越严格，很多高污染、高耗能、资源型的产业大规模向中国转移，使我国日益尖锐的结构性矛盾又增加了新的问题。以反映高耗能产业增长的酸雨污染的扩展为例（当时高耗能产业基本没有脱硫、脱硝设施），20 世纪 80 年代酸雨主要发生在西南地区，面积 170 万平方公里，到 90 年代中期，已迅速发展到长江以南、青藏高原以东及四川盆地，其间面积扩大了 100 万平方公里，相当于每年大约扩大 10 万平方公里。在诸多结构性矛盾中，最为突出的是分配结构的长期不合理，劳动力资源由于其无限供给的弱势地位使得其低廉的收入长期背离他们实际作出的贡献。根据中国社会科学院的有关调查报告，我国改革开放前 20 年（1978—1998 年）的持续经济高速增长中，资本的贡献率占 28%，技术进步和效率提升的贡献率占 3%，其余全部是劳动力的贡献。还有数据显示，从 1998 年到 2008 年的 10 年间，我国工业企业利润平均增长 30. 5%，劳动力报酬年均仅增长 9. 9%，劳动力成本的上升远远低于资本回报率的增长。随着经济发展和社会进步意识的提高，解决这些矛盾的内在动力也在加强。

最近几年，我国经济中生产要素逐渐发生了一些变化。从 2004 年

① 以外国直接投资（FDI）为例，中国是近年来吸引 FDI 最多的发展中国家。FDI 对中国的资本形成、就业、出口与技术进步等诸方面都产生了正面的效果。但从 FDI 结构来看，中国这些年所吸引的 FDI，绝大多数投资在中低端技术产业和劳动密集型产业，高科技比重偏低。而且绝大多数 FDI 集中在传统制造业，流入现代服务业的 FDI 比重偏低。这一点与发达国家所吸引 FDI 的结构有明显差别。

开始，我国出现了“用工荒”，先是从东部沿海地区，逐渐蔓延到了内陆地区，缺工的类型也从技工扩大到了普工。根据有关调查，超过90%的受访“珠三角”企业表示存在劳动力短缺的问题。2011年“珠三角”用工短缺估计达到200万人左右。有专家指出，中国劳动力转移和劳动力市场供求关系正在发生深刻变化，导致这种变化的原因是农村劳动力总量在减、结构在变，作用于劳动力转移的比较利益所形成的流出地“推力”和流入地“拉力”在弱化。它表明农村劳动力的供给格局正在由“无限供给”向“有限剩余”或正向全面短缺转变。① 面对用工荒推动的大范围工资上涨，美国《华尔街日报》报道说，中国正进入“刘易斯拐点”。目前，我国劳动用工供求矛盾的主体还是结构性的，我国的城镇化水平还不高②，劳动力就业的压力依然较大，因此就总体而言我国还没有达到“刘易斯拐点”的条件。但随着我国进入中等收入国家的行列后，社会总体的福利有较大的改善，人们的权利意识也明显增强，农民工在劳动力市场上取得“议价权”，意味着社会公平和进步开始融入经济发展进程，也反映了我国劳动力供给正处于由“无限”到“短缺”的过渡阶段，“刘易斯拐点”的到来只是时间问题。在此背景下，我国长期以来过度依靠劳动力成本优势，通过扩大低端产品出口拉动经济的发展模式将被打破。经济增长将更多地依靠技术进步、技术创新和产品质量。需要指出的是，在中国的农村人口尚有2亿—2.5亿需要转移，就业压力十分巨大前提下，劳动密集型产业包括传统制造业和服务业，在相当长一段时间不仅应该存在，还应该有所发展。在目前中国“二元经济”结构依然存在，东西部差距依然较大，农村转移劳动力素质相对不高的情况下，发展一定数量的技术含量相对较低的劳动密集型产业和产品仍然是适合的，但现在不管是经济的内在要求还

---

① 《人大代表辜胜阻：农村劳动力供给格局或正向严重短缺转变》，《经济参考报》2011年3月4日。

② 2010年我国城镇化率为49.95%，2011年达到51.27%。由于世界各国对城市划分标准存在着差异，因此很难对各国城市化水平进行严格的对比，但一般认为我国目前的城镇化率刚刚达到世界平均水平，与发达国家通常城镇化率80%的水平相距甚远。

是国际经济环境都已完全不同于三十年前的改革开放初期，因此，经济发展的方式必须转变，必须彻底改变过去仅通过压低工人工资、降低劳动保护条件，透支资源环境等不当方式来获取低成本优势，而要把优势建立在技术创新和产品创新上。必须认识到，创新绝不仅是高新技术产业的专利，所有的产业包括劳动密集型产业都存在创新的问题。在当今世界经济中，只有不断创新，才能使中国的这些产业保持长久的竞争力。

我国的资源价格优势的光环也正在消退。20 世纪 90 年代，煤炭开始市场化改革，但由于电价没有放开，国家对电煤价格实行"指导价"控制，其后，国家逐渐放开电煤市场，以协调价格协商的方式取代了电煤指导价，但在电煤涨价压力下，多次实行临时价格干预措施。随着我国重化工业的发展对能源需求的不断加大，动力煤市场供给一度趋紧，价格提高较快，但在市场的调节下，供求关系得到改善，市场总体保持健康发展。从长期来看，随着开采成本和环境成本的提高，我国动力煤价格还将呈现上涨的趋势。2000 年，我国动力煤的价格为 21 美元/吨，到 2010 年，已上涨到 100 美元/吨左右。期间在 2007—2008 年全球金融危机爆发前，受到全球能源价格上涨的影响，动力煤价格在 120—190 美元/吨之间上下波动。① 在电煤方面，2004 年年底，国家确定实行"煤电联动"机制，取消电煤指导价格，至此煤炭价格实行市场调节，电煤价格进入持续上升的阶段。统计数据显示，从 2004 年到 2008 年，全口径电煤到厂综合价从每吨 268 元，上涨至每吨 476 元，涨幅达到 77%。随着电煤价格的上涨，"市场煤"与"计划电"的矛盾更加突出，火电企业发电越多亏损越严重，再加上其他因素的共同作用，使得电力供需矛盾日趋尖锐。2008 年的冰雪灾害，加剧了全国电力紧张，当时全国电力缺口近 7000 万千瓦，有 13 个省级电网出现不同程度的拉闸限电。2011 年电力供应紧张的状态提前到来，进入 4 月，浙江、

① 根据世界银行全球经济监测数据库的数据，2000 年澳大利亚煤炭价格为 26.25 美元/吨，2010 年的价格为 96.10 美元/吨，2008 年的价格达到 127.10 美元/吨。根据有关报道，澳大利亚 BJ 动力煤现货标准价格指数最高曾上涨至 190.95 美元/吨。

江西、湖南、重庆、陕西等多个省份电力供需存在缺口。根据中电联分析预测报告，预计缺口在3000万千瓦左右，并有可能扩大到4000万千瓦。6月1日，国家发改委决定上调15省市非居民用电价格，幅度为平均每度（每千瓦时）电上调1.67分。据初步统计，2004年以来，我国共上调上网电价7次，上调销售电价4次。每次调整的幅度一般在2分钱左右。2012年7月，我国开始推行居民阶梯电价。我国电价改革已经到了必须彻底改革其形成机制和管理体制的阶段，目前最担心的问题还是电价与煤价联动后会推高通货膨胀。但改革的方向应该是明确的，就是使电价能够真正反映电力资源的稀缺程度，使煤企、发电企业和供电企业的利润均衡合理化，同时，保障企业生产用电和人民群众的基本生活用电不受影响。

与煤炭相比，我国石油大量依赖进口。2003年我国石油进口依存度首次超过30%，并开始快速攀升，2005年达到45%，到2010年，我国石油对外依存度已经接近55%。对外高依存度意味着国内油价受国际市场油价的影响较大，为了避免国内经济和物价指数受到严重冲击，我国的成品油价改革一直采取了稳健的微调方式。2001年，我国确定了国内成品油价格参照新加坡、鹿特丹、纽约三地市场价格，制定汽柴油零售基准价的定价机制，当国际油价波动幅度超过5%时，发改委将进行调价。从2003年年底开始，国际油价大涨，由于担心对国内经济增长和人民生活产生负面影响，成品油价格调整的力度和节奏一度放缓。2008年12月，在受全球金融危机影响国际市场油价持续回落的有利时机下，国家决定实施成品油价格和税费改革并降低成品油价。新的成品油定价机制将以前成品油零售基准价格允许上下浮动的定价机制，改为实行最高零售价格，并适当缩小流通环节差价。根据有关资料，2001年我国90号汽油价格在3000元/吨左右，0号柴油价格在2700元/吨左右；到2011年，90号汽油价格上涨到9400元/吨左右，0号柴油价格上涨到8500元/吨左右；10年间汽、柴油价格均上涨3倍以上。

可见，经过30年的经济高速增长，不管是劳动力成本，还是生产资料成本,都有大幅提高,我国原有的低成本优势正在丧失。近几年频繁出现的“柴油荒”、“电荒”、“用工荒”等现象都提醒我们,必须透过这些不正常的经济现象,看到其中蕴含的经济本质,即我国经济的增长动力已经发生了深刻的变化,原有的发展模式必须转变。中国经济的发展不可能再以要素红利为第一推动力,投资、廉价劳动力和出口拉动已经无法保证中国经济发展的可持续性,如果追求经济发展不竭的动力,必须将目光放在创新和质量上。这里提到的创新,不仅包括技术创新,还包括体制创新;这里提到的质量,不仅有产品质量、服务质量,还涵盖国民经济整体素质。

3. 发达国家经济持续低迷,难以再对我国出口有强力拉动

改革开放以来,我国顺应经济全球化浪潮,大力发展开放型经济,使经济一直保持着较快的发展势头。出口成为拉动我国经济快速增长的一个重要因素。1980—1990 年间,我国出口年均增长 13.1%,1990—2000 年出口增长率达到 14.9%,远高于同期 5.4% 和 6.4% 的全球平均增长速度,也高于出口势头正旺的亚洲四小龙的出口增长率。2001 年年底中国加入 WTO 后,对外贸易以更快的速度发展,2001—2010 年,我国进出口总额年均增长 21.6%,出口额年均增长 21.7%,是全球对外贸易额增长速度最快的国家。2009 年,虽然受到金融危机的影响,我国货物贸易进口、出口以及进出口总额都有所下降,但总体情况仍大大好于发达国家,出口总额跃居世界第一,进口总额和进出口总额跃居世界第二,2011 年,我国货物贸易出口总额和进口总额占世界货物出口和进口的比重分别提高到 10.4% 和 9.5%,并一直保持着世界货物贸易第一出口大国和第二进口大国的地位(见表 2-9)。我国服务贸易出口总额和进口总额占世界服务贸易出口总额和进口总额的比重也分别达到 4.4% 和 8.1%,世界排名分别达到世界第四和第三位。

表 2－9　2001—2010 年进出口总额、出口额及其增长率

（单位:万亿美元）

年份	进出口总额	增长率(%)	其中:出口额	增长率(%)
2001	0.51	7.5	0.27	6.8
2002	0.62	21.8	0.33	22.3
2003	0.85	37.1	0.44	34.6
2004	1.15	35.7	0.59	35.4
2005	1.42	23.2	0.76	28.4
2006	1.76	23.8	0.97	27.2
2007	2.18	23.5	1.22	25.7
2008	2.56	17.9	1.43	17.2
2009	2.21	-13.9	1.20	-16.0
2010	2.97	34.7	1.58	31.3
2011	3.64	22.5	1.90	20.3

资料来源:历年《国民经济和社会发展统计公报》。

在对外贸易高速发展的背景下,随着经济发展和社会进步,我国凭借劳动力成本优势,利用廉价产品抢占国际市场的战略和低端产品占主导的出口结构也开始受到质疑。尤其是进入新的发展阶段后,要求对现有经济结构进行调整,对经济发展方式进行改革,包括改变外贸依存度太高的局面已经成为共识(前面已作过分析,在此不再赘述)。中国作为一个体量巨大的经济体,从 20 世纪 80 年代开始,外贸依存度不断提高,从 80 年代初不到 15% 上升到 2006 年的 65% 以上,远远高于美国、日本等发达国家大国,也高于印度等发展中大国。其后虽然有所降低,但仍保持在较高的水平。① 长期以来我国经济增长和经济总产

① 2006 年,我国外贸依存度达到历史高点 65.2%,其后有所下降,2010 年我国外贸依存度为 50.5%,而同期美国、日本、印度等国的外贸依存度分别为 22.2%、26.7% 和 35.1%。但也有一些发达国家如德国、韩国的外贸依存度超过 70%。由于加工贸易占我国外贸的比重较大,但在核算贸易额时存在重复计算问题,再加上我国服务业发展水平不高,因此我国外贸依存度存在着被相对高估的情况,但作为人口大国和发展中大国,能源、矿产资源、某些关键设备和零部件进口依存度高容易使本国的经济命脉受制于人,而某些产品过分依赖国外市场,无疑意味着较大的市场风险,太阳能产业目前的窘况就是一个例子。可见,对外贸依存度的问题应根据我国的实际情况作出具体分析。

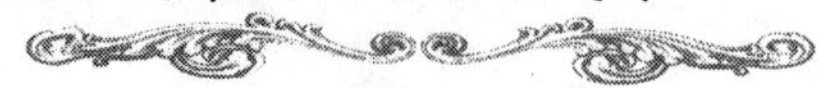

出对出口的依赖性太强，出口对主要发达国家市场的依赖性太强，一旦外部市场发生剧烈变化，将对我国经济的可持续发展带来不利影响。根据有关研究测算，2005—2008 年按照支出法计算的我国净出口对 GDP 增长的年均贡献率为 19.8%，贡献度达到 2.2 个百分点。而按照投入产出法计算的 2002—2007 年出口总额对我国总产出的贡献率为 28.6%，2007 年达到 32.5%。也就是说，这些年来支撑我国总体经济活动的各项需求因素中，出口需求的贡献率达到了 30% 左右。

在对出口国别市场的依赖方面，根据对 2002—2010 年前五位出口市场分析，我国出口市场基本稳定在欧盟、美国、中国香港、东盟和日本这五大目标市场，占我国出口额的 70% 左右，其中美国、欧盟和日本市场占 50% 左右。2008 年以后，前五位出口市场所占的比例有所降低，美国、欧盟和日本市场所占比例也降低到 45% 左右，表明我国出口市场多元化趋势开始加强（见表 2－10）。我国在全球有超过 200 个贸易伙伴，但根据近 3 年的统计资料，进口我国产品的前 15 个贸易伙伴就涵盖了我国 70% 的出口份额，其中美国、中国香港、日本、韩国、德国、荷兰 6 个国家和地区进口我国的商品占我国出口总额的 50% 以上。出口国别市场的过度集中意味着这些国家和地区的市场需求状况一旦发生变化将会对我国的出口进而对我国经济产生较大影响。

全球金融危机爆发后，世界经济出现全面下滑，从 2008 年第四季度起到 2009 年上半年发达国家经历了 20 世纪 30 年代以来最为严重的经济衰退，随着各国大规模经济刺激政策的实施，以及运用超低利率和定量宽松货币政策释放出大量流动性，发达国家在 2009 年下半年下滑速度开始放缓，一些国家的经济出现了恢复性增长。数据表明，2008 年第四季度，日本、欧洲、北美的贸易额都出现了急剧的下跌，2009 年美国、日本进口额的下降幅度达到了 25.9% 和 27.8%，欧盟各国的进口也下降了 20%—30%。与此对应，我国出口出现下滑，2008 年 11 月我国出口出现了 2001 年 7 月以来的首次负增长，出口对 GDP 贡献率也由 2007 年的 19.7% 下降到 2008 年的 16.0%。2009 年，我国进出口总额下降 13.9%，出口额下降 16.0%。我国对美国、欧盟、日本的出口分别减少了12.5%、19.3%和15.7%。

表2-10　2002—2010年前五位出口市场　（单位：亿美元）

年度	排序	1	2	3	4	5	总值
2002	国别(地区)	美国	中国香港	日本	欧盟	东盟	
	贸易额	700	585	484	482	236	3256
	占比(%)	21.5	18.0	14.9	14.8	7.2	76.4
2003	国别(地区)	美国	中国香港	欧盟	日本	东盟	
	贸易额	925	763	722	594	309	4384
	占比(%)	21.1	17.4	16.5	13.6	7.1	75.7
2004	国别(地区)	美国	欧盟	中国香港	日本	东盟	
	贸易额	1250	1072	1009	735	429	5934
	占比(%)	21.1	18.1	17.0	12.4	7.2	75.8
2005	国别(地区)	美国	欧盟	中国香港	日本	东盟	
	贸易额	1629	1437	1245	840	554	7620
	占比(%)	21.4	18.9	16.3	11.0	7.3	74.9
2006	国别(地区)	美国	欧盟	中国香港	日本	东盟	
	贸易额	2035	1820	1554	916	713	9691
	占比(%)	21.0	18.8	16.0	9.5	7.4	72.7
2007	国别(地区)	欧盟	美国	中国香港	日本	东盟	
	贸易额	2452	2327	1844	1021	942	12180
	占比(%)	20.1	19.1	15.1	8.4	7.7	70.4
2008	国别(地区)	欧盟	美国	中国香港	日本	东盟	
	贸易额	2929	2523	1907	1161	1141	14285
	占比(%)	20.5	17.7	13.3	8.1	8.0	67.6
2009	国别(地区)	欧盟	美国	中国香港	东盟	日本	
	贸易额	2363	2208	1662	1063	979	12017
	占比(%)	19.7	18.4	13.8	8.8	8.1	68.8
2010	国别(地区)	欧盟	美国	中国香港	东盟	日本	
	贸易额	3112	2833	2183	1382	1211	15779
	占比(%)	19.7	18.0	13.8	8.8	7.7	68.0

资料来源：根据商务部网站数据整理。

全球金融危机对我国出口的影响给我们敲响了警钟，欧债危机的

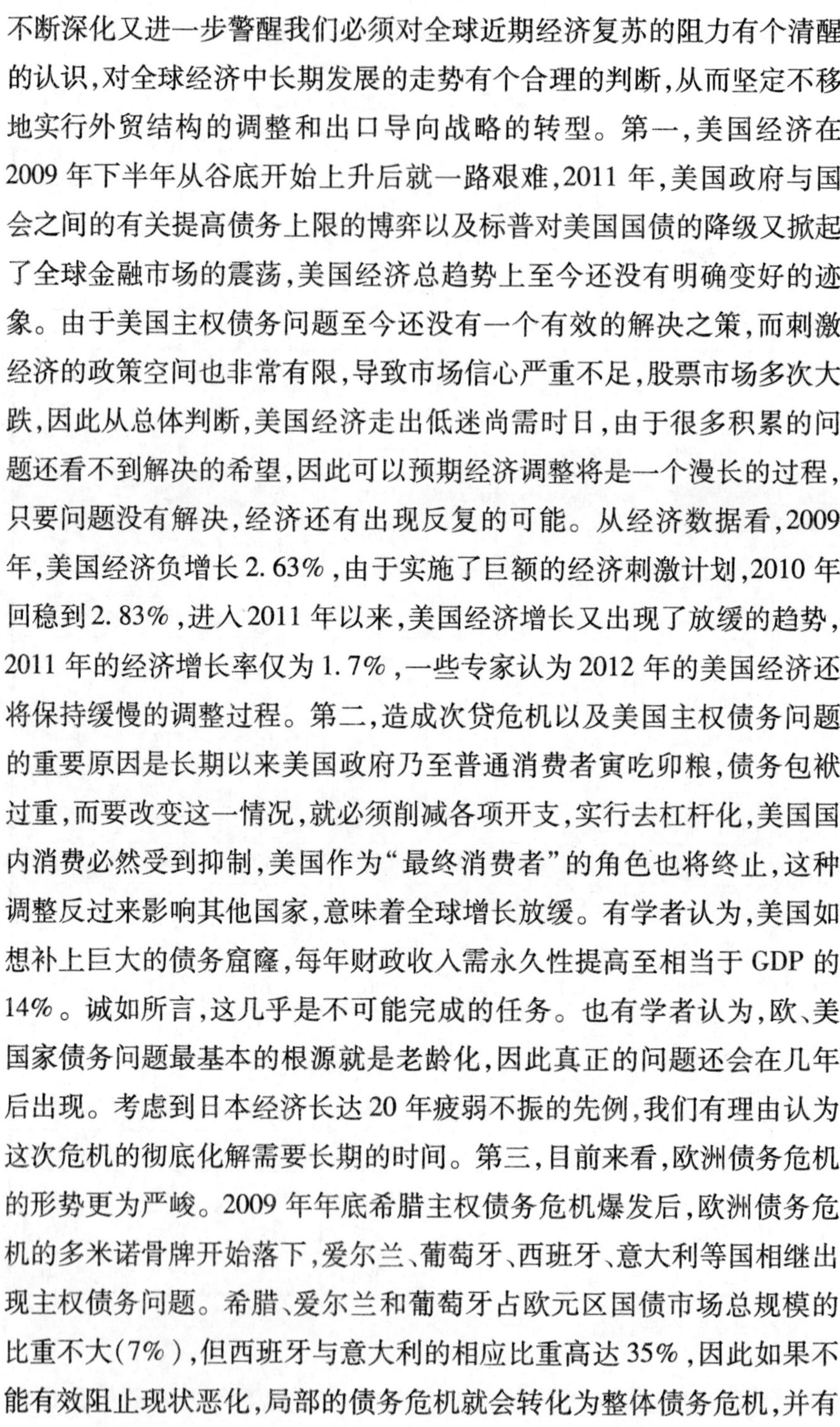

不断深化又进一步警醒我们必须对全球近期经济复苏的阻力有个清醒的认识，对全球经济中长期发展的走势有个合理的判断，从而坚定不移地实行外贸结构的调整和出口导向战略的转型。第一，美国经济在2009年下半年从谷底开始上升后就一路艰难，2011年，美国政府与国会之间的有关提高债务上限的博弈以及标普对美国国债的降级又掀起了全球金融市场的震荡，美国经济总趋势上至今还没有明确变好的迹象。由于美国主权债务问题至今还没有一个有效的解决之策，而刺激经济的政策空间也非常有限，导致市场信心严重不足，股票市场多次大跌，因此从总体判断，美国经济走出低迷尚需时日，由于很多积累的问题还看不到解决的希望，因此可以预期经济调整将是一个漫长的过程，只要问题没有解决，经济还有出现反复的可能。从经济数据看，2009年，美国经济负增长2.63%，由于实施了巨额的经济刺激计划，2010年回稳到2.83%，进入2011年以来，美国经济增长又出现了放缓的趋势，2011年的经济增长率仅为1.7%，一些专家认为2012年的美国经济还将保持缓慢的调整过程。第二，造成次贷危机以及美国主权债务问题的重要原因是长期以来美国政府乃至普通消费者寅吃卯粮，债务包袱过重，而要改变这一情况，就必须削减各项开支，实行去杠杆化，美国国内消费必然受到抑制，美国作为“最终消费者”的角色也将终止，这种调整反过来影响其他国家，意味着全球增长放缓。有学者认为，美国如想补上巨大的债务窟窿，每年财政收入需永久性提高至相当于GDP的14%。诚如所言，这几乎是不可能完成的任务。也有学者认为，欧、美国家债务问题最基本的根源就是老龄化，因此真正的问题还会在几年后出现。考虑到日本经济长达20年疲弱不振的先例，我们有理由认为这次危机的彻底化解需要长期的时间。第三，目前来看，欧洲债务危机的形势更为严峻。2009年年底希腊主权债务危机爆发后，欧洲债务危机的多米诺骨牌开始落下，爱尔兰、葡萄牙、西班牙、意大利等国相继出现主权债务问题。希腊、爱尔兰和葡萄牙占欧元区国债市场总规模的比重不大（7%），但西班牙与意大利的相应比重高达35%，因此如果不能有效阻止现状恶化，局部的债务危机就会转化为整体债务危机，并有可能向金融机构转移,再一次引发全球金融危机。但由于这些国家核心竞争力下降,经济增长缺乏有力的支撑,长期依靠财政赤字和大量举债维持优厚的福利制度,因此在金融危机的冲击下,结构性的财政问题暴露出来,经济随即陷入严重衰退①,而对欧债危机的恐慌引发的国债收益率上升又损害了这些国家的长期偿债能力,这些国家承诺的财政紧缩措施也进一步恶化了短期经济增长前景,可见,欧债危机目前还难以找到满足各种约束条件的"解",不管是外部救助,还是债务重组,寻求解决办法既需要政治智慧,也需要时间的催化。目前欧元区经济增长趋于停滞状态,而在欧元区内部,各国经济分化的趋势也越来越明显,这都对解决欧债危机提出了挑战。第四,全球金融危机重创了日本经济,其经济下滑程度甚至超过金融危机的发源地美国。2008 年日本就出现 1.16% 的负增长,2009 年日本 GDP 增长率达到-6.28%,陷入战后最严重的衰退。在一系列扩张性财政金融政策的推动下,2010 年日本经济增长率回升到 3.94%。然而,2011 年 3 月 11 日发生的东日本大地震、海啸以及核泄漏事故重创了日本经济,再加上全球经济减速、日元升值、泰国水灾等一系列事件对日本出口带来的不利影响,2011 年全年经济增长又重新回到负时代。第五,危机对我国所造成的影响,一方面表现为美欧日市场需求的萎缩,由于欧盟出现债务危机的几个国家在我国出口总额中所占份额不大,因此这几个国家对我国的直接影响有限,但由于美国和欧盟普遍采取了财政紧缩计划,居民的购买意愿也大大降低,必然导致对我国商品需求的减少。另一方面,由于美元、欧元对人民币贬值,造成了我国出口产品价格上涨,竞争力下降;而由于美元贬值带来的能源和原材料等初级产品价格的上涨,再加上劳动力成本上升,环境、土地成本的增加,势必造成我国出口企业成本上升,本已很薄的利润空间不堪压缩,企业无法正常经营,一些适应性差的企业甚至歇业、倒闭。此外,长期的外贸顺差,使我国积累了大量

① 资料显示,2009 年和 2010 年,希腊的 GDP 增速分别为-2.3%与-4.4%,西班牙为-3.7%和-0.15%,意大利为-5.2%和 1.3%,同期欧元区 GDP 增速为-4.3%和 1.8%。

外汇储备。而巨额外汇储备,不但在金融危机和欧债务危机中有被缩水的风险,同时大量的外汇储备也增加了人民币升值的压力,造成国内通胀压力不断加大。因此,这种以压低国内要素成本,透支资源环境换取大量贸易顺差的模式受到了广泛的质疑,现在是到了应该调整的时候了。

正像上面分析的那样,国际市场需求疲软的趋势在一段时间内还不可能根本扭转,但我国内需市场发展潜力很大,因此要把经济增长的动力主要放在培育国内市场上来。与1998年在亚洲金融危机背景下提出的扩大内需战略相比,扩大消费需求应该成为新阶段扩大内需的战略重点,同时,投资在工业化和城镇化的过程中也要发挥重要的作用。

第一,我国有13.4亿人口,每年出生人口约1600万人。巨大的人口存量和稳定的增长,就是一个庞大的潜在消费市场。这个消费市场之所以还没有形成应有的规模,主要是由于长期以来收入分配结构的不合理,居民收入没有能够与GDP同步增长,而企业可支配收入占国民可支配收入的比例却上升较快。[①] 同时,由于社会保障不到位,人们对消费存有后顾之忧,所以放弃即期消费而选择储蓄。此外,我国居民储蓄率一直维持在较高水平,根据国外的经验,随着收入水平的增长和社会保障的增强,我国居民消费率将会大幅提高,储蓄率将会适当下调,消费市场需求规模的增长有着巨大的潜力。2010年,我国城乡居民储蓄存款余额30.7万亿元,10年间年均增长17.1%。自20世纪90年代以来,我国的居民储蓄率一直维持在30%左右,2007年我国的居民储蓄率达到33.2%,同期的国民储蓄率为51%。[②] 而经合组织

---

① 1992年,居民可支配收入占GDP的比重为67.8%,到2007年这一比例下降到49.7%。与之相对应,1997年,企业可支配收入占国民可支配收入的比例为13%,2007年上升到22.5%。这一比例的上升推高了储蓄率,同时也对高投资、低消费的运行模式起到了固化作用。

② 国民储蓄率、居民储蓄率以及居民可支配收入占GDP的比重均引自徐诺金:《怎样看待我国的高储蓄率》(《南方金融》2009年第6期),增加的市场规模由这几个数据推算得出。

(OECD)的《经济展望报告》显示,2010年,经合组织20个成员国家庭储蓄率的平均值为6.1%,其中,日本为2.7%,韩国为2.8%,美国为5.7%。历史上,20世纪90年代以前,美国的家庭储蓄率长期保持在7%—10%;日本在1960—1970年,储蓄率保持在17%—20%左右。根据2007年的数据推算,中国家庭储蓄率如果降低7个百分点转化为消费,相当于当年社会消费品零售总额增长10%。所以,在人口众多和快速发展的背景下,只要政策得当,推动有力,国内消费市场的巨大潜能将会不断释放。

第二,新阶段我国市场需求结构已经发生明显变化,但市场成长的动力还有待激发。随着我国进入新的发展阶段,全社会需求结构进入了战略调整期,表现出三个方面的战略性升级趋势[①]:一是从生活必需品向耐用消费品的升级。这方面的趋势已十分明显,以私人轿车为例,2006年我国私人轿车保有量突破1000万辆,达到1149万辆,到2010年私人轿车保有量达到3443万辆,4年增加了2倍,年均增长速度达到31.6%。二是从私人产品向公共产品的升级。随着人民生活总体上达到小康水平,人们对养老、义务教育、医疗保险等基本公共服务的要求越来越高,但这个领域长期滞后的发展尤其是对农村居民缺乏保障使得由此产生的社会矛盾越来越尖锐,也对正常的生活消费产生了挤出效应。这种情况已经开始改善,根据有关报道,从2009年开始,我国所有城市全部实行居民基本医疗保险制度,加上新农合的参保人数,到2009年年底有超过12亿公民享有基本的医疗保障;新型农村社会养老保险试点工作也已展开,我国农民在60岁以后也能享受到国家普惠式的养老金。三是从追求物的发展向追求人的自身发展的升级。这个升级过程也是由二元经济结构向一元结构转变,实现城乡基本公共服务均等化的过程。但如果不从根本上解决人们消费的后顾之忧,即使收入有所提高,人们也只会充实基本生活消费,而难以向追求自身全

① 迟福林:《第二次改革——中国未来30年的强国之路》,中国经济出版社2010年版,第65—70页。

面发展的更高消费层次去拓展。这个推论从近几年我国居民恩格尔系数的变化幅度和趋势可以得到说明。[①] 我国城镇居民恩格尔系数1996年降到50%以下,2000年降到40%以下,2002年以后一直在37%左右徘徊,下降幅度变小,2010年下降到35.7%;农村居民恩格尔系数2000年降到50%以下,2006年以后一直在43%左右,2010年下降到41.1%。我国恩格尔系数的数值和走势,与我国工业化发展阶段以及我国已进入中等偏上收入国家的情况基本是吻合的。但近几年我国城镇居民恩格尔系数下降较慢,城乡之间的差距较大[②],都说明了居民的市场消费遇到了阻力,这个阻力既有来自收入分配、就业等消费能力方面的障碍,也有来自社会保障、消费环境等消费意愿方面的障碍,根本上还是经济发展模式和经济结构方面的问题,因此,激发老百姓的消费动力,扩大消费需求规模,实现由生产大国到消费大国的转变,关键还是转变经济增长方式和调整经济结构。

第三,城镇化将为我国经济增长创造出一个长期的内需释放过程。[③] 长期以来,我国工业化超前于城市化,并形成了我国产出水平高于需求水平,国内总需求与总供给规模严重不对称的局面。2010年,我国城镇化率为49.95%,根据工业化中后期国家城市化水平一般不低于55%的经验数据,我国城镇化水平的差距还很大。这也意味着由于城市化进程缓慢影响了消费需求的形成和释放,出现了结构性的失衡,但坏事在某种条件下也能转化为好事,在全球金融危机和欧债危机导致的全球经济持续低迷,市场需求急剧下滑的背景下,我国城镇化进程的加快无疑为我国经济增长带来了一个持续的"双马力"驱动,既可

---

① 恩格尔系数是食品支出总额占个人消费支出总额的比重。根据联合国粮农组织的标准,恩格尔系数在59%以上为贫困,50%—59%为温饱,40%—50%为小康,30%—40%为富裕,30%以下为最富裕。

② 1998年我国城镇居民人均可支配收入是农村居民人均纯收入的2.5倍,仅4年时间,到2002年,这一比例上升到3.1倍,从2003年到2010年,这一比例一直在3.2—3.3倍徘徊,至今还没有看到有明显的缩小的趋势。

③ 分析参考了王建:《人口城市化是扩大内需的战略方向》,《中国经济导报》2009年4月19日。

以引发大规模的投资需求,也会引发更多的消费需求,从而最大限度地抵消“第三马力”(出口)的影响。其中的生产性投资、城市建设所需要的基础设施投资、房地产投资既可以为优质产能找到出路,也可以在国外市场疲软的背景下通过技术升级、设备更新对现有过剩能力进行强制调整。同时,也为扩大消费需求准备充分的物质支持条件。

第四,清洁能源和低碳技术产业应该为扩大内需战略助力并得到较快发展。在低碳革命的推动下,清洁能源和低碳技术产业已经成为世界各大国竞相发展的战略产业。近年来我国在清洁能源领域发展较快,目前我国水电装机全球第一,太阳能热水器的利用规模全球第一,核电在建规模全球第一,累计风电装机容量全球第一,说明新能源产业已经成为我国经济新的增长点,对经济增长起到了拉动作用。然而,新的能源技术和新能源产业的发展不应仅仅局限在对经济增长量的拉动上,更应该体现在对经济发展质的改善上。在以往出口导向战略下,我国经济发展的质量没有得到应有的重视,表现之一就是能源利用的效率低,能源成本被低估作为出口产品的价格武器,致使大量的能源消费向高耗能产品倾斜,影响了能源效率的改善。1997 年,我国建设型耗能占全社会能耗比重为 31. 4% ,2002 年下降到 29. 8% ,2007 年又迅速增加到 34. 0% ;而出口型耗能比重一直在上升,三个年份的比重分别为 23. 2% 、26. 8% 、30. 5% ;消费型耗能的比重则不断下降,三个年份的比重分别为 45. 4% 、43. 5% 、35. 5% 。[①] 三种类型的耗能基本上形成了三分天下的局面。我国能源消耗也以惊人的高速增长。[②] 为此,“十一五”规划明确提出了单位国内生产总值能源消耗降低 20% 的约束性目标,在这一目标基本实现的基础上,“十二五”又进一步提出了非化石能源占一次能源消费比重提高到 11. 4% ,单位 GDP 能耗和二氧化碳

① 中国能源中长期发展战略研究项目组:《中国能源中长期(2030、2050)发展战略研究(节能、煤炭卷)》,科学出版社 2011 年版,第 6 页。

② 从 2003 年以后,我国能源消费一度呈现高度增长,很多年份能源消费的增长快于 GDP 的增长,“十一五”期间由于国家出台了降低单位 GDP 能耗的约束性目标,情况有所扭转。2003 年以后,我国能源消费弹性系数分别为:1. 53(2003 年)、1. 59(2004 年)、1. 02(2005 年)、0. 87(2006 年)、0. 54(2007 年)、0. 78(2008 年)、1. 18(2009 年)、0. 47(2010 年)。

排放分别降低16%和17%的目标。这对于我国开发和利用节能技术、发展清洁能源产生了积极的影响。近年来，我国能源技术效率提高较快，能源节约的效果越来越明显（见表2－11），例如，如果以2010年火电发电量为基数，那么应用2010年这个时期的发电技术比应用1980年、1990年、2000年相应时期的发电技术所节省下来的煤，分别相当于2010年印度煤炭消费量的90%、日本煤炭消费量的1.6倍、俄罗斯煤炭消费量的1.3倍。① 可见，能源技术的进步对经济发展和社会进步的推动力量是非常巨大的。目前，我国个别能效指标已经达到国际先进水平，但多数指标与国际先进水平还有一定的差距，由于我国能源消费的基数大，即使单位能耗指标差距已不大，但体现在总能耗的差距上，我国每年多耗费能源的数量，就可以相当于一个耗能大国当年消费的总量。所以提高能效对我国的意义重大，也意味着我国节能市场潜力很大，应该成为我国扩大内需的主要动力之一。

表2－11　我国火电及钢产品能源效率提高情况

能耗	单位	1980年	1990年	2000年	2005年	2007年	2009年	国际先进
火电发电煤耗	克标准煤/(kW·h)	413	392	363	343	333	320	299
火电供电煤耗	克标准煤/(kW·h)	448	427	392	370	356	339	312
钢可比能耗	千克标准煤/t		997	784	714	668	595	610

资料来源：中国能源中长期发展战略研究项目组：《中国能源中长期（2030、2050）发展战略研究（节能、煤炭卷）》（科学出版社2011年版）。钢可比能耗为大中型企业的指标。

我国目前实行的扩大内需战略有两个层次的含义：一是由出口导向战略转变为扩大内需战略；二是由主要依靠投资拉动扩大内需转变为把扩大消费需求作为战略重点。之所以强调扩大消费需求的主导作

① 在2010年全球煤炭消费量前十名国家排序中，印度列第三名，其消费量为中国的13.3%，日本列第四，其消费量为中国的7.2%，俄罗斯列第五，其消费量为中国的5.5%。第二名是美国，其消费量为中国的30.6%（根据商务部网站五矿化工频道数据推算）。

用,不仅是因为以往以投资为主扩大内需的政策出现的一些偏差需要纠正,更重要的是,最终消费才是拉动扩大内需的持久动力。在拉动经济的“三驾马车”中,消费扮演的是拉动经济持续增长的“辕马”的作用。尽管消费拉动经济增长的主导作用的形成还需要一个长期过程,但有关战略与政策应该在现阶段启动。

专栏2-1 研究经济发展阶段时常用的几个概念

1. 中等收入陷阱

“中等收入陷阱”(Middle Income Trap)是指当一个国家的人均收入达到中等水平后,由于不能顺利实现经济发展方式的转变,导致经济增长动力不足,最终出现经济停滞的一种状态。世界银行《东亚经济发展报告(2006)》认为,很少有中等收入的经济体成功地跻身为高收入国家,这些国家往往陷入了经济增长的停滞期,既无法在工资方面与低收入国家竞争,又无法在尖端技术研制方面与富裕国家竞争。这就形成了所谓的“中等收入陷阱”。

国际上公认的成功跨越“中等收入陷阱”的国家和地区有日本和“亚洲四小龙”,但就比较大规模的经济体而言,仅有日本和韩国实现了由低收入国家向高收入国家的转换。日本人均国内生产总值在1972年接近3000美元,到1984年突破1万美元。韩国1987年超过3000美元,1995年达到了11469美元。拉美地区和东南亚一些国家则是陷入“中等收入陷阱”的典型代表。像巴西、阿根廷、墨西哥、智利、马来西亚等,在20世纪70年代均进入了中等收入国家行列,但直到2007年,这些国家仍然挣扎在人均国内生产总值3000至5000美元的发展阶段,并且见不到增长的动力和希望。

一个经济体从中等收入向高收入迈进的过程中,既不能重复又难以摆脱以往由低收入进入中等收入的发展模式,很容易出现经济增长的停滞和徘徊,人均国民收入难以突破1万美元。进入这个时期,经济快速发展积累的矛盾集中爆发,原有的增长机制和发展模式无法有效应对由此形成的系统性风险，经济增长容易出现大幅波动或陷入停滞。大部分国家则长期在中等收入阶段徘徊，迟迟不能进入高收入国家行列。

为什么发展水平和条件十分相近的国家，会出现不同的发展命运，关键是能否有效克服中等收入阶段的独特挑战。错失发展模式转换时机，难以克服技术创新瓶颈，对发展公平性重视不够，宏观经济政策出现偏差，体制变革严重滞后等是拉美地区和东南亚一些国家陷入"中等收入陷阱"的主要原因。

2. 刘易斯拐点

"刘易斯拐点"是由诺贝尔经济学奖获得者阿瑟·刘易斯(W. Arthur Lewis)在人口流动模型中提出的劳动力过剩向短缺的转折点。按照刘易斯提出的"二元经济"发展模式，经济发展过程是现代工业部门相对传统农业部门的扩张过程，这一扩张过程将一直持续到把沉积在传统农业部门中的剩余劳动力全部转移干净，直至出现一个城乡一体化的劳动力市场时为止。

该模式分为两个阶段：一是劳动力无限供给阶段，此时劳动力过剩，工资取决于维持生活所需的生活资料的价值；二是劳动力短缺阶段，此时传统农业部门中的剩余劳动力被现代工业部门吸收完毕，工资取决于劳动的边际生产力。由第一阶段转变到第二阶段，劳动力由无限供给变为短缺，现代工业部门的工资开始上升，第一个转折点，即"刘易斯第一拐点"开始到来；当二元经济发展到第二阶段后，随着农业的劳动生产率不断提高，农村剩余劳动力得到进一步释放，现代工业部门的迅速发展足以超过人口的增长，工资也会上升。当传统农业部门与现代工业部门的边际产品相等时，也就是说传统农业部门与现代工业部门的工资水平大体相当时，意味着一个城乡一体化的劳动力市场已经形成，整个经济——包括劳动力的配置——完全商品化了，经济发展将结束二元经济的劳动力剩余状态，开始转化为新古典学派所说的一元经济状态，此时，第二个转折点，即"刘易斯第二拐点"开始到来。

3. 人口红利

“人口红利”是指一个国家的劳动年龄人口占总人口比重较大，抚养率比较低，为经济发展创造了有利的人口条件，整个国家的经济呈高储蓄、高投资和高增长的局面。一国人口生育率的迅速下降在造成人口老龄化加速的同时，少儿抚养比例迅速下降，劳动年龄人口比例上升，在老年人口比例达到较高水平之前，将形成一个劳动力资源相对丰富、抚养负担轻、对于经济发展十分有利的“黄金时期”，人口经济学家称之为“人口红利”。“人口红利”并不意味着经济的必然增长，但经济增长一旦步入快车道，则“人口红利”势必会成为经济增长的有力助推剂。

“人口红利”对生产领域的影响主要体现在劳动供给上。一般来说，当一个国家劳动年龄人口增长停止后，劳动力数量不足的问题会很快到来。但在城乡二元结构的情况下，数量庞大的农村人口仍然能够在相当长的时间内为城镇提供劳动力资源。从对消费和储蓄的影响来看，劳动年龄人口增长停止或者说老龄人口比例增加在一定时期内并不必然带来储蓄率的下降，相反还有可能使储蓄率进一步上升。在老龄化的初期阶段，新进入老龄阶段的人往往都有较高的储蓄率和储蓄倾向，有人也因此把老龄化的初期阶段看成是第二次“人口红利”期。从这个意义上说，劳动年龄人口丰富的“人口红利”期结束并非“人口红利”的真正结束，只要能够发挥好储蓄的资金效率，让资本得到合理的回报，则第二次“人口红利”仍有可能为经济增长继续注入“活力”。

根据“百度百科”(http://baike.baidu.com/view)有关内容整理。

三、国际气候外交的压力日益增大

1. 发达国家减排矛头的主要指向

根据 IPCC 第四次评估报告，2000—2030 年全球二氧化碳排放增长量中，有 2/3—3/4 将来自发展中国家。虽然发展中国家能源消费和二氧化碳排放的较快增长是由其所处的发展阶段所决定的，并且发达国家历史上也经历过这一过程,现在的大气中二氧化碳积累量绝大部分是由发达国家排放的,但较快的增长速度和较高的增长量占比仍成为发达国家要求发展中国家参与强制减排的借口。

中国面临的压力更大。(1)由于中国人口众多,进入新世纪后工业化和城市化步伐加速,再加上经济全球化带来的高能耗、高排放的制造业大量向中国转移,所以近年来中国能源消费的增长和二氧化碳排放的增长都比较快。2007 年,有国外机构估算 2006 年中国二氧化碳排放量已超过美国,提前成为世界第一大排放大国,由于当时没有统计数据支持,遭到有关专家的反对。我国学者 2009 年年底撰文指出我国二氧化碳排放量已经超过美国,位居世界第一。[①] 根据世界银行 WDI 数据库的数据,2000 年中国二氧化碳排放量为 34.02 亿吨,美国二氧化碳排放量为 57.37 亿吨,中国和美国二氧化碳排放量分别占世界同期排放量的 13.8% 和 23.2%;2007 年,中国二氧化碳排放量上升到 65.33 亿吨,同期美国的二氧化碳排放量为 58.32 亿吨,两国二氧化碳排放量分别占到世界同期排放量的 21.3% 和 19.0%。在排放量增长速度上,从 1990 年到 2007 年,中国二氧化碳排放年均增长 5.9%,大大高于全球平均增长速度 1.8% 和美国的增长速度 1.1%,也高于印度的增长速度 5.1%。(2)中国人均二氧化碳排放量迅速上升。1990 年中国人均二氧化碳排放量是世界平均水平的 50.3%,2000 年上升为 60.1%,2005 年则达 92%。2007 年中国人均二氧化碳排放量达到 5.0 吨,虽然仍大大低于 19.3 吨的美国人均排放量,但已经超过了 4.6 吨的全球平均水平。在发展中国家中,2007 年中国的二氧化碳排放量排在第二位,是印度的 4.1 倍,人均排放量也是印度的 3.6 倍。在这样的状况和趋势下,中国不可避免地成为发达国家要求发展中国家减排的矛头指向。在 2007 年的达沃斯世界经济论坛上,不管是当时的英国首相布莱尔还是德国总理默克尔,都强调应该建立一个包括中国等温室气体排放大国在内的新排放体系。布莱尔还说,即使英国一点温室气

① 潘家华:《中国应务实应对气候变化》,《财经》2009 年第 25 期。

体都不排放,也仅能削减世界总量的 2%,还不足中国在两年中的温室气体排放增量。[①] 在哥本哈根气候大会上,美国坚持要将中国纳入一个具有法律约束力的新协议框架,并在核查问题上再度向中国施压。对于中国到 2020 年单位国内生产总值二氧化碳排放比 2005 年下降 40% 到 45% 的承诺,美国气候谈判首席代表斯特恩(Todd Stern)在发布会上多次表示,如果没有透明度和核查,就很难确定中国的行动符合国际标准。其隐含的意思很明显,核查问题不仅关乎中国的减排承诺能否落实,也同美国能作出多少承诺直接"挂钩"。[②]

一些欧美学者从另一个角度表达了对中、印等国参与减排的期望。如著名的《斯特恩报告》的主持者,英国的斯特恩勋爵就从未来全球排放空间解读中国应采取的减排政策。他的分析如下:2010 年中国排放量约为 80 亿—90 亿吨二氧化碳当量,如果单位产值排放量保持不变,到 2030 年中国碳排放量约为 300 亿—350 亿吨。而按照保持气温升幅控制在 2 摄氏度以内的全球目标要求,全球排放量必须低于 350 亿吨,约为 300 亿—320 亿吨。按照这样的计算,中国可能会消耗整个世界的预算排量。中国如果实现了政府承诺的到 2020 年将单位 GDP 二氧化碳排放量在 2005 年基础上减少 40%—45%,则意味着在保持经济年增长 8% 的情况下,到 2020 年碳总排放量将为 114 亿吨;而要保证 2030 年中国排放量控制在 140 亿—150 亿吨(这个数字占到了全球预算碳排放总量的一半。目前对于发达国家的要求是碳排放总量减少,而对于发展中国家来说,要求总量减少不现实。中国仅承诺单位 GDP 能耗下降,总量依然将增长),则意味着从 2020 年到 2030 年,中国每 5 年要减少 29%、10 年要减少 50% 左右的单位 GDP 排放量。他因此得出这样的结论,除非中国和印度这样的人口大国能大力减排,否则全球不可能实现 2050 年的减排目标。[③]

经济学家谢国忠在 2007 年发表的"全球变暖的挑战"一文中认

① 王以超等:《气候危机》,《财经》2007 年第 3 期。
② 钱亦楠:《哥本哈根未竟之业》,《财经》2009 年第 26 期。
③ 朱钰:《斯特恩:坎昆可能仍是一个"过程"》,《财经》2010 年第 24 期。

为,中国最有力的论据,是其人均二氧化碳排放量为经济发展与合作组织平均水平的一半。这一自我辩护的论据将在15年后失效。因为到时中国的人均二氧化碳排放水平就将达到经合组织的水平。由于中国的总人口数大于整个经合组织的人口数量,而新的全球二氧化碳排放机制将不以人均排放量为标准,因此,中国的经济发展不受二氧化碳限制的时间将不会超过15年。由此他认为中国需要在今后的五到十年里调整其发展模式。① 对于中国经济增长模式的转变,目前并不存异议,但对于转变过程所需的时间和排放空间,尚有不同看法。很多专家认为,由于目前中国的经济增长模式尚未完成转变,资源禀赋又不同于大部分现有发达国家,加上数据和资料的缺乏,现在就预测中国需要多少的温室气体排放量,就足以支持现代化进程,仍然为时过早。② 无论学者们如何建议,随着中国经济发展的成效日益加深,来自发达国家咄咄逼人的减排压力也会越来越大,这是一个不争的事实。

2. 发展中国家阵营分化带来的压力

在应对气候变化的问题上,发展中国家是一个庞大又有着不同国情和利益诉求的群体。一方面,它们有着共同的利益,都赞成和支持"共同但有区别的责任"的原则;另一方面,气候变化对它们的影响不同,它们排放温室气体的情况以及减缓排放的压力也不同,因此,在气候谈判过程中表现出立场的差异、出现分化是正常的现象。77国集团加中国作为发展中国家的代表,在气候谈判中起到了重要的作用。该组织包括了130多个国家,其成员国众多,经济差距较大,磋商机制相对松散,因此该组织内的国家和地区在气候问题上存在着较多的分歧。其他利益相关组织包括了非洲国家组织,主要强调他们在气候变化问题及相关问题上的弱势;小岛国家联盟,主要表达了对于不断上升的海平面的担心;雨林国家联盟,虽然属于非官方组织,但也经常就气候问题发表联合声明;最不发达国家,由世界上最贫穷的49个国家组成,是

---

① 谢国忠:《全球变暖的挑战》,《财经》2007年第22期。

② 王以超等:《气候危机》,《财经》2007年第3期。

受气候变化影响最大的群体之一。虽然上述很多国家也是77国集团成员，但最不发达国家和小岛国家联盟比其他任何集团都更加强烈地呼吁中国和印度等发展中大国应该削减碳排放，采取更加严厉的措施来应对气候变化。

值得注意的是，由于国际政治的复杂性和应对气候变化行动的长期性，与中国情况相似的其他发展中大国的气候政策是否有可能面临较大的调整，原先坚持的不接受强制减排的政策在以美国为代表的发达国家的压力和利益诱导下是否有可能发生转变，确实存在着不确定性。举例说明，虽然《清洁能源与安全法案》未获参议院批准，但其一贯的政策思路已经比较清楚，即美国仅对实施了强制性减排的国家或实施了强制性行业减排的国家才开放碳排放交易市场。在2020年之前，林业项目和农业项目会是美国碳交易市场的主体，其中林业项目应该主要来自巴西、印度尼西亚等国家。据报道，在哥本哈根气候大会召开之前，巴西政府宣布了计划到2020年将温室气体排放量在预期基础上减少36.1%至38.9%。巴西的水电和生物质能源在发展中大国中走在前列，其二氧化碳排放主要来自大面积的砍伐森林。目前巴西林场总面积为36万平方公里，只要在其中18%的林场实现缩减毁林面积80%的目标，就相当于少排放1.21亿吨二氧化碳。但作为发展中国家，对于限制砍伐，退耕还林等措施的实施，巴西政府迫切需要也一直要求发达国家提供资金援助。因此有专家认为巴西的自愿减排目标的确定可能与其试图参与这些林业项目的碳排放交易有关。印度在哥本哈根大会前夕也表现出积极的态度，印度环境与森林部长在2009年10月11日的哥本哈根论坛上宣布，印度将实施一个“人均+战略”，即在目前人均排放量远低于世界平均水平的情况下，到2020年印度仍将比1990年减排20%—40%，从而不仅领先于许多发展中国家，而且也不弱于欧盟和日本。印度将进行国内立法，强制性地限制温室气体排放。①

① 吴越佳:《哥本哈根没有悬念》,《财经》2009年第24期。

目前，基础四国的基本立场相同，维护了发展中国家的整体利益。然而，在纷繁复杂的国际形势下，基础四国之间以及基础四国与其他发展中国家之间还需要保持和加深沟通，协调政治立场和应对策略，在应对行动中采取适合的方式既谋求本国的利益，又维护发展中国家的整体利益。在基础四国中，中国是最大的排放国，由能源禀赋和产业结构所决定的减排难度也最大，同时，中国的快速发展日益受世界瞩目，随着中国的发展和大国地位的提高，发展中国家阵营内对中国减排的期待也许会更高。因此，必须认识到中国加快发展低碳经济的重要性和紧迫性，也应该有在气候问题上发展中国家阵营还可能发生分化的准备，要未雨绸缪，及早采取措施，化解压力，在全球应对气候变化的行动中，维护中国的根本利益和大国形象。

3. 遏制中国发展暗流形成的围堵

冷战持续了四十几年，结束还不到二十年，西方世界抹去冷战的思维还不容易。这方面表现突出的是美国。针对的矛头从冷战时期的苏联转向了近二十年迅速发展的中国，把中国看成“假想敌”与“挑战者”，“中国威胁论”一度甚嚣尘上。在这种思维下，把中国的正常发展看成是对他们的威胁和挑战，在行动中就必然强调防范和遏制中国。近些年又提出“中国责任论”，认为中国应在全球性挑战上发挥“特殊作用”，包括在气候变化问题上接受强制性减排义务，其目的与“中国威胁论”一样，就是要增加中国的发展成本，削弱中国的竞争力，从而遏制中国的发展。

第二节　中国低碳化崛起的涵义、挑战和意义

在一个有 13 亿人口、历史悠久、幅员辽阔的东方大国实现民族的复兴和国家的崛起，无疑是 21 世纪最有意义的大事。与西方大国崛起不同，中国崛起最大的特点就是和平发展，而回顾西方国家崛起的历程几乎都与动荡和战争有关。更有意义的是，中国崛起走的是一条既借

鉴了西方现代化的经验,又不同于西方模式的发展之路,是一条有中国特色的崛起之路。

进入21世纪,随着全球气候变化形势日益严峻,尤其在全球金融危机后,欧美国家把发展低碳经济作为绿色复苏战略的主要内容,全球各国也逐渐形成共识,把发展低碳经济作为全球经济结构调整的基本方向。经济低迷的发达国家为了保护国内市场,还可能以推行低碳减排为借口设置所谓的"绿色壁垒"。在此形势下,我国经济发展方式转变与经济结构调整的步伐开始加快,低碳化成为经济转型的一个主要特征。

这意味着中国的崛起之路要在低碳化的约束下走完。众所周知,在西方国家崛起的历程中,除了战争掠夺外,大肆消耗自然资源和能源,无节制地生产、消费和浪费,也是它们实现经济迅速扩张的重要途径。即使在主张人际公平的当代文明下,西方国家的人均碳排放仍然是发展中国家的若干倍。中国在工业化和城镇化还没有完成的情况下,在低碳约束下实现现代化,其道路必定充满艰难与挑战,但这种历史趋势是不可避免的,其意义也是划时代的,这也是为什么本书在"崛起"前冠以"低碳化"的原因。

一、中国低碳化崛起的涵义

1. 中国崛起的时代特征

任何大国崛起都不可能脱离它们所处的历史时代。18世纪下半叶世界进入了工业革命的时代,以往仅凭武力强权实施对殖民地扩张和掠夺积累财富的大国路线,开始被经济强权与武力强权相结合,商品输出与殖民扩张相结合的大国模式取代。英国有利于资本主义生长的政治制度、自由竞争的市场经济和相对开放宽松的社会结构,使英国成为工业革命的领导者,雄踞世界之巅长达一百多年。美国崛起的历史条件更为复杂。南北战争扫除了资本主义发展的最大障碍,使美国进入了所谓的"镀金时代"。金融垄断资本在美国的高度发展,第二次工业革命后世界工业重心向美国的转移,以及在第一次世界大战中获取的战争红利等因素，使美国一举赶上并超过英国。作为移民国家和新教国家，美国更为宽松的政治，更自由开放的经济，更活跃的科技创新活动，是促其成为世界强国的内在因素。第二次世界大战后以美元为中心的资本主义世界货币体系的确立，使美国世界头号强国的地位更加巩固。

进入21世纪后，世界面临大变革大调整，尤其是全球金融危机后，美国经济、政治在受到巨大冲击的同时也备受指责，重建国际经济政治新秩序的呼声越来越高，世界多极化、经济全球化、发展低碳化成为不可逆转的潮流，西方霸权日薄西山、新兴国家迅速壮大也已成为不争的事实。虽然世界的前途还存在着不确定性，但和平与发展仍然是时代主题。

中国的崛起无疑给世界的前途增添了稳定因素和动力因素。首先，中国的崛起需要和平的环境，中国的崛起也给世界带来和平。回顾世界历史，西方国家崛起的过程几乎都伴随着动荡与战争。中国崛起的最大特点就是和平，这是人类历史的一个奇迹。中国崛起所走的和平发展之路，是由中国几千年热爱和平的文明历史传统，以及现行的和平发展国策决定的，因此说，中国崛起给世界和平带来了稳定因素。其次，战后美国经济一直起着世界经济火车头的作用，全球金融危机火车头失去了动力后，发达国家经济普遍陷入低迷之中，世界经济迫切需要新的动力出现。中国经济经过改革开放三十多年的发展，经济总量连续翻番，经济活力旺盛不减，在全球化深入发展的今天，中国经济的继续发展壮大，必然会给蹒跚的世界经济注入新的活力。这是中国崛起给世界发展带来的动力因素。第三，在国际政治关系中，多极化的趋势有助于在大国之间形成相互竞争和相互制约的机制，对军事霸权主义形成制约力量。中国的崛起，可以深化多极化趋势，对世界的安全与稳定起到积极的平衡作用。第四，经济全球化是世界经济发展的必然趋势，但全球金融危机的爆发和蔓延，使经济全球化受到了前所未有的挑战。中国经济的高速发展得益于经济全球化，但也不能否认，中国的总量失衡和结构失调也是在全球化加快的背景下形成的。因此，必须对经济全球化有一个全面的认识。一是全球化意味着资本的全球扩张和各国的金融风险加大，由于发展中国家抵御风险的能力较弱，一旦出现危机受到的影响就会很大；二是国际化生产意味着全球产业链分工有可能固化，发展中国家被限制在高能耗、高污染、附加价值低的一端，如果不能走出低端产业链，发展中国家受剥削的命运就不会改变；三是全球化并不意味着必然的贸易自由化，贸易保护主义威胁一直存在，而受害最深的还是发展中国家。因此，经济全球化是一把双刃剑，中国要利用好经济全球化的机遇，但同时又要避免全球化的负面影响，保障经济安全和金融安全，通过转变发展方式，调整经济结构，向产业链的高端迈进。当前，全球经济形势面临严峻的挑战，对全球经济治理进行改革的要求日益迫切，在此背景下，中国的崛起将为此注入积极和有益的因素。第五，低碳发展是21世纪世界经济发展的新趋势，虽然表现为应对全球气候变暖的行动，但本质上是对传统经济发展模式的反思和纠偏，是在严峻的资源环境形势下的必然选择。中国在新世纪初就提出走新型工业化道路，这是一条科技含量高、经济效益好、资源消耗低、环境污染少、人力资源优势得到充分发挥的新型工业化路子。但由于高速增长的惯性作用，我国经济结构调整的步伐相对滞后，一些结构性矛盾还在深化。外汇收入虽然大幅增加，但附加值增长依然缓慢；单位GDP能耗虽然降低，但总能耗增长依然较快，对环境污染的治理虽然加强，但环境改善的程度并未同步提高。这些矛盾如果得不到解决，将直接影响中国未来的发展。与新型工业化道路相呼应，中国也应该走一条有中国特色的低碳发展之路。这条道路应该是在经济全球化的大背景下，以现代化为目标，将新型工业化、信息化、低碳化结合在一起的发展道路。

2. 中国低碳化崛起的涵义

所谓低碳化崛起是指在低碳发展的约束条件下完成工业化，实现中国向现代化强国的转变。或者说，低碳化崛起是在资源环境日益严峻的形势下，将新型工业化、信息化、低碳化有机结合在一起，转变经济发展方式，促进经济和社会和谐发展和可持续发展，从而实现向现代化

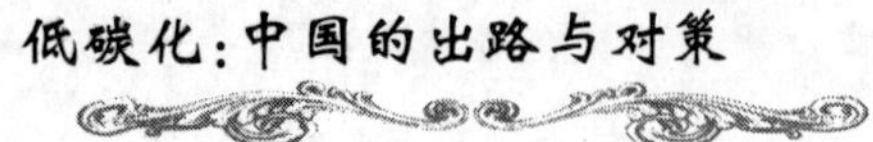

转型的过程。前者强调的是结果,后者强调的是过程,但都把低碳发展作为约束条件。从世界各大国发展和崛起的道路看,还没有任何在低碳化约束条件下崛起的先例。

低碳化最初是一个能源和环境领域的专业词汇,在这里我们把它赋予了与工业化、信息化一样的功能,其目的是从人类社会发展和进步的高度去认识低碳化,从人类文明进化的角度去理解低碳化。因为实现工业化以后,人类社会和人类文明必然向知识社会和知识文明迈进,而低碳经济、低碳社会是其重要的经济和社会特征。因此,低碳化在此是个大概念,它指的是低碳发展的进程,也就是向低碳经济转型和向低碳社会过渡的进程,具有时代的特征和文明发展进化的意义,绝不能仅仅将它理解为二氧化碳排放强度和排放量的不断减少。后者只是前者的一个指标特征。

正确认识低碳化和低碳经济,还必须厘清几个认识上的误区。[①]第一个误区是低碳化意味着由高碳向低碳的转型,包括了能源结构的转型,必然导致经济体系的高投入、高成本、低效益、低增长。这种认识不全面。我们给出的判断是,转型是必然的,过程是可控的,成本是可负担的,效益是可预期的。目前全球储存的化石能源仅够使用100—200年,为可持续发展和子孙后代生计,现在也到了节约能源资源,研究开发可替代能源的时候。中国人均能源资源储量大大低于世界平均水平,且资源环境形势日益严峻,迫切需要转变高耗能、高污染的发展方式。新能源替代传统能源需要一个长期的过程,前期相对较高的投入符合市场规律[②],资本积累和技术积累在中后期会释放出巨大的市场竞争力,从而获得巨额利润回报,这也是为什么发达国家纷纷加大对清洁能源产业投资的原因。再者,成本的概念在不同的核算体系下含

① 在此站在保护发展中国家发展权益的立场上,对发展低碳经济存在的模糊认识进行了辨析。某些发达国家提出的极端化的减排模式和观点不属于认识问题,在此没有论及。

② 麦肯锡公司曾推算中国构建绿色经济需要在未来20年投资约40万亿元。从静态看是一个很大的数字,但以年度为基础进行动态计算,这部分资金相当于中国同期GDP的1.5%—2.5%。这样的投资强度是经济可以承担的。

义也有所不同，市场营销上的成本一般是指企业的核算成本，而由高耗能、高污染的发展方式导致的社会成本的增加并没有分摊到企业成本中去，所以我国企业所具有的低成本比较优势是不全面的。低碳化使经济成本增加某种意义上是使成本回归到了反映社会公平的正常水平，这种“回归”是经济发展和社会进步的必然结果。当然，由于成本增加，会导致暂时的竞争力减弱，效益降低，增长速度下滑，但随着技术创新和管理创新对经济增长贡献的增强，成本增加的损失将被“创新红利”所弥补，产业链分工也将实现从低端向中高端的跨越。这个认识误区的要害就是站在原有的发展方式中预设问题，得出的自然是有悖于原有发展模式的结果。当然，罗马不是一天建成的，低碳经济也要一步步发展。担心发展低碳经济可能会削弱我国产品的市场竞争力是完全可以理解的，这就要求我们在制定低碳战略时，必须兼顾当前与长远，把握好低碳化的力度和节奏，避免激进的低碳化行动，防止经济转型过程中的产业空洞化和落入“中等收入陷阱”。第二个误区是发展低碳经济是发达国家的事，中国工业化中期阶段不宜发展低碳经济。这个认识误区涉及了三个问题：发展低碳经济是否受经济发展阶段的限制；低碳经济是否是零碳经济；低碳经济是否是减排经济。先回答后两个问题，首先，低碳经济不是零碳经济。为了保证经济的正常运行，任何国家的经济结构中都必定有一定比例的高碳产业，中国处于工业化和城镇化的发展中，对经济基础设施、房地产以及耐用消费品的需求旺盛，因此能源、钢铁、建材、化工等高碳产业必须保持适度的发展，才能满足这些需求。发展低碳经济不是消灭这些高碳产业，而是尽可能提高能源效率，降低这些产业的能源消耗，因此用先进的能效技术和管理技术改造这些产业是实现低碳发展目标的关键。其次，从控制温室气体的角度考察，低碳经济包括了减少碳源和增加碳汇两个方面，其中减少碳源，也就是节能减排更具有现实作用。与碳源、碳汇的具体数量变化相比，减少碳源，增加碳汇的机制更为重要，从这个意义上讲，低碳经济应该是建立了减排长效机制的经济，而不能简单概括为减排经济。第三，从前面两项回答中，我们可以看到，低碳经济与高碳产业并不截然对立,低碳经济允许高碳产业存在,也允许高碳产业依照市场需求适度发展,但低碳经济下的高碳产业发展必须考虑能源资源的有限供给和环境容量的承受限度,必须把能效技术进步放在首位。在经济高度发展后高碳产业的转移是依照产业结构高级化的规律进行的,低碳化不应打破这一规律,而应辅助这一规律实现产业结构的升级。此外,低碳经济作为促进整个社会经济朝向高能效、低能耗和低碳排放发展的新的发展模式,与排放数量也不绝对挂钩。不管是在发达国家,还是在正在进行工业化的发展中国家,发展低碳经济既有解决目前全球气候变化问题和摆脱资源环境困境的现实意义,也会对建立可持续发展的经济和社会产生深远影响。虽然发展低碳经济不受经济发展阶段的限制,但经济发展阶段会对在什么样起点发展低碳经济,如何发展低碳经济,设定什么样的阶段目标和总目标等具体的战略和策略问题产生影响,这就要求发展中国家在制定低碳发展战略时,应注意与发达国家的差别,稳妥地发展低碳经济。第三个误区是发展低碳经济是应对全球气候变化的产物,目标是减缓二氧化碳排放。而造成当前气候危机的主要责任方是发达国家,发展中国家没有必要急着发展低碳经济。发展低碳经济始于应对气候变暖的考虑,但并非仅为气候变暖而考虑,因此发展低碳经济并不仅仅为应对气候变化,也是为了经济和社会的可持续发展。这在前面已经论及,在此不再赘述。在全球气候谈判上,目前博弈的焦点是发展中国家是否一同参与约束性的量化减排,以及发达国家向发展中国家转移技术和资金等问题。对于这些问题,发展中国家必须坚持“共同但有区别的责任”的原则,反对发达国家的无理要求,维护发展中国家的发展权益,同时要求发达国家对气候变化承担主要责任,切实履行量化减排、技术转让和资金支持等义务。作为谈判策略,发展中国家可以以发达国家履行减排和技术资金帮助义务的情况为前提,确定自己的应对气候变化行动,以迫使发达国家作出更多的努力。但在本国发展战略和经济政策上,发展中国家不应该受气候谈判的影响,而要按部就班地发展本国的低碳经济。人类只有一个地球,无论是发达国家还是发展中国家都应该为地球家园贡献自己的力量。发展中国家可以通过"无悔"减排和志愿减排等方式,积极推进本国的减缓气候变化的行动。

二、中国低碳化崛起面临的挑战

1. 以煤为主的能源赋存结构不利于减排

我国的能源禀赋条件不好,从人均占有能源资源来看,水能、煤炭、石油、天然气人均占有量只有世界人均水平的25%、60%、6.2%、6.7%,能源总体上是紧缺的。从能源储量看,我国水能资源经济可开发总量为4.02亿kW,资源储量还是比较丰富的,但主要分布在西南高山深谷地区,由于开发难度大、成本高,因此开发程度还比较低。我国煤炭资源探明剩余可采储量为1145亿吨,居全球第三位,但大多分布在干旱缺水的中西部地区,总体开采条件不好。我国石油资源探明剩余技术可采储量仅为31.7亿吨(2010年年底数据),天然气资源探明剩余技术可采储量为3.8万亿立方米(2010年年底数据),二者都有增加探明储量的潜力,尤其是天然气储量增加的潜力很大,但对我国多煤少油缺气的资源结构的影响有限。我国风能、太阳能、生物质能等可再生能源资源量巨大,但其开发利用程度主要取决于技术和经济因素,目前只能作为辅助能源。可见,我国以煤为主的能源生产和消费结构还会持续相当长的时间。目前,煤炭占到我国一次能源生产和消费总量的77%和70%。我国85%的发电能力为燃煤发电,年消耗煤炭占煤炭总产量的50%。

煤炭作为能源的一个非常不利的影响,就是带来的环境污染较为严重。在温室气体排放方面,单位热量燃煤引起的二氧化碳排放,比使用石油、天然气高出约36%和61%,而单位热量燃煤引起的传统污染物(二氧化硫、氮氧化物等)排放则更高。为此,欧盟从20世纪90年代开始使用天然气替代煤炭进行发电,1995年以来,天然气发电每年占欧盟电力生产新增投资的50%—60%,天然气消费比重不断增加,煤炭消费的比重在逐年减少,天然气已成为欧盟成员国主要能源品种,地位超过煤炭。例如,英国1990年天然气在一次能源中的比重为22%,

到2008年这一比重提高到40%，煤炭的比重由31%下降到17%。仅此一项，英国2008年二氧化碳排放相对于1990年减少了7%。然而，我国能源消费的基数太大，发展速度又较快，在我国发展速度较快的年份，两年的电力新增装机就相当于英国全国的装机容量，这就决定了我国能源消费结构的调整，不可能像英国那样采用扩大进口清洁能源替代的方式，而必须在充分依据资源赋存条件组织生产和消费的前提下，通过依靠技术进步逐渐提高非化石能源的比重，不断提高煤炭燃烧效率，减少有害物质排放等渐进的方式进行。目前，我国在高效燃煤发电技术以及脱硫、脱硝、除尘技术应用上都取得了长足的进展，但在技术和装备开发上与发达国家还存在一定差距，某些技术装备为国外公司所垄断，使得我国技术改造成本相对较高，不利于技术的进步和产业的发展。国家"十二五"规划将二氧化硫、氮氧化物减排，单位GDP能耗和二氧化碳排放降低，以及非化石能源占一次能源消费比重提高都列为约束性指标，将对节能减排技术的进步和能源结构的调整起到积极的促进作用。在二氧化碳捕集与封存技术（CCS）方面，由于捕集与封存过程需要消耗大量的电力，发电成本会大量增加，并且还需要解决地下储存长期管理的风险，因此，目前还无法大规模使用。[①] 我国发电机组存量大，技术不足和资金缺乏的障碍短期内难以克服，CCS技术的应用在我国需要更长时间的适应和调整。因此，仅从我国以煤为主的资源禀赋条件和需要满足庞大的能源需求这两点来分析，在我国发展低碳经济将比其他国家面临更大的困难和挑战。

2. 城镇化进程中能源消费增长刚性依然很强

我国的城镇化是随着工业化进程的加快和农业生产力水平的提高，在大力发展外向型经济的基础上推进起来的。1978年我国城镇化率仅为17.92%，1995年达到29.04%，17年间提高了11个百分点；1996年以后，我国城镇化进入了加速发展阶段，2010年我国城镇化水

① 根据有关资料，CCS技术可以减排80%—90%的二氧化碳，但同时使自用电增加14%—25%，供电成本上升21%—78%。从中长期看，如果CCS技术成熟度和推广利用规模能够提高，CCS的成本可能逐渐下降并趋于可接受水平。

平达到49.95%,15年间又提高了21个百分点。然而,与工业化中后期城市化率的平均水平(55%—60%)相比,我国的城镇化发展还相对滞后,今后发展的空间还很大,城镇化进程还将保持在一个较高的速度。

在发达国家的城市化过程中,产业结构经历了从以农业为主向以工业为主的转变,人均耗能和能源强度在同时期快速上涨。当城市化完成以后,产业结构转为以第三产业为主,能源强度也随之下降,人均能源需求进入相对缓慢增长甚至平稳的阶段。据统计,1996—2006年,欧美26国能源消费年均增长率为0.62%,而同期发展中国家能源消费年均增长率为4.36%。我国现阶段城市能源消耗快速增加,排放量随之增大,是城镇化发展的必然结果,其中由于劳动力向城市转移所产生的能源消费需求的增加和城市扩容对能源投资需求的增加具有明显的刚性。有资料显示,城市居民能源消耗量是农村居民的3.5倍。假设消费型能耗占总能耗的1/3,我们可以粗略估算出,每一名农村人口进入城市生活,将在原有的基础上每年增加1吨标准煤左右的能源消耗。如果加上城市扩容的基础设施、房地产等的建设能耗,以及由于城市人口增加带动的消费品投资所增加的能耗,我国每年由于城镇化而增加的能源消费至少应为能源消费总量的1.5—2个百分点,其中绝大部分是刚性消费。如果把我国人均能源消费水平还很低,能源消费需求在整个工业化和城镇化的进程中将一直旺盛等因素考虑进来,我国能源消费总量不断增长的趋势不可避免,总量控制中必须给刚性增长留出空间。这也是摆在我国发展低碳经济前面的一个艰巨挑战。

3. 重化工业适度发展,能耗仍然处在高位

从我国工业化进入重化工业阶段算起,至今仅有十年发展时间。我国重化工业消耗了大量能源、资源,对环境造成了一定程度的破坏,国内产能过剩而国际市场受到倾销调查等问题也一直在困扰着产业的健康发展。但在备受争议的同时,我国重化工业在产量规模上确实也创下不俗业绩。1996年我国钢产量跃居全球第一,2006年我国成为钢

铁净出口国，原来大量依靠进口的汽车造船用钢实现了基本自给；2009年我国汽车产销量首次超过美国，排在全球首位，说明我国重化工业由基础型向高度加工组装型的过渡正在进行。

中国作为全球最大的发展中国家，人口众多，疆域辽阔，经济总量庞大，政治上独立自主，决定了中国的经济发展必须以自力更生为主，同时积极参与国际分工，利用好全球的资源。如果没有重化工业的雄厚基础，经济建设、国防建设、城市化进程、民生改善将无从谈起。如果重化工业产品只瞄准国内市场而不积极参与国际市场竞争，那么其质量和竞争力也无法提高。从工业化发展进程来看，高新技术产业和现代服务业的发展也要以重化工业的发展为基础。因此，重化工业目前在我国不是发不发展的问题，而是怎样发展的问题。

近十年来，我国高耗能行业一直呈现过度发展的趋势，虽然期间由于国家实施了节能减排政策，过度发展的势头一度被抑制，但由于体制原因尚未根本消除，一旦条件允许，过度发展的势头还可能卷土重来。在重化工业发展初期，2003—2005 年高耗能行业投资增速分别高达43.9%、43.1%和31.9%，近几年在国家调控政策的作用下，高耗能行业投资增速明显回落，2009、2010、2011 年分别为 21.8%、14.7%和18.3%。从 2007—2010 年六大高耗能行业①的增长率与 GDP 增长率、工业增加值增长率、规模以上工业增加值增长率的对比中可以看出（见表 2－12），即使在国家加强节能减排的“十一五”期间，个别年份、六大高耗能行业的增长率仍然超过规模以上工业增加值的增长率，其他年份差距也不是很大，四年中，六大高耗能行业增加值增长率超过工业增加值增长率，更超过 GDP 增长率。根据国家能源局公布的数据，2011 年前 5 个月，电力、钢铁、建材、有色、化工和石化等六大行业合计用电量约占全社会用电量的 48%，对全社会用电增长的贡献率高达42.7%。可见，这些高耗能行业过度发展的势头还在蔓延，对我国如何

① 六大高耗能行业分别为：化学原料及化学制品制造业、非金属矿物制品业、黑色金属冶炼及压延加工业、有色金属冶炼及压延加工业、石油加工炼焦及核燃料加工业、电力热力的生产和供应业，即我们通常所说的化工、建材、钢铁、有色、石化、电力行业。

发展低碳经济也是个考验。

表 2-12 2007—2010 年六大高耗能行业发展速度比较表

年份	GDP 增长率（%）	工业增加值增长率（%）	规模以上工业增加值增长率（%）	六大高耗能行业增加值增长率（%）
2007	14.2	13.5	18.5	18.9
2008	9.6	9.5	12.9	10.0
2009	9.2	8.3	11.0	10.6
2010	10.4	12.1	15.7	13.5

资料来源：历年《国民经济和社会发展统计公报》。

目前，合理控制高耗能行业发展规模势在必行。使重化工业保持在一个适度发展的水平上，使全社会能源消费总量控制在一个合理的水平上，才能在保证市场需求得到有效满足的情况下，同时满足资源环境和可持续发展的要求。需要指出的是，即使重化工业在优化结构，减少排放的前提下，由于其存量基数十分庞大，其能耗总量和排放总量还将保持在高位，并在工业化期间难以大量削减，这种情况与发达国家完全不同，是我国发展低碳经济要解决的一个难题。

4. 体制性障碍根本消除还需要时间

为了积极应对气候变化，我国政府确定了到 2020 年我国单位国内生产总值二氧化碳排放比 2005 年下降 40%—45%，非化石能源占一次能源消费的比重达到 15% 左右等自主性减排目标。国家“十二五”规划也明确提出了到 2015 年，非化石能源占一次能源消费比重达到 11.4%，单位国内生产总值能耗和二氧化碳排放分别降低 16% 和 17% 的目标。

实现节能减排目标有多种途径，一是优化一次能源供给结构，如增加非化石能源的比重，或在化石能源中增加单位热量排放少的能源（如天然气）的比重；二是调整和优化耗能产业的技术结构，淘汰落后技术和装备，推广使用先进高效节能技术和装备，如关停小火电机组、淘汰落后产能等；三是调整和优化产业结构，降低能源需求规模，转变能源需求结构，如鼓励发展高新技术产业和服务业，限制发展高耗能产业，抑制重复

建设等；四是推广实施更为严格的能效标准，在工业、交通、建筑、生活等各个领域推广使用先进的节能技术（包括节能管理技术）和节能产品，如节能环保汽车、节能空调、节能灯等；五是政府通过财政税收、金融信贷、战略产业发展、进出口等政策引导和支持节能减排；六是通过宣传教育引导社会大众投身建设低碳社会，提倡低碳生活。

就解决目前普遍存在的高耗能、低效率而言，上述几种途径中，第二种途径针对性强、见效快、易实施，但对合理控制总量增长效果不明显，在投资和出口的拉动下，更大规模的先进技术装备替代了落后产能。例如，"十一五"期间全国共关停小火电机组 7210 万千瓦，占 2010 年总装机容量的 8%，占 5 年新增装机容量的 16%。第一种途径是实现低碳发展长远目标的途径之一，但由于技术、资金以及成本等问题，目前，这个途径还存在明显的瓶颈。"十一五"期间我国风电发展的形势令人鼓舞，风电新增装机容量连续四年翻番，到 2010 年年底，累计装机容量 4473 万千瓦，装机规模达到世界第一位。但与我国庞大的装机容量相比，目前风电装机仅占 4%。由于风电场资源的限制，后续发展难以一直保持高速增长，再加上并网存在的问题，实际并网装机数量仅占 70%，造成风电的实际发电量还很小，因此对风电的发展还不能过分乐观。[①] 第三种途径是结构减排，即按照三次产业演变的规律，推动耗能低的第三产业部门的发展，减少耗能高的部门在产业结构中的比例来推动节能减排。值得注意的是，我国以低端产品为主的出口结构，一定程度阻滞了我国工业结构的调整优化。出口产品明显带有低端高碳的特征，以 2007 年的数据为例，我国出口产生的增加值仅占当年 GDP 的 27%，但产生的完全碳排放却占到 34%。因此，产业结构的优化调整必须同时考虑出口结构的优化调整。由于目前我国经济结构失调现象比较严重，预期调整后带来的结构性红利比较明显。因此有学者指出如果没有发展模式的根本性转变和产业结构的实质性调整，我

① 目前，风电的电力生产量还不高，以 2009 年为例，风电装机容量为 1613 万千瓦，占总装机容量的 1.85%，而风电的发电量为 269 亿度，仅占当年电力生产总量的 0.75%。

国无法完成2020年的减排目标。并且预测，结构调整对实现2020年减排目标的贡献率为62%—67%。[①] 第四种途径是目前发达国家普遍采用的提高能效的做法，对节能减排意义重大，但由于实施路径长，应用领域广，既需要市场机制充分发挥作用，也需要政策和资金的强力推动，因此要想取得普遍性的成果，还需要在市场机制和政府推动的结合上作出更多的探索。

我国节能减排过程，是多种途径各种手段综合运用的过程。但不管采用什么途径和手段，必须有强大而持续的动力推动，才能实现预期目标。需要指出的是，在节能和二氧化碳减排领域，存在着市场失效，这就意味着有市场动力不足的先天缺陷。同时，随着容易解决的问题逐渐解决，减排的边际效应会逐渐减弱，要啃的骨头会越来越硬，因此具有可持续的动力是节能减排顺利、持久推动的关键。改革开放三十年来，我国市场机制不断完善，尤其在竞争性领域，市场机制的基础性作用得到较好的发挥，但在垄断性、公共产品，以及其他存在外部性的领域，对于市场失效，政府应对的方式还比较单一，通常是采用行政命令控制的手段，缺乏政府与市场合理有效的组合，很少采用基于市场的激励手段。从发达国家的经验来看，实现了排放权交易的国家，节能技术的推广应用和减排的效果一般都较好。我国目前市场基础条件和行政监管等方面还存在一定的差距，推广总量限制和交易机制（Cap and Trade）还需要探索，但在发挥市场激励作用方面应该给予更多的尝试。此外，在基础能源价格上，电价的改革滞后于其他能源价格的改革，加剧了目前电力供应紧张，耗能产业难以压缩的局面，也影响到了可再生能源的进一步发展和节能技术的广泛推广应用。这些问题都涉及我国经济体制的深层次矛盾，如果不通过深化改革突破这些体制性障碍，节能减排的科技创新动力和市场动力就不可能释放，节能减排的长期目标也难以实现。

① 刘卫东等：《我国低碳经济发展框架与科学基础——实现2020年单位GDP碳排放降低40%—45%的路径研究》，商务印书馆2010年版，第2页。

三、中国低碳化崛起的重大意义

1. 中国已经进入大国责任时代[①]

改革开放三十年来,中国取得了举世瞩目的成就。从经济总量指标看(见表2-13),2010年,中国的国内生产总值超过日本,排在世界第二位,仅次于美国;2009年,中国的出口总额超过德国,首次居全球第一,进出口总额和进口总额也跃居全球第二;从2006年开始,中国的外汇储备连续居全球之首。这一系列的第一、第二足以说明中国在世界经济中的地位日益增强,也佐证了改革开放后中国崛起过程中艰难而光辉的历程。但从人均国内生产总值指标看,1978年,中国排在168位,经过三十几年的努力,中国也才刚刚排在121名。[②] 中国与发达国家的差距还很大,中国还属于发展中国家。中国崛起的进程才刚刚开始,远未达到目标。

表2-13 1978—2010年中国主要经济指标世界排名

年份	GDP	人均GDP	进出口贸易总额	出口额	进口额	外商直接投资	不包括黄金的国际储备
1978	10	168	29	33	29	—	38
1979	10	164	26	34	24	126	33
1980	11	162	25	29	22	57	36
1981	11	164	21	18	22	29	18
1982	9	163	21	16	23	19	9
1983	8	160	20	18	20	16	8
1984	8	158	16	18	17	8	7
1985	8	163	11	17	11	7	12
1986	8	167	12	16	11	10	13
1987	11	164	17	16	14	13	11

① 本小节参考了迟福林:《第二次改革——中国未来30年的强国之路》,中国经济出版社2010年版,第一章。

② 根据《中国统计年鉴2011》,2010年在参与排序的215个国家和地区中,我国的人均GDP排在第121位。

续表

年份	GDP	人均 GDP	进出口贸易总额	出口额	进口额	外商直接投资	不包括黄金的国际储备
1988	10	158	15	16	14	12	11
1989	11	153	15	14	14	10	11
1990	11	183	16	15	18	12	9
1991	10	176	14	12	15	11	7
1992	10	170	11	11	13	6	15
1993	9	158	11	11	11	2	17
1994	8	159	11	11	11	1	6
1995	8	151	11	11	12	2	4
1996	7	148	11	11	12	2	3
1997	7	144	11	10	12	2	3
1998	7	142	11	10	11	3	3
1999	7	140	10	9	11	8	4
2000	6	140	8	7	8	9	4
2001	6	136	6	6	6	6	4
2002	6	133	6	5	6	2	2
2003	6	131	4	4	3	1	2
2004	6	131	3	3	3	2	2
2005	4	132	3	3	3	4	2
2006	4	132	3	3	3	4	1
2007	4	127	3	2	3	6	1
2008	3	130	3	2	3	3	1
2009	3	125	2	1	2	2	1
2010	2	121	2	1	2	2	1

资料来源：迟福林：《第二次改革——中国未来 30 年的强国之路》，中国经济出版社 2010 年版；2008 年以后的数据根据国家统计局《中国统计年鉴 2011》、《国际统计年鉴 2011》整理，由于统计范围不同，不同资料的排序有所差别。

随着我国经济实力的不断增强，国人的大国梦渐行渐近，国际社会对中国的期盼越来越高。中国应在某些领域发挥大国作用、承担大国责任成为客观趋势。对此，我们既不能消极回避，也不能脱离中国作为发展中国家的客观现实，大包大揽，去履行超越发展阶段、超出中国实

际能力的责任和义务。

中国进入大国责任时代后,在如何履行应尽的大国责任和义务上,我们认为有几个原则应妥为处理。

第一,共同受益、发展为先的原则。中国的发展应该使其他国家受益,但使其他国家受益绝不能建立在制约甚至阻断中国发展的基础上。以发展低碳经济为例,中国应坚决主张发展低碳经济,这是中国大国责任的体现,但如果把现阶段的中国视同发达国家一样,实行量化减排,无疑是打碎了中国人民赖以生存的饭碗,中国的工业化和城镇化进程将会阻断,数亿人口的生活将会固化在中低收入的边缘,更谈不上1.22亿贫困人口的脱贫。因此,中国作为发展中国家,发展的任务仍然是第一位的。发展就会有排放,所以必须在加快工业化和现代化进程与发展低碳经济之间找到有机的结合点,这个结合点应该在转变经济发展方式、调整经济结构中去寻找。

第二,慎重承诺、践行承诺的原则。言必信,行必果。信守承诺是中华民族的传统美德,中国的大国责任不仅意味着担当,也代表着信誉,所以对于任何重大的承诺都应采取审慎的态度。在亚洲金融危机中,为防止危机的进一步蔓延,中国向全世界承诺"人民币不贬值",为此中国经济承担了巨大的代价,但也赢得了亚洲和世界各国的称赞。在这次全球金融危机中,中国政府配合国际社会,采取了积极的财政政策和适度宽松的货币政策,实施了两年4万亿元的经济刺激计划,对全球经济尽快复苏起到了关键作用。中国政府多次重申不能也不会在不适当的条件下改变政策方向,尽管我国宏观经济在2009年率先实现企稳回升,并面临日益严峻的通胀威胁,直到2010年10月,才采取小幅加息的抑制通货膨胀措施。为了积极应对全球气候变化,中国政府在"十一五"规划中把节能作为约束性目标;2007年颁布实施了《应对气候变化国家方案》。2009年9月,在联合国气候变化峰会上,胡锦涛主席郑重承诺"中国将进一步把应对气候变化纳入经济社会发展规划,并继续采取强有力的措施。一是加强节能、提高能效工作,争取到2020年单位国内生产总值二氧化碳排放比2005年有显著下降。二是大力发展可再生能源和核能，争取到2020年非化石能源占一次能源消费比重达到15%左右。三是大力增加森林碳汇，争取到2020年森林面积比2005年增加4000万公顷，森林蓄积量比2005年增加13亿立方米。四是大力发展绿色经济，积极发展低碳经济和循环经济，研发和推广气候友好技术”。[①] 2009年11月25日国务院常务会议对单位国内生产总值二氧化碳排放显著下降作出了进一步的细化，承诺到2020年，我国单位国内生产总值二氧化碳排放比2005年下降40%—45%，并作为约束性指标纳入国民经济和社会发展中长期规划。这一过程体现了中国政府严谨认真的作风，也凸显了中国履行大国责任的风范。

第三，善意应对、鲜明立场的原则。不管是对那些希望中国承担“大国责任”的善意呼声，还是对那些声言“中国责任论”，强调中国应发挥“特殊作用”，意在遏制中国的发展的别有用心的论调，中国都应该给予善意的沟通，认真的回应，同时表现出坚决的态度，鲜明的立场，树立中国作为发展中国家而非发达国家、发展中大国而非现代化强国的观念。周知各方中国会充分履行发展中大国的责任和义务，但中国的发展权应受到尊重和保护，中国的发展只会有利于世界经济和政治的发展和稳定，中国经济停滞受害的不仅是中国，世界经济也会受到严重的影响。总之，通过善意的沟通和理性的应对，既维护中国的大国形象，也维护中国的切身利益。

2. 开创大国崛起新模式

大国崛起从来都有属于自己的独特道路，无法简单地复制和模仿。要想破解大国崛起之谜，就必须找到一条适合自己的发展道路，这条道路既要符合本国的国情，又要满足时代的需要。只有那些在第一时间找到了适合自己的道路，并作出突出成绩，形成了强大的综合国力和核心竞争力的国家，才能在世界舞台上充当主角。可见，开创性是任何大国实现崛起不可回避的课题。

① 胡锦涛:《携手应对气候变化挑战——在联合国气候变化峰会开幕式上的讲话》，新华网:http://news.xinhuanet.com/world/2009-09/23/content_12098887.htm。

中国崛起至少可以从两个方面体现出开创性。一是和平发展。历史上所有的既成大国都试图维护符合自己利益的世界秩序，而那些正在崛起的大国又试图打破这种秩序，重新建立符合自己利益的新秩序，于是血与火的动荡与战争似乎贯穿了西方大国崛起的全过程。中国的和平发展，打破了这一历史魔咒。当然，中国的和平发展也得益于当前国际政治多极化的趋势，得益于和平与发展的时代大环境。在经济上，全球金融危机和欧债危机暴露了发达国家经济上的深层矛盾，更难掩饰发达国家经济走下坡路的现实，而对于中国，危机的外部冲击与我国发展方式转型的周期重合在一起，形成了倒逼机制，促进我国经济尽快实现转型。中国经济进入了转型发展的新阶段，只要体制完善，战略得当，应对及时，中国经济还将迎来充满希望的三十年。在中国崛起之路上，经济发展是基础，政治外交是手段，国防建设是保障，有了这三条，中国的崛起之路就是和平发展之路。二是低碳化崛起。为什么要给中国崛起套上"低碳化"的紧箍咒？因为全球人口资源环境条件发生了变化。在美国进行工业革命的19世纪初，世界人口才有10亿；到第二次世界大战前，世界人口才超过20亿；到了日本完成战后重建、实现经济现代化的20世纪70年代初，世界人口才达到40亿。时间过去40年，根据联合国的估计，2011年10月底全球人口已达到70亿。在过去250年工业化发展过程中，传统大国崛起消耗了大量的资源，在已消耗的资源中，美国占30%，俄罗斯占8%，德国占7%，英国占6%，日本占4%。[①] 以250年的时间，耗费世界70%以上资源，解决了不到10亿人口的现代化问题，至今还在坐享奢侈消费而把高能耗、高污染的项目向发展中国家转移，这种大国崛起的模式并没有什么可以称道的地方。而中国在日益严峻的资源环境形势下，在低碳发展的前提下实现现代化，走完大国崛起之路，这种发展模式才是值得褒奖和弘扬的。

---

① 根据这些国家1850—2005年二氧化碳历史排放数据推算这些大国崛起对能源资源的消耗量占比，主要是想揭示这些国家对能源和资源的大量消耗，而非统计学意义的分析。美国占比29.25%，欧盟27国占比26.91%，俄罗斯占比8.05%，日本占比3.81%，加拿大占比2.19%，澳大利亚占比1.09%，这些国家的占比相加结果为71.3%。

第三章　中国低碳发展之对策

前面我们讨论了世界低碳革命的种子正在蓬勃孕育，而在这场将决定人类社会发展方向和命运的潮流面前，中国必然选择一条低碳发展的道路。当然，这条道路不可能是某些发达国家要求中国走的那种超越发展中国家责任和中国现有能力的激进式的低碳化道路，也不可能是发达国家工业化过程到现在所曾走过的自然过渡式低碳化道路，而是一条符合中国国情，反映中国经济发展所处阶段和体现中国经济包容性增长的低碳发展之路。

如何走出一条中国特色的低碳发展之路，关键是要科学合理，符合市场经济发展规律，并且与解决中国现阶段主要经济和社会问题紧密结合的低碳化发展应对之策。这里面涉及低碳发展的动力机制问题，其核心就是要处理好政府与市场的关系，目标是要形成政府与市场组合的激励机制；也涉及低碳产业与科技融合发展的问题，重点是要解决好低碳发展的科技创新带动和产业基础支撑的问题；还涉及如何形成低碳发展的社会共识以及在全社会范围内开展低碳行动等问题。总之，在发展低碳经济的过程中，必须解决好市场带动、政府推动、科技先导、产业支撑、社会支持等问题。这里需要指出的是，走低碳发展之路或发展低碳经济决不仅仅是发展低碳技术，培育低碳产业这么简单，而是要促成经济发展模式、经济结构乃至人们生活方式的根本性转变，这是一个长期的过程，面临着严峻的挑战，需要突破传统发展观和消费观的束缚，也必须打破体制机制、利益格局等深层次矛盾的制约，因此决

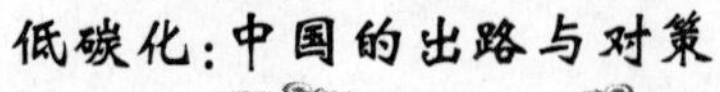

不能掉以轻心。

第一节　政府与市场组合的激励机制

虽然经济学中关于政府与市场边界的争论一直没有停止过,但从20世纪发达国家经济发展历程可以看出,强调自由市场和强调政府干预其实是在交替着变化并左右着政府的政策取向。两种取向在不同时期都有成功地解决当时经济困局的例子,但是一般认为,政府干预短期内收效比较明显,但长期来看,市场的基础作用是最为根本和普遍的。因此,在政府与市场的关系中,政府只能在市场失败的情况下才行使相应的替代作用,由于同样存在着政府失败,所以政府应该把保护产权和推动竞争作为更主要的职能,要为经济发展提供良好的法律环境。在低碳经济领域,存在着市场失败的现象,因此应积极发挥政府的政策导向作用,但发挥政策作用也应以最大限度地调动市场的调节功能为前提。

我国改革开放以来经济的快速发展,其主要动力来源于以市场化为取向的经济体制改革,然而经过了20年的市场经济发展历程,原有的某些促进因素由于内外部环境的变化有可能成为制约因素,因此要想不断获得改革红利,则需要持续的体制机制创新去驱动。目前我国市场化改革正处于攻坚克难的关键阶段,这一方面说明改革的难度很大,同时也意味着一旦取得重大突破,将为新一轮的经济增长注入强大的动力。低碳经济是一种高能效、低能耗和低碳排放的经济发展模式,发展低碳经济是转变经济发展方式,调整经济结构的重要内容,它们的动力都来自于制度性创新,因此,低碳发展的动力机制实际上也是突破旧体制机制束缚的持续创新机制,而坚持市场化的改革方向,处理好政府与市场的关系则是构建低碳发展动力结构的关键。

我国之所以长期以来难以转变粗放式的高碳发展模式,与我国经济转型中存在着体制机制障碍有着密切的关系。我国能源价格尚未理顺,还不能有效反映市场供求关系、资源稀缺状况和环境损失补偿;我国的市场体系还不健全,尤其在资金、技术、人才等方面对低碳发展的支持作用明显不足;我国政府改革还不到位,尤其是地方政府追求GDP的导向依然存在,不可避免地削弱了低碳经济发展的动力。因此,必须要从发挥市场机制的基础作用、完善低碳发展的市场体系以及深化政府职能转变,发挥政策工具的指导和激励作用几个方面研究如何切实发展低碳经济和实现经济社会的低碳发展。

一、构建有利于低碳发展的动力结构

一国经济的增长取决于生产要素投入的增加,产业结构的升级,以及技术进步和制度完善。低碳发展体现了投入产出的资源节约和环境友好,体现了能源投入的结构和效率,对传统经济增长模型在资源环境约束方面给予了补充,因此与经济发展方式息息相关。我国经济原有的粗放型增长方式,注定是要高碳发展的,要实现低碳发展,就必须转变经济发展方式,构建有利于低碳发展的动力结构(这个动力也是转变经济发展方式要解决的动力问题)。从经济发展的全局看,低碳发展是当前转变经济发展方式的重要内容。而对低碳发展而言,转变经济发展方式是实现低碳发展的根本出路。

1. 经济增长的动力机理及传统粗放式增长的由来

改革开放三十多年来,中国经济在总量增长上取得了举世瞩目的成就。毫无疑问,中国经济体制改革所释放的经济活力以及在对外开放的格局下内外需两个市场的强劲拉动,是成就三十年快速增长的动力因素,然而,多年粗放式增长所带来的资源耗竭、环境污染、生态恶化、经济结构失衡以及国际贸易摩擦不断等一系列问题,已使这种粗放式的增长方式难以为继,转变经济发展方式已经成为刻不容缓的战略任务。事实上,我国提出转变经济增长方式已有十几年时间,如果追溯到20世纪60年代学术界对中国经济增长方式的讨论,则时间更长。但这些年来转变粗放式增长方式收效甚微,进入21世纪后,粗放式的增长随着我国重化工业的迅速发展和低端产品出口规模的扩大还有强

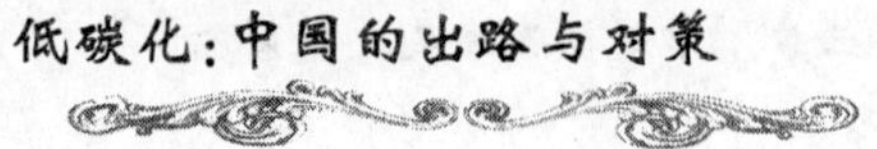

化的趋势。为什么粗放式增长在我国有如此强的蔓延力,传统粗放式增长的动力机理是什么,值得我们深入研究。

经济增长由什么而来?较早时期,经济学家把劳动、资本看做是经济增长的源泉,但在对经济增长因素的分析中,经济学家发现,除了常规的生产要素投入的增加导致经济总量增长外,往往还有一部分增长不能由这种要素增加来解释。也就是说,在生产函数中,除了资本和劳动对产出增加作出贡献外,还有一种未被发现的因素发生作用。稍早的时期,人们把这个未知的因素叫做该生产函数的"残差"(residual)。后来,经济学家逐渐取得了一致的认识,认为这个未知的因素,实际上是一系列技术效率的综合表现,所以将其叫做"全要素生产率"(total factor productivity,简称 TFP)。研究发现,这些效率型的增长是由技术和制度两方面因素推动的,因此与要素投入一样,技术水平和制度条件也是经济增长的动力源泉,但两者只是通过作用于要素发挥作用,改变的是要素产出效率和生产可能性前沿,其中,技术水平决定着要素的使用方式和效率,而制度条件则通过影响要素使用者的激励结构作用于要素的使用方式和效率。全要素生产率很好地解释了发达国家经济增长的主要动力,例如美国在 20 世纪 50 年代的经济增长只有 12.5% 源于资本和劳动投入的贡献,而 87.5% 的增长剩余都应归因于技术进步即全要素生产率的提高。也有经济学家进一步提出技术进步是经济增长的决定性因素,虽然在短期内储蓄率和资本积累的上升能够提高经济增长率,但是从长期来看这些因素对经济增长没有影响,经济增长质量提高的真正源泉在于技术进步和人力资本水平的提高。

尽管全要素生产率在现代经济增长中的作用越来越受到重视,但技术进步和人力资本水平的提高是否可以跨越由资源环境制约所形成的增长的极限,增长模型并未给出明确的解释。自然资源和环境要素对经济增长的作用,在增长模型中并未受到重视。不管是传统增长模型还是现代增长模型,要素的范围始终没有超出劳动和资本两个传统要素,而事实上,在人类增长实践中,自然资源和环境要素始终在发挥着重要作用,这其中既有基于资源要素投入的推动作用,也有基于自然力恢复的约束作用。但早期的西方主流经济学只把自然资源需要付费的部分看做是“经济物品”，而把环境和公共性自然资源看做是“自由取用物品”，假设其是“取之不尽，用之不竭”的。虽然后来经济学家意识到环境领域的市场失灵，提出了将环境外部成本内部化的理论，但把环境付费主要认定为是产权交易，是权利的表达，而非是对自然力恢复的补偿，也非是地球有限性的表达。因此该理论只是对西方主流经济学的一个必要补充，并没有改变西方主流经济学的基本假设和理论框架。

从对经济增长模型的一般分析中，我们可以看到，经济增长来源于几个方面：一是劳动和资本要素，而对劳动要素，又可以从数量和质量两方面考察，随着经济发展和社会进步，劳动力的质量，即“人力资本”所起的作用越来越大。二是自然资源和环境要素（特别是能源要素），自然资源又分为可再生资源和不可再生资源，不可再生资源存量随着其作为生产要素投入的积累的增加会越来越少，最后走向枯竭，而可再生资源的再生循环也是有条件和有规律的。20 世纪 70 年代石油危机后，能源对经济的影响超越了以往任何历史时期，能源越来越成为推动经济增长的重要投入要素。随着全球气候变化的日益严峻，能源在经济增长中扮演的角色也愈加特别，二氧化碳排放与经济增长的伴生关系受到强烈关注，经济增长已经不可能把能源消费和二氧化碳排放的因素排除在外。环境要素是与经济增长的伴随物（包括二氧化碳）——排放联系在一起的。一般情况下，环境对人类的生产和生活所排放的废弃物存在一定的最大容纳限度，即环境容量，一旦突破环境容量，有可能造成对人的伤害或环境恢复的不可逆。在经过大规模工业化和城市化后，自然资源面临枯竭和环境污染加剧成为矛盾的主要方面，这两个要素更多地表现为经济增长的约束条件。三是技术水平和制度条件，它们通过改变要素产出效率和生产可能性前沿来影响经济增长，它们也促进生产要素向高附加值部门转移，在经济增长模型中它们作为全要素生产率进入生产函数。如果说要素投入主要引起纯数量增长，那么全要素生产率表现的则是经济增长中的效率成分和质量

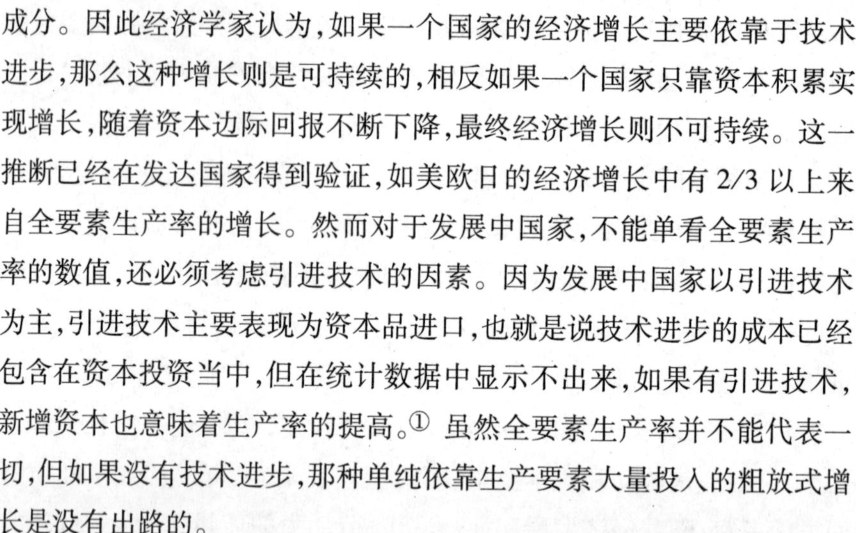

成分。因此经济学家认为,如果一个国家的经济增长主要依靠于技术进步,那么这种增长则是可持续的,相反如果一个国家只靠资本积累实现增长,随着资本边际回报不断下降,最终经济增长则不可持续。这一推断已经在发达国家得到验证,如美欧日的经济增长中有2/3以上来自全要素生产率的增长。然而对于发展中国家,不能单看全要素生产率的数值,还必须考虑引进技术的因素。因为发展中国家以引进技术为主,引进技术主要表现为资本品进口,也就是说技术进步的成本已经包含在资本投资当中,但在统计数据中显示不出来,如果有引进技术,新增资本也意味着生产率的提高。① 虽然全要素生产率并不能代表一切,但如果没有技术进步,那种单纯依靠生产要素大量投入的粗放式增长是没有出路的。

如何判断经济增长是粗放型的还是集约型的?或者是否实现了由粗放型向集约型的转变?关键是看投入要素的产出贡献方式,如果投入要素主要是通过水平扩张推动产出的纯数量增长,传统生产要素在起主导作用,并且忽视自然资源(尤其是能源资源)和环境要素的约束作用,那么这种增长一定是粗放型的;如果投入要素主要通过技术进步、优化配置、提高效率等来提高全要素生产率,尊重自然资源和环境要素的作用,实现以较少的代价获得最大化生产的质量贡献,这种有较高增长质量的经济增长就是集约式增长。如果要素的数量贡献大于质量贡献,即全要素生产率占产出的贡献份额较小,那么这个经济体一定处于高投入、高能耗、高排放的粗放发展阶段,反之,如果全要素生产率的产出贡献大于纯数量的贡献并且仍在继续增加,则表明经济体的增长方式已经显现了转变,并向着又好又快的方向继续发展。②

根据有关研究,粗放式增长具有明显的阶段性特征,几乎每个发达国家工业化进程时都经历过粗放式的增长。在技术水平比较低的条件下,粗放式的增长是一种合理的甚至是必然的选择,这是因为,在技术

---

① 林毅夫:《中国经济专题》,北京大学出版社2008年版,第140页。

② 陈诗一:《节能减排、结构调整与工业发展方式转变研究》,北京大学出版社2011年版,第2—4页。

难以获得,或技术开发面临巨大风险的前提下,用资源替代技术可以获得一定的竞争力;这种选择往往还有一个必要条件,就是资源价格比较低,环境的外部性没有内部化,厂商利用低价格资源可以获得产品的成本价格优势,这个时候大量使用资源,具有短期的经济合理性。但是,资源随着工业的发展而变得稀缺,从而导致资源价格的提高,环境的社会成本也会随着经济发展和社会进步纳入企业成本,因此,在市场机制的作用下,资本会从单纯的资源消耗领域逐步向技术领域转移。其关系是,技术的进步依赖于工业的发展和资金的积累,而工业的发展和资金的积累,需要一定规模资源的消费。从这一意义上说,短期的消耗资源是将来高效率利用资源的基础。粗放式增长尽管在一定的历史时期具有存在的理由,但为了工业竞争力而付出更多的资源和环境代价,毕竟是工业发展的低级阶段的特征。在经济和技术条件已经具备,或者经过努力已经可以达到时,如果仍然采用浪费资源和破坏环境的方式来进行生产,而不能实现向高级阶段的转变,那么这种增长方式不但没有前途,也背离了经济发展所应达到的目标。①

2. 转变经济发展方式是实现低碳发展的根本出路

粗放式增长方式并不是中国经济所特有,但在中国,转变经济增长方式的艰巨性和复杂性却远远超过发达国家的相应发展阶段。在发达国家工业化时期,没有资源环境承载力的约束,要素市场较为发达,其粗放式增长方式可以在市场机制的作用下,通过结构升级和要素重置,逐步向集约式发展转变。而中国经济的粗放式增长,除了外部市场需求的驱动外,还有着较为复杂的体制成因,体制改革不深化,深层次矛盾不解决,则转变经济发展方式就有可能成为一句空话。

根据有关实证研究②,我国工业在 20 世纪 90 年代基本上都采用过污染扩张型技术,这种方式直到 20 世纪末、21 世纪初才开始转变。我国重化工业行业在 1996 年以前一直为污染密集型技术所主导,

---

① 金碚:《科学发展观与经济增长方式转变》,《中国工业经济》2006 年第 5 期。

② 陈诗一:《节能减排、结构调整与工业发展方式转变研究》,北京大学出版社 2011 年版,第 71 页。

1997—2003年转变成能源扩张型技术占先，2003年以后又出现了污染或资本扩张型技术的抬头，而且一直以来技术改变路径都是资本在挤压劳动。我国工业领域确实存在着结构红利效应，但这种由制度变革引起的激励效应在没有新制度出现之前表现出递减的特征。如20世纪80年代由于放松了对劳动用工的管制，农村劳动力可以自由流动，释放了巨大的生产能量，导致了非常显著的要素配置效率，但由于缺少其他的配套改革，这种结构效应在80年代末到90年代中前期已经下降到最低点；随着1992年后价格双轨制的并轨和全国统一市场的形成，以及出口导向型战略的实施，要素配置效率出现第二波提高，但从2001年开始，由于要素市场发展的严重滞后和某些产业政策存在着弊端，粗放发展的势头又有抬头，结构性矛盾愈发尖锐，由要素配置效率所代表的结构效应急剧下降，2006年已经降至历史最低，重工业甚至出现负值。[①] 如果把能源和环境因素考虑进来，2001—2008年全要素生产率对工业增长的贡献度由1992—2001年的27%下降到17%，表明我国工业增长方式不但没有开始转变，粗放式增长反而有强化的势头。上述问题表明，我国在由计划经济向市场经济转变的过程中，原有

① 对我国工业结构再次进入重型化阶段，很多学者从不同视角给出了分析。有学者认为我国改革开放后工业化之所以取得了巨大成就，是因为放弃了传统的重工业优先的赶超战略，而是按照比较优势来选择技术结构和产业结构。而劳动力密集型的轻工业的迅速发展，符合我国的资源状况和要素禀赋，劳动力成本低廉的比较优势得到不断发挥。2001年以后，对推动具有比较优势的劳动密集型制造业发展的动力减弱，造成了行业结构调整和就业之间的矛盾加剧，也使得劳动密集型企业面临招工难、成本上升竞争力减弱，甚至破产倒闭等一系列问题。因此，随着21世纪以来的工业再次重型化，由于要素配置效率的急剧下降，全要素生产率对工业增长的贡献反而下降了。也有学者认为，中国工业发展方式从粗放型向集约型的转变具体到工业结构的调整和转移上，就是从轻工业向重工业化，进而向高加工度化和技术集约化的转变，反映了从劳动密集型向资本密集型，进而向技术密集型逐步升级的客观过程。在一定阶段对重工业优先发展是必要的。我国现在再次进入了工业结构重型化阶段，这固然也是必要的，是工业化进程的一个必经阶段，是大国战略的重要支撑阶段。但是，重化工业具有资本有机构成高、投资需求大、污染排放多等特征，因此，我国再次发展重工业不能走传统的老路，必须强调集约式的重化工业发展路径，依靠信息技术和节能环保技术的创新，使重化工业能够以最小的资源环境代价实现自身的快速发展。其实，这两种观点并不矛盾，加快发展重工业并不意味着削弱具有比较优势的轻工业的发展，同时，重工业的发展也必须依靠技术进步和创新，走新型工业化道路。

体制的弊端不可能一下子消除,有些弊端可能会长期存在,导致经济发展方式的改善出现反复。

随着经济总量规模的扩大,粗放式增长所带来的结构失衡越来越严重,经济可持续发展面临的挑战越来越严峻。在我国,粗放式增长往往是与对增长速度的偏好相伴随的,而维持高速增长主要依靠生产要素尤其是资本和资源要素的不断高强度投入,随着经济规模的不断扩大和物质资本边际效率的下降,维持既定的经济增长速度需要的要素投入也在不断上升。根据国家统计局的数据,中国目前单位 GDP 的固定资产投资量几乎是 20 世纪 80 年代的 2—3 倍。同时,中国为维持 GDP 9% 左右的经济增长速度,所耗用的土地、原材料、水以及能源在总量上也出现了大幅度上升,并直接导致原材料价格的持续上升和能源的全面紧张。① 在产业领域,这种对投资尤其是对政府投资过度依赖的经济增长方式还表现为对工业尤其是对重化工业的热衷发展,其结果是资本对劳动的替代和环境承载能力的下降。这种过度依赖于资本要素的增长方式在分配结构上也必然是偏重资本的,根据有关研究,劳动份额与经济发展水平之间呈现为 U 型曲线关系,即经济发展水平较低和较高的国家,劳动份额较高,而中等发展水平的国家,劳动份额较低,中国目前大致处于 U 型曲线左半支后段。② 可见,在初次分配领域,这种增长方式强化了资本和劳动的收入差距,而在再分配领域,由于社会保障发展滞后,转移支付体系不健全,对初次分配的调节作用还十分有限。低收入水平减低了居民消费意愿,后顾之忧又抬高了预防性储蓄动机,而高储蓄率及其支撑的高资本积累率既鼓励了粗放式增长,又进一步造成国内消费需求的严重不足,经济增长不得不依赖强劲的出口需求得以维系,而不断扩大的出口规模和贸易顺差又带来巨额外汇储备难题和贸易摩擦。这就是进入新世纪后粗放式增长方式对我国经济结构所带来的不利影响。

---

① 沈坤荣等:《经济发展方式转变的机理与路径》,人民出版社 2011 年版,第 16 页。

② 李稻葵等(2009)的跨国研究。沈坤荣等:《经济发展方式转变的机理与路径》,人民出版社 2011 年版,第 11 页。

如何破解这种不良的循环,关键是找到症结所在。从表现形式上看,是由于经济利益的诱导作用,使市场主体选择了粗放式的增长模式,即市场主体通过大规模消耗廉价资源,无偿挤占环境容量(甚至无视环境容量的存在违规超量排放),低价获得土地使用权,以此降低生产成本,获取成本价格上的优势。但如果我们假设市场主体的行为选择总是理性的,那么,隐藏在市场行为背后,影响到市场主体行为选择的关键就是制度环境。很多专家认为,政府及其制度供给是市场主体选择粗放式行为的根源。当然,如果想较好地认识这一问题,还需要从改革开放的初始条件入手分析。

中国的经济体制改革,基于当时利益调整难度大、思想认识分歧多等现实可操作性方面的考虑,是从"增量改革"入手的,其表现出的"从简单到复杂"、"双轨制"等特征,减少了改革的阻力,避免了激进式改革带来的经济和社会动荡,但也回避了经济体制的深层次矛盾,其中有些矛盾在实施了"整体推进"改革战略以后仍没有得到有效解决。20世纪80年代引入的"分灶吃饭"和财政包干制度对推进市场化起到了巨大的作用,但也强化了地方政府的利益取向,因此在激烈的GDP增长竞争的压力下,采用传统体制下一直沿用的依赖要素投入的办法,通过扩大投资规模维持较快经济增长,成为地方政府获得更快增长速度和更高财政收入的通用办法,在当时技术落后,市场还不发达的情况下,这种选择有一定的阶段合理性。但随着经济的发展和"整体推进"改革战略的实施,分税制虽然一定程度消除了包干体制的缺陷,遏制了"诸侯经济"的倾向,加强了中央财政的调控能力,但在地方政府事权的划分上,事权与财权的对应统一上还存在很大的模糊空间。在单一的GDP偏好目标的政绩效应的激励下,必然导致地方政府通过资源配置权以及行政审批权对企业施加影响和诱导,"一切以增长为目标"的粗放发展模式仍然得到保留甚至强化,在中央政府强调集约发展时,如果地方政府的利益与之恰好吻合,则粗放式增长会得到一定的遏制,但在GDP增长竞争压力过大,或地方政府的利益与之冲突时,粗放式增长就会回潮。需要指出的是,"政府和国企一直是稀缺经济资源的主要支配者”是地方政府有可能影响和诱导市场主体选择粗放式行为的必要条件，换句话说，如果地方政府不掌握稀缺经济资源的支配权，则由地方政府引导的粗放式增长就难以实现，那么为了促进地方经济的发展，地方政府则会转变发展的思路和方式，把更多的精力放到提升公共产品和公共服务质量上来，以此吸引社会资本的参与。总之，财政分权下地方政府对经济利益的追求、单一 GDP 增长考核目标下官员对政治前途的追求以及现有体制下政府拥有的稀缺经济资源的支配权和大量的行政审批权共同构成的利益结构，是阻碍经济发展方式转变的主要体制根源。然而，财政分权是为了适应市场化改革规范中央和地方的事权、财权划分及其匹配关系所进行的财政改革，通过分权，使地方政府在财政上的相对独立地位和财政利益更加明确，因此，就分权本身以及通过分权强化了的地方政府的财政利益而言，只是形成了地方政府间竞争的条件，只有当地方政府为了追求经济增长速度和财政利益最大化目标，通过对稀缺经济资源的支配权和行政审批权的不当行使，破坏了市场经济的规则时，才构成了对发展方式转变的阻力。这也就解释了为什么资源价格可以与资源稀缺程度长期背离？环境透支现象为什么能够长期存在？土地供给为何没有按照市场规律？要素市场改革的尝试为什么滞后且艰难？可见，改变单一的 GDP 增长考核模式，改变由行政力量配置资源的做法，把政府掌握的稀缺经济资源的配置权交还给市场，是解决经济发展方式转变的关键。

树立和落实科学发展观，正确认识和运用 GDP 指标为我国经济发展和宏观调控服务，对于转变经济发展方式有着重要的意义。魏礼群教授在《树立和落实科学发展观》一文中指出，“GDP 反映着一个国家和地区的经济增长和经济发展水平，是国家制定宏观调控政策的最重要依据。我们高度重视 GDP 的作用和价值。但与此同时，我们又必须看到，GDP 本身又有明显的缺陷，主要是它不能反映经济增长中的物质消耗、社会成本、资源和环境代价，不能反映财富的分配结构和社会公平，不能反映经济增长的效率、效益和质量。GDP 本身还包含一些消极的因素，例如交通事故、传染病的发生、自然灾害的出现等，都会带来 GDP 的增加，但这种增加却是负面的效果。单纯地用 GDP 来评价一个国家和地区的经济发展，容易导致不计代价地片面追求经济增长速度，忽视经济增长的结构、质量和效益，忽视生态建设和环境保护，会带来'有增长、无发展'的后果。"[①]近年来中央政府在不断强调转变发展观和政绩观的同时，也在建立全面的绩效考核评价体系方面加强了落实。2010 年 12 月国务院审议通过的《全国主体功能区规划》，明确了按照不同区域的主体功能定位对各区域实行各有侧重的绩效考核。其中，对于优化开发区域和重点开发区域，明确提出了弱化对经济增长速度、投资增长速度等指标的考核，增加了强化公共服务和社会管理、增强可持续发展能力等方面的绩效考核评价指标；对于限制开发区域还明确了不考核地区生产总值、投资、财政收入和城镇化率等指标。对于禁止开发区域明确了不考核旅游收入指标。

目前，我国在金融、自然资源和土地等领域依然存在着政府直接干预和配置稀缺经济资源的情况。这种情况之所以长期存在，原因比较复杂。首先，我国的宪法和有关法律规定，我国的矿藏、水流和城市土地归国家所有，同时规定国务院代表国家行使矿产资源的所有权，因此，国家对这些资源具有全面的支配权并享有资源的收益权。当然，国家对这些资源的支配权和享有的收益权是通过政府行使的。同时，政府也是社会公共资源的管理者，也要对矿产和土地资源的合理开发利用和保护进行监督和管理。然而，目前我国法律上却并没有将资源管理与资源经营明确区分开来，使得各级政府的公共资源管理职责和国家所有权的权能有所混淆，而二者的目标存在着很大的差异，导致了资源开发利用和监督管理在具体实践上的困惑。其次，在计划经济时代，为了推进重工业的发展，国家采取了压低资金和资源价格的策略，以支持重工业的积累和增长；在改革开放前期为了保护和扶持国有企业，国家继续保持了对利率、土地、资源价格的控制。多年形成的制度惯性实际上固化了体制内深层次的利益格局和权力格局，突破现有格局面临

① 魏礼群：《魏礼群自选集》，学习出版社 2008 年版，第 145 页。

种种挑战，随着市场化改革的深入，虽然陆续放开了一些资源性产品的价格，但与一般商品相比，我国资源性产品价格的改革明显滞后。现行的管理体制和现有的利益格局，即体制因素是制约资源性产品市场化改革的主要原因。目前，我国资源的实际控制权被各地方与部门所分割，缺乏有效的统一协调与管理，政府管理特别是地方政府管理存在着"越位"和"缺位"，导致国家所有权虚置，资源开发利用出现无序和混乱，资源和环境得不到有效保护。资源的行政配置也成为地方政府追求粗放式增长的重要工具。由于资源价格不能真实地反映市场供求关系和资源稀缺程度，许多资源性产品生产过程中外部成本没有内部化，资源性产品之间比价关系不合理，市场体系不健全，使得我国资源的配置效率低，浪费严重，给资源本身和环境都带来了严重的破坏，直接影响了我国经济发展方式的转变和经济结构调整。要推进资源性产品的市场化进程，首先要理顺各级政府在行使国有资源所有权与公共资源管理权上的关系。对于基于财产权制度上的资源的配置和流动，应通过生产要素市场的建立与完善有效率地进行；而对于各级政府的市场监管和公共资源管理职能，应与政府改革和职能转变结合起来，切实向适应市场经济体制要求的方向转变。当然，由于这项改革涉及了经济体制深层的利益关系，并且对法律规范和制度设计也有较高要求，我们预期需要一个渐进的过程。

我们花了大量篇幅分析了转变经济发展方式的关键所在，那么，为什么在探讨低碳发展的动力机制之前首先讨论转变经济发展方式？低碳发展与转变经济发展方式有何联系？众所周知，传统的粗放式增长方式的基本特征之一就是高能耗、高污染和高排放，是一种高碳式的增长，是低碳发展的对立面。由高碳增长向低碳发展的过渡，其实就是经济发展方式转变的过程。经济发展方式的转变不仅可以实现低碳发展，也可以实现经济结构升级和人民生活质量的提高。我们有理由认为，低碳发展与经济发展方式转变的过程是完全统一的，它们的动力机制以及所要克服的体制性障碍也是基本相同的。低碳发展是转变经济发展方式的重要内容之一，而转变经济发展方式是实现低碳发展的根

本出路。

3. 构建有利于低碳发展的动力结构

任何一种经济发展模式的形成和演进都必定是在多种驱动因素的作用下进行的,这些因素既有来自市场经济机制本身的经济变量,也有来自政府推行的政策变量,这些因素按照一定的关系组合并产生作用,就构成了所谓的动力结构。动力结构对于低碳模式的建立和发展具有重要的作用,一个好的"动力因素"组合可以带来低碳模式的迅速演进和发展,而一个差的组合则有可能导致低碳发展停滞不前甚至倒退。在研究低碳发展的动力结构时,我们仍要同影响经济发展方式转变的因素联系在一起进行分析。

在各类经济主体中,企业是国民经济增长的主要动力源。同时,与发达国家二氧化碳排放主要来源于居民部门不同,在我国,企业或者说生产部门是二氧化碳的主要排放源。而在生产部门中,以资本和资源驱动的企业是二氧化碳排放增加的主要责任者(也是粗放式增长的主要执行者)。所以,企业是我国粗放式增长和高碳排放的主要问题的载体,也是我国实现经济发展方式转变和低碳转型任务的主要承担者,我们的研究也主要围绕着企业的发展和转型进行。

实现低碳发展有很多驱动因素,我们在前面的章节中曾参照有关研究成果把资源禀赋、消费模式、技术水平、体制条件等因素作为驱动因素,并据此提出了低碳经济的概念模型。但梳理一下这些因素,我们会发现资源禀赋、技术水平和体制因素是生产环节的驱动因素,消费模式是消费环节的驱动因素。从我国目前碳排放的情况来看,高碳排放主要来自生产环节,而发达国家二氧化碳排放主要来源于居民的消费行为。这就引申出了低碳发展与一般意义上经济发展的区别,经济发展的目的是不断提高人民的生活水平,人民生活水平的提高是不设限制的,而低碳发展也强调不断提高人民的生活水平,但要以资源环境的承受能力去合理规划消费,以质的提高为主要目的,同时提倡节约,反对奢侈浪费。从我国目前的发展阶段来看,生产领域的低碳发展是重点,资源禀赋、技术水平和体制因素是低碳发展的主要驱动因素,这与经济增长的决定因素——生产要素、技术进步、制度条件基本吻合。可见,决定经济增长的因素也是决定低碳发展的因素。

在决定低碳发展的因素中,资源禀赋是指投入经济系统中的生产要素受到禀赋条件的限制,不管是能源投入,还是人力资源投入,都受到一国实际所有、所能的制约。如果一国的资源禀赋条件存在先天不足,要想达到相同的低碳经济的状态,则其他因素就要对低碳经济作出更大贡献。由此可见,我国的资源禀赋条件难以构成对发展低碳经济的有力支撑,发展低碳经济主要依赖于其他驱动要素,其中具有实践操作意义并可能产生积极驱动作用的是技术进步因素。从狭义低碳技术进步的角度看,通过引进和利用先进的低碳技术和自主创新,我国可以超越许多发达国家走过的低收入—低碳排放,到高收入—高碳排放的传统发展阶段,实现跨越式的低碳发展,即高收入—低碳排放。而从经济增长的角度看,只有维持了持续不断的技术进步,才能打破资本回报不断下降的规律,从而保持经济持续的增长。可见,技术进步无论对于经济持续增长还是低碳发展都具有决定性的作用,体制因素发挥作用的意义也在于通过深化改革促进了持续的技术进步和创新。

然而,在我国的现实经济中,技术进步却面临着严峻的挑战。从上节的分析中我们可以看到,在地方政府追求经济增长速度(政绩)目标的影响下,企业的行为往往具有两面性和投机性,即企业在地方政府的影响和“优惠政策”的鼓励下,表现出追求产出规模的意愿和行动,在趋利的内在动力下,企业对利润也有要求。这种双重目标的要害所在,就是背离了市场机制下的企业目标,使企业丧失了自生能力。① 在要素产出规模增长和“政策性盈利”的短期既得利益下,企业对技术进步采取了回避或者拖延的策略,因为技术创新需要额外的投入,风险也确

① 林毅夫教授对自生能力给出这样的定义:自生能力(viability)是指在一个自由、开放、竞争的市场中,一个正常经营管理的企业,在不需要外力的扶持保护下,即可预期获得可以接受的正常利润的能力。他认为,一个没有自生能力的企业,它的存在一定要有外在力量的保护和扶持,否则不会有人去投资,或者由于一时判断错误投资后也不会长期经营下去。企业没有自生能力是政府干预的结果,在这种情况下企业要想获利,就必须依靠政府的保护和扶持。林毅夫:《中国经济专题》,北京大学出版社 2008 年版,第 112 页。

实存在，缺乏市场压力使得企业没有足够的创新动力。而没有技术进步或者技术进步缓慢的经济是不可能实现经济结构的升级和发展方式的转变的，实现低碳发展更是无从谈起。令人不安的是，在地方政府疏于监管甚至变相纵容的情况下，企业的行为进一步扭曲，污染排放成为保证低廉生产成本的“竞争工具”，有的企业甚至通过扩大生产项目大规模圈地，其主要目的并非扩大生产盈利和市场占有率，而是瞄准了土地的增值潜力，这在近些年房地产开发带动的土地增值热潮中表现得尤为突出。近几年，随着市场化进程的推进，虽然地方政府对企业的直接影响逐渐减小，但地方政府以优惠政策等方式吸引投资项目，追求地区经济增长速度的方式仍然颇为流行，一些地方政府甚至把招商引资作为干部晋升的主要条件，而规模大、纳税多的项目受到更多的青睐，至于项目投产对当地资源和环境的影响则被放在次要地位，一些高投入、高能耗、高排放的项目仍可以堂而皇之地获得地方政府的鼓励和资助。

对照先行工业化国家的经验，在一个产权界定清晰、竞争环境公平的市场经济中，以利润最大化为目标的企业会在价格信号的引导下，选择适合自身的技术，努力提升产品质量以及改善产品生产工艺，使企业成为推动技术创新和产品创新的主体。因此，我们可以得出这样的推论，即只有在开放和充分竞争的市场机制下，技术进步才能成为企业的内在动力，同时，也只有在健全的市场体系内，新的技术才能迅速投入运营，并快速在产业内外扩散。

我们强调市场机制的基础性作用，并不是否认政府的政策驱动和调节功能。在市场经济中，市场和政府都是调节经济的重要工具。目前，多数学者把政府的作用归纳为三个主要方面：一是在“市场失灵”的场合干预资源配置，例如，对具有外部性的物品（如高污染产品、高社会效益产品和公共物品）的生产进行调节，执行反垄断、反不公正竞争立法，等等；二是保持宏观经济稳定，以避免市场经济活动的过度波动；三是进行资源再配置和收入再分配，即对由市场决定的收入分配进行调节，以避免公共物品的匮乏和收入两极分化。此外，对于发展中国家而言，政府首先要发挥促进市场发育的作用。政府要致力于建设规范化的市场秩序和法律制度，同时也要对自身行为进行约束。[①] 我国目前正处于经济转型的攻坚阶段，之所以称之为攻坚阶段，是因为要实现经济发展方式的真正转变，仅仅有经济体制的改革是不够的，还要进行社会体制的改革、行政管理体制的改革，即必须进行一次系统的结构性改革，彻底解决"增量改革"尚未触及又经过多年积累和固化的深层次矛盾。而就政府改革而言，如果政府转型没有实质性的进展，其他的改革也难以取得实质性的突破。我国的市场化改革已经到了"最后一公里"，政府既是改革的规划者和组织者，也成为改革的首要对象，如何撬动多年来形成的利益格局和权力格局，确实面临着严峻的考验。

在如何推动低碳发展的问题上，我们根据上述研究归纳出低碳发展的动力模型（见图3－1）。在模型中，我们把市场分为三类，第一类是由市场机制调节的一般商品和生产要素市场，这类市场在整个市场体系中占据绝对优势，是影响低碳发展的主要市场，任何生产、流通和消费行为以及与其伴随着的碳排放都在这个市场中形成；第二类是低碳经济条件下特有的市场，即碳交易市场，它是以政府（或政府间谈判达成的协议）分配排放凭证为前提，通过建立某种特定的交易机制而形成的市场；第三类是纠正某种负外部性，而本身又具有正外部性的技术的市场，低碳技术一般属于这类技术（如碳捕集和储存技术）。一般而言，这类具有高社会效益的技术和产品存在着"市场失灵"，如果没有政府的政策支持，很难得到持续的发展。前面已经论及，对于第一类市场，要通过深化体制改革，彻底扭转政府干预微观经济的行为，把政府掌握的稀缺经济资源的配置权交还给市场，以此推动企业成为具有自生能力的市场主体，成为技术进步和创新的主体。对于第二、三类市场，政府应通过财税等手段给予积极的支持和引导，但应注意的是，即使在这两类市场，政府也应积极为市场机制发挥作用创造条件，而不是取代市场的作用。政府如何能够更好地发挥作用，取决于政府改革的

① 吴敬琏：《当代中国经济改革》，上海远东出版社2003年版，第401页。

广度和深度，其中，改革以GDP政绩为主的考核机制，加快政府职能的转变是当前迫切要解决的问题。第二、三类市场的建立和发展对于推动量化减排具有重要的作用。

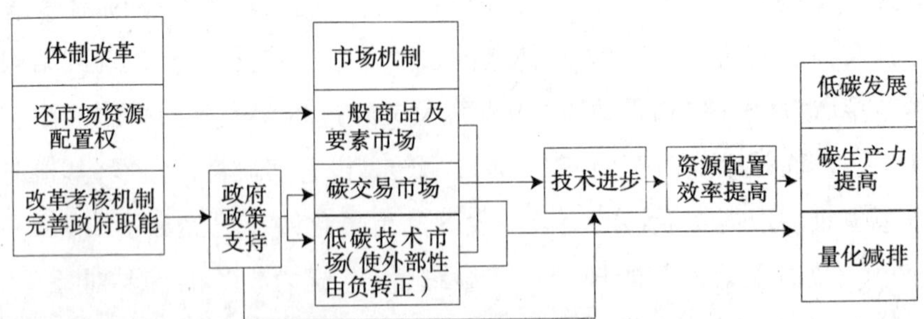

图3-1　低碳发展动力模型

在低碳发展的各个驱动因素中，技术进步起着核心的作用，不管是市场机制，还是政府的政策支持，其落脚点都在于提高企业技术创新的能力。在市场机制充分发挥作用的前提下，个别企业的技术创新行为会推动全社会的技术创新，提升全社会的技术进步，从而推动全社会资源配置效率的提高，实现全社会碳生产力的提高，实现低碳发展。然而，在以往政府对技术进步的支持中，往往把政府置于主导技术发展的地位，从而破坏了市场机制在选择技术、扩散技术等方面的优势。因此，理顺政府与市场的关系，仍然是未来促进低碳发展的重要课题。政府与市场是一对既可以互补，也可能排斥的对立统一的激励因素，在发达的市场化国家，市场机制比较完善，经济法律制度比较健全，适当强化政府的功能有利于发挥互补的优势；而在我国，政府的力量比较强势，长期在经济中居于主导地位，而我国的市场经济发育还不完善，在此情况下，政府脱离微观干预，充分放权给市场，是一个比较好的选择。

二、理顺能源价格，发挥市场机制的基础作用

1. 市场机制在发展低碳经济中的基础作用

市场经济是迄今为止人类社会经济活动和资源配置的最有效率的组织方式和制度形态。改革开放后，我国抛弃了传统计划经济模式，选

择了社会主义市场经济的发展道路，并进行了一系列以市场化为取向的经济体制改革。但由于我国实行市场经济的时间不长，市场发育还很不平衡，尤其是要素市场改革的滞后制约了市场经济的进一步发展，因此说，我国的市场经济还处于不成熟的初级阶段，市场化的任务还很艰巨，确立和发挥市场机制的基础性作用仍然是我国经济体制改革的主要内容，也是正确处理政府与市场关系的重要原则。

在有些人看来，低碳经济发展的领域往往存在市场失灵，因此需要政府的主导作用，这种观点有理论依据但不能笼统而言，后面我们将就此问题专门讨论。值得注意的是，由于政府的特定政治角色和权力结构，强调政府的主导作用往往会强化政府的绝对支配作用，这在我国市场经济还不成熟、市场机制还不完善、要素市场改革还亟待深化的背景下，其负面的影响可能超过正面的作用。因此，从总体而言，发展低碳经济应该加强政府的"引导"作用而非政府的"主导"作用[①]，用一句形象的话来概括，就是政府不应"抬牛腿"，而应"牵牛鼻子"，或者说政府应该培育好"低碳经济这个大草场，吸引牛迈开腿"。因此，不管是从政府履行一般的经济职能来看，还是从保护环境促进低碳发展来看，目前政府首要的任务还是为发挥市场机制的基础性作用创造良好的制度条件和公平的竞争环境，尽可能让市场机制发挥更大的作用，同时，也要通过货币政策、财政政策、产业政策等政策手段对宏观经济进行调控，做好公共产品的服务，加强市场监管，弥补市场机制的缺陷和不足。

低碳经济是一种高能效、低能耗和低碳排放的经济发展模式，在整个经济体系中，低碳经济是与高碳经济相对应的，从发展方向上看，从

① 政府主导有两个重要含义：一方面是政府掌握了太大的资源配置的权力，另一方面是发展服从于各级政府的政绩目标。经过这么多年的改革，政府仍然保持着支配资源的大部分权力，此外，金融改革虽然市场化了，但是各级政府对于金融机构发放信贷仍有很大的影响力。有了以上两个原因，各级政府官员就会用自己手中支配资源的权力来营造自己的"政绩"，主要表现为GDP的增长速度。要转变经济增长方式，就得消除这些体制性的障碍。转引自吴敬琏：《我国市场化改革仍处于"进行时"阶段》，《北京日报》2011年12月5日第17版。

高碳经济向低碳经济转变，是现代经济发展的必然趋势。① 因此，作为现代经济在资源环境约束条件下的新型发展模式，低碳模式若要发挥深刻而广泛的作用，就必须渗透到国民经济和社会生活的各个领域和各个方面，而要达到这一目标，离开市场体系和市场机制是根本无法实现的。低碳经济只有在市场体系内，在市场机制的充分作用下才能得到广泛的发展。对市场机制在发展低碳经济中的基础性和普遍性作用，很多专家学者都持肯定的态度，例如英国社会学家安东尼·吉登斯在《气候变化的政治》一书中指出，“在减缓气候变化方面，市场有着比仅仅在排放交易领域大得多的作用。在许多场合，市场力量能够制造出其他机构或架构无法做到的结果……因经济过程所蒙受的环境成本形成了经济学家所谓的‘外部性’，那些引致这些成本的人并没有为之埋单。公共政策的目的应该是确保只要有可能，这类成本就要内部化，亦即将它们推向市场。”②

强调市场机制的基础性作用，并不意味着否认市场的局限性和缺陷性，尤其是对于发展低碳经济，存在着如何弥补市场失灵的问题，依靠市场自发的力量是无法推动低碳经济发展的，必须客观认识和尽可能纠正市场失灵的不利影响，才有可能发挥市场应有的作用。西方传统市场失灵理论认为，由于存在垄断、外部性、信息不完全或不对称以及在公共物品领域，仅仅依靠市场机制难以解决资源配置的效率问题，即存在着市场失灵。当市场失灵时，为了实现资源配置效率的最大化，就必须借助于政府的干预，但对政府干预的边界也应该作出限定，防止政府对经济的过度干预。有学者把市场失灵区分为原始的市场失灵和

① 一个合理的低碳经济结构，是受到资源禀赋、消费模式、技术水平、体制条件等因素制约的，因而是与经济发展阶段相联系的。高碳经济向低碳经济转变是经济发展和社会进步的必然，但并不意味着低碳经济绝对排斥所有的高碳产品，在一定的经济结构中，高碳产品的存在是受需求结构和市场机制所决定的，即使在低碳经济发展到相当高的阶段，高碳产品也不可能被彻底消灭，因为低碳与高碳本身就是个相对的概念，同时我们也难以想象没有“碳”的社会是个什么样子。

② ［英］安东尼·吉登斯：《气候变化的政治》，曹荣湘译，社会科学文献出版社2009年版，第5—6页。

新的市场失灵，原始的市场失灵是与公共物品、污染的外部性等因素相联系的市场失灵，而新的市场失灵则是以不完全信息、信息的有偿性以及不完备的市场为基础的市场失灵。美国经济学家斯蒂格利茨指出，“这两种市场失效之间主要存在两点差别：原始的市场失效在很大程度上是容易确定的，其范围也容易控制，它需要明确的政府干预。由于现实中所有的市场都是不完备的，信息总是不完全的，道德风险和逆向选择问题对于所有市场来说是各有特点的，因此经济中的市场失效问题是普遍存在的。……因此，政府把注意力集中在较大、较严重的市场失效情况上是比较合理的。”①可见，由于现实经济中普遍存在着不完全信息、不完全竞争、不完备市场等情况，因此，这里所定义的新的市场失效普遍存在且又各具特点，实施全面的纠正要付出很大的成本，政府的干预要有所选择和权衡；而对于原始的市场失效，政府干预的必要性和政府干预的边界都是比较明确的。低碳发展领域存在的市场失灵基本属于原始的市场失灵范围，因此政府通过政策手段进行积极的干预和调控既是必要的，也是可行的。

需要指出的是，我国在发展低碳经济中遇到的问题，有些是市场失灵引起的，有些则是市场不足引起的。很明显，高碳排放和环境污染属于负外部性，排放者和污染者无须为其行为“埋单”，在这种外部不经济的情况下，环境污染的边际社会成本高于碳排放企业的边际私人成本，其结果是社会成本的增加和社会福利的降低，经济发展的可持续性受到严重威胁。同样，对于发展低碳经济中鼓励发展的具有正外部效应的低碳技术和产品，以及植树造林、增加碳汇等具有外部经济特征的行为，由于其私人成本大于社会成本，投资风险大，收益难以独享，私人发展这类技术和进入相关领域的积极性会受到抑制。对于前者，目前通过征收碳税、资源税，建立排放权交易制度等措施，可以在很大程度上消除负外部性的不利影响；而对于后者，政府可以通过激励性的财

① ［美］约瑟夫·E. 斯蒂格利茨：《社会主义向何处去——经济体制转型的理论与证据》，周立群等译，吉林人民出版社 2011 年版，第 47 页。

政、金融等政策手段给予大力的扶植和引导。低碳产业是战略性产业，其发展关系到我国经济未来的可持续性及其在世界经济格局中的战略地位，因此需要政府通过政策扶植，降低投资风险，吸引私人资本进入，而要使私人资本积极参与到低碳经济中来，政府激励政策的短期效果是比较明显的，但要实现平稳发展的长期目标，必须要有完善的市场制度做保障。从国际上成熟的经验中我们可以得知，尽管政府的政策扶植和引导是必不可少的，但政府对微观经济的直接干预会削弱甚至破坏市场功能的正常发挥，从长远看是不利于低碳经济发展的，因此，即使是在发展低碳经济这个存在明显外部性的领域，政府的作用主要还是促使外部性的内部化，最后还是要通过市场配置资源，引导高碳经济向低碳经济转变。当然，在低碳经济条件下，经济运行的游戏规则会发生一些变化，比如，碳排放交易市场就有其特定的交易模式和规则，对其应该以开放的视野和创新的思维加深理解和运用。

目前制约我国经济发展方式转变的深层次问题还没有得到根本解决，这些问题包括了发展观念转变、体制机制改革、政府职能转变等方面需要进一步加强和深化的问题，其核心是市场化的改革需要进一步突破阻力，不断深化的问题。因此说，我国在现阶段发展低碳经济的过程中，与“市场失灵”相比，“市场不足”的问题更具有基础性和挑战性，所谓“基础性”意味着只有在“市场不足”的问题解决后，“市场失灵”的问题才能更好地解决；所谓“挑战性”则是指“市场不足”问题比“市场失灵”问题解决的难度更大。

能源价格改革是解决“市场不足”问题的关键。价格是市场机制的核心，市场配置资源的基础性作用主要是通过价格信号的引导作用实现的。因此，加快推进资源性产品尤其是能源价格改革，完善价格形成机制，使资源性产品的价格能够灵敏地反映市场供求关系和资源稀缺程度，能够体现环境的治理成本，充分发挥市场机制在资源性产品价格形成中的基础性作用，是深化市场化改革的首要任务之一，也是低碳经济能够深入发展的前提。我国长期以来实行低能源价格政策，这种政策对促进我国以出口和投资拉动的经济增长，尤其对增强我国出口产品的价格优势曾经起到过重要的作用，然而其所带来的资源耗竭、环境透支等负面影响，以及对粗放式增长方式所产生的固化作用，也严重削弱了我国经济的可持续发展能力，阻碍了经济发展方式的转变。如果说在我国经济转型的初期，实行过渡性的低能源价格政策具有一定的合理性，那么，在资源和环境问题日益尖锐的今天，继续保持这种能源低价政策，以此维持或换取较快的增长速度，无异于“饮鸩止渴”。经过三十多年的发展进步，我国的经济实力和技术储备已经为绿色发展积累了基本的条件，能源价格改革也走过了漫长曲折的道路。由于能源价格改革的复杂性和影响的广泛性，再加上全球金融危机后全球经济形势对我国经济带来的不利影响和不确定性增加，在此情况下，政府对能源价格改革的时机和步骤的拿捏不仅受改革决心和意志的影响，也受到经济形势尤其是通货膨胀的牵制，尽管近几年我国能源调价的步子一直在迈，但对能源价格形成机制中深层次矛盾的触动却不多。我们认为，如果仅把着眼点放在调整价格上，而对整个能源管理体制以及市场结构不做深入的改革的话，真正的以市场为基础和导向的价格机制是难以形成的，这也势必影响到经济发展方式的转变，影响到低碳经济的发展。

2. 我国能源价格改革的艰巨性和复杂性

在新能源技术革命还没有取得实质性突破的条件下，我国能源禀赋条件和一次能源消费结构决定了未来我国的主体能源仍然是煤炭，它占了我国一次能源消费总量的70%，目前燃煤发电占我国发电能力的85%。我国煤炭市场化改革走在前列，目前除电煤以外，各种煤炭产品已经基本上实现了市场化定价，国内煤炭价格也逐步与国际煤炭价格接轨。但电力体制改革还相对滞后，由于多种原因，电价改革还难有实质性的进展，市场煤和计划电的冲突还未能找到突破性的解决办法。同时，我国石油、天然气的消费总量也在快速增长，目前，我国是全球第二大石油消费国和第二大石油进口国，2011 年我国石油对外依存度已经超过 56%。有专家预计，到 2020 年中国对进口石油的依存度将达到 60%，到 2030 年达到 65%。这样高的对外依存度，不仅使我国的能源安全面临严峻挑战，也意味着国内成品油价格不可避免地受到国际油价的影响和制约，采用积极稳妥的办法，建立起充分市场化的油价形成机制，尽快使国内成品油与国际石油价格接轨是石油价格改革的必然趋势。进入本世纪后，我国天然气市场进入快速发展期，过去10年，我国天然气消费量年均增长16%，超过石油消费的增长速度，占一次能源的比重也由2000年的2.4%提高到2010年的4.4%，天然气对外依存度也已超过16%。我国对天然气价格长期采用成本加成法的政府统一定价制度，从2011年12月26日起，我国在广东、广西开展天然气价格形成机制改革试点，按“市场净回值”方法定价①，这种定价方法将下游市场信号及时地向上游传递，对于促进竞争，降低成本，提高效率将产生积极作用，因此这次改革试点受到广泛的关注和期待。

尽管我国能源市场化改革的目标是明确的，推动也一直没有间断，但随着改革的深入，一些长期积累的问题和深层次的矛盾逐渐暴露出来，局部的和浅层的改革已难以完成既定的目标，改革对系统性、整体性和综合性的要求提升，再加上外部经济环境和社会环境也越来越复杂，使我国能源价格改革面临的问题和困难增加，改革进程在某些时期和在某种程度上受到阻碍。

(1)我国能源价格改革遇到的难题之一，是在国际经济形势不利变化和我国经济艰难转型的背景下，国内宏观经济环境将一直面临多方面因素的困扰，能源价格改革相对较好的“时间窗口”将十分难以取得，而一味等待所谓改革的最好时机将丧失改革的主动性，甚至造成被动而徒增改革的难度。

从全球来看，尽管受到金融危机和欧债危机的影响，世界经济尤其是发达国家的经济在短期内可能会出现局部衰退和波动，但世界经济增长的长期趋势并没有改变，尤其是新兴工业化国家存在着巨大的发

① 市场净回值定价法是以商品的市场价值为基础确定上游供货价格，而商品的市场价值按照竞争性替代商品的当量价格决定，最终用户价格按市场价值确定。以天然气为例，通常是指将天然气的销售价格与由市场竞争形成的可替代能源商品价格挂钩，在此基础上倒扣商品物流成本（如天然气管道运输费）后回推确定天然气销售各环节的价格。

展空间，因此，石油需求持续增长的趋势在替代能源具有市场竞争力之前不会改变，而随着油田老化，开采难度加大和开采成本增加，寻找新储量也愈发困难和充满不确定性，石油供给从长期趋势看将难以摆脱颓弱的走势。随着石油的“金融属性”不断增强①，金融市场投资、炒作包括投机因素的作用也在加大，再加上国际政治、地区安全等因素的影响，石油价格被推高并伴随着振荡将成为国际石油市场主流走势，廉价石油时代的终结已是不争的事实。其他化石能源价格的上涨也是大势所趋，例如，煤炭需求的刚性增长，以及油价上涨所推动的煤炭替代需求的增加和运输成本的增加，煤炭出口国由于自然灾害、经济、政治等因素导致的供给减少，都会造成国际市场煤炭价格的上涨。有专家指出，化石燃料储量、未来价格和成本趋势、技术变革、发现新资源储量或新能源品种的机会等等，都包含极大的不确定性。冷静和动态地来看待能源问题，无论是已知的，还是猜测的或期望的，都不足以消除人们对能否有供给充足、价格合理的能源来支持经济长期可持续发展的担忧。能源不同于一般商品，只要供给充足，价格不可能上涨或应该下降。当达到一定量时，不可再生性会使能源价格与开采成本和供给能力脱节，价格主要与需求量、需求增长速度和替代品的价格和量相关，即“物以稀为贵”②。

稀缺预期的形成需要一个过程，但如果任由需求扩大而不去控制，稀缺预期也许会很快到来。需要指出的是，稀缺性预期所推高的能源价格会使政府控制价格的行为产生事与愿违的宏观效果，长期的价格控制有可能导致经济系统失稳。由于需求与稀缺存在正反馈的关系，需求的增加无疑会放大稀缺性，进而引起能源价格的进一步上涨，而如果人为压低能源价格，使需求不仅得不到抑制，反而进一步扩大，政府

---

① 石油危机催生了石油的期货市场，20 世纪 80 年代纽约、伦敦和东京期货市场先后建立，石油期货交易设立的初衷是为了对冲价格变化的风险，随后逐步发展成为一种重要的金融投资市场，目前，石油已成为一种重要的投资衍生产品，石油的金融属性越来越重要。从 2003 年到 2007 年，在纽约商品交易所交易的原油期货交易量已经翻了 30 倍。2007 年，全球石油贸易的现货交易量约为 20 亿吨，而当年的期货交易量超过了 130 亿吨。

② 林伯强：《中国能源政策思考》，中国财政经济出版社 2009 年版，第 3、11 页。

补贴压力会越来越大，社会经济系统将难以负担。2010 年我国人均一次能源消费量是 2.4 吨标准煤，比 2005 年提高了 32%，如果仍然按照这一速度增长的话，到 2020 年我国人均能源消费量将超过 4 吨标准煤，这也就意味着 10 年以后我国每年的一次能源的消费量将在现有基础上净增 20 亿吨标准煤以上，按煤炭消费占比和有关换算公式匡算，我国原煤消费要净增 20 亿吨，由于目前我国煤炭消费已经占到全球消费总量的 40% 以上①，这样大的需求增长，尤其是进口的大量增加所引发的稀缺预期，完全有可能导致煤炭价格的大幅上涨，而由于煤炭是我国的主体能源，煤炭价格的大幅上涨将会重创我国经济。此外，人为压低能源价格的另一结果，会抑制一次能源和二次能源的市场供应，我国近年来多次出现的"油荒"、"电荒"现象印证了这一结论。因此，要解决目前能源耗竭和环境污染等问题，同时稳定能源价格并延缓能源稀缺预期的到来，就必须有效地抑制能源需求，而抑制需求最有效的手段，就是提高能源的价格。

然而，能源作为现代生产体系的基础性投入要素和现代生活不可缺少的基本生活资料，能源价格的上涨意味着生产成本和生活费用的提高。由于发展阶段的不同，能源对于发展中国家所具有的支撑经济增长和满足基本生活需要的基础性作用更为明显，在发展中国家的产品和生活成本中所占的比重一般要高于发达国家②，所以，能源价格的

---

① 《世界能源统计回顾 2011》报告数据显示，2010 年，全世界煤炭生产量合计 72.73 亿吨，较上年增长 6.3%；其中，中国煤炭产量为 32.40 亿吨，同比增长 9.0%，占世界煤炭总产量的 48.3%（年增长率和比重按折合油当量计算）。

② 据统计推算，在我国政府推出燃油税改革前，西、北欧国家油价是我国油价的 2.5 倍，日本油价是我国油价的将近 2 倍，美国油价与我国油价基本相当；在电价方面，2009 年，经合组织 22 个国家平均电价为 1.30 人民币元/度，其中韩国最低，为 0.51 元/度，丹麦最高，为 2.4 元/度，美国的电价为 0.75 元/度。2010 年，我国工业电价平均为 0.58 元/度（不含基金及附加约 0.031 元/度），是同期欧洲工业电价的 70%，日本的 56%，但比韩国、美国工业电价高，分别为韩国和美国的 1.3 倍左右。我国居民电价平均为 0.51 元/度。工业电价承担了部分对居民电价的交叉补贴。总体上看，我国油价和电价低于发达国家水平，但发达国家人均 GDP 水平是我国的 10 倍，如果考虑到我国人均 GDP 分布不均衡的现实，广大的中西部地区人均 GDP 水平与发达国家的差距更大。可见，能源成本在我国生产成本和人民生活费用中所占的比例大于发达国家，其价格变化对经济生活影响较大。

大幅上涨和过分波动将会对发展中国家经济增长和人民的生活水平带来严重的影响，甚至会危及社会稳定。因此，提高能源价格对于各国政府一直是一个敏感而尖锐的问题，我国也不例外。然而，在能源市场国际化趋势越来越明显的条件下，能源输入国的能源价格政策无法回避国际能源市场价格上涨的趋势与波动，为了减轻能源价格上涨所引起的经济和社会问题，能源补贴手段通常作为缓冲剂被广大的发展中国家以及发达国家使用。然而，大量的能源补贴不仅增加了财政负担，也削弱了能源企业竞争的动力和竞争能力，降低能源使用效率，使经济发展的可持续性受到影响。可见，能源补贴是一柄双刃剑，必须善于利用其有利的一面，又要避免为其不利的一面所伤。由于我国能源需求增长、国内能源生产成本增加以及国家外贸平衡政策等的综合作用，我国能源进口扩大的趋势还将持续。① 与十年前相比，我国能源市场与国际市场既有的关系已经发生重大变化，与国际市场的联系和对国际市场的依赖都大大增加，国内终端能源②价格与国际能源市场接轨的问题已不容回避。同时，经过十年的能源价格改革摸索，我国部分能源产品的价格关系已经初步理顺，对价格改革攻坚难点逐渐取得了共识，社会承受能力也大为提高，同时，社会各界对改革措施的犹豫、迟缓也多有批评，对打破深层次的利益格局多有期待，这意味着改革已经到了攻坚阶段，必须要在复杂的形势中统筹兼顾各种经济的和社会的因素，抓住有利时机，取得突破。

要在多年的"两难困境"中和当前严峻的经济形势下使能源价格改革取得实质性的突破，必须在统筹改革与发展、改革与民生两个重大关系下，大力推动能源价格改革，让市场机制在能源的生产、投资、消费

① 据报道，2011 年中国超越日本成为全球最大的煤炭进口国。全年共进口煤炭 1.824 亿吨，同比增长 10.8%；净进口 1.68 亿吨，增长 15.2%。此外，我国也是全球第二大石油消费国和第二大石油进口国，"十二五"期间，我国油气资源市场需求依旧强劲，进口数量还将稳定增加，对外依存度将从 2010 年的 55% 上升至 60%。

② 终端能源是指用户直接利用的能源。按照国际通行的定义，终端能源消费是一次能源扣除能源工业自用能源，以及能源加工、转化和储运环节损失后，供终端用户使用的能源量。

上发挥基础性的作用。一是要处理好推动能源价格改革与防止通货膨胀的关系；二是要处理好更多地采取市场调节的手段促进竞争与适当运用价格补贴手段保护民生的关系。

前面已经论述过，全球能源价格长期的趋势性上涨（不排除短期价格回落和振荡）已成定势，由于我国长期以来采用低价能源政策，价格改革使能源价格合理回归，必然导致能源总体价格水平上升，对此要有必要的社会心理准备和充分的经济应对措施。那么，能源价格上涨是否会引发通货膨胀？在多大程度上影响生产者物价指数（PPI）和消费者物价指数（CPI）？如何有效应对？这是能源价格改革必须预设并且回答的问题。

由于能源价格属于基础性价格，能源价格的上涨必定引起物价水平的上升，这是在所难免的。一定可控幅度的价格上涨也许是纠正长期低价能源政策必须付出的成本。在健全的市场机制下，上游资源和能源价格上涨引起的成本增加可以通过技术进步和提高生产率逐步消化掉。但如果能源、资源价格上涨过快，严重挤压企业利润，价格压力势必向最终产品传导，引起 PPI、CPI 上涨过猛，幅度过大。能源价格改革必须要避免这种成本推动型的通货膨胀，尤其要避免价格推升后经济活力减弱、增长停滞的经济滞胀。20 世纪 70 年代的石油危机曾引发发达国家经济危机并导致了经济滞胀的出现。可见，能源价格大幅上涨对经济发展的破坏作用是非常大的。然而，也正是石油危机促使发达国家实行经济转型，例如在石油危机中受到打击最大的日本最快得到恢复，并实现了由劳动、资本密集型产业结构向技术、知识密集型产业结构的转变。这也从另一个角度说明，尽管我们要避免最坏的情况发生，但也决不能"因噎废食"而停滞改革的步伐，经济发展过程中的结构性调整有时候是需要一定的外部压力推动的。

自 2008 年年底国务院推出成品油价格和税费改革方案后，我国现行成品油价格形成机制投入运行，截至 2012 年 2 月，汽油价格上调幅度达到 50%。2010 年以后，随着国内通货膨胀预期增强，国家对国内成品油价格进行了适当调控，2011 年又进一步加大了调控力度。应该说，我国对成品油价格的改革是非常审慎的，放开和调控的节奏也是有效的，总体而言，目前我国成品油价格与国际水平的差距已经不大①，仅就价格水平而言，与国际接轨已没有太大障碍，把握好调整的节奏，对国内物价水平的影响不会很大，但价格完全放开的条件还不具备，主要原因是我国成品油市场竞争并不完全，垄断问题还十分突出②，单纯依靠市场还不能形成合理的价格。这也意味着我国现行成品油价格形成机制还存在着很大缺陷，目前完善成品油价格形成机制的思路主要是围绕缩短调价周期、加快调价频率，改进成品油调价操作方式，以及调整挂靠油种等方面的内容。但要想弥补现行机制的缺陷，还要在市场结构尤其是市场主体多元化上进行更为深刻的改革。

与成品油价格改革相比，我国电力价格改革面临的外部环境更为复杂，产业链上和行业内部的结构性和机制性矛盾也更为突出，外部条件和内部因素同时影响和制约着改革的进程。由于长期以来我国居民收入以及劳动报酬的增长慢于 GDP 增长，加之二元经济结构下，居民收入差距较大，广大民众尤其是低收入群体对物价上涨充满担忧和抵触。电力作为人们日常工作生活使用最多的能源，与人民生活的联系

---

① 根据 2009 年 7 月 15 日《国家发展改革委价格司关于成品油价格有关热点问题的说明》，北京市 93 号汽油不含税价为每升 4.25 元，美国华盛顿、纽约和加利福尼亚州的汽油不含税价格分别为 4.75 元、4.20 元和 4.41 元；我国 93 号汽油不含税价格为每升 3.87 元，英国、法国、德国、意大利等欧洲主要国家汽油不含税价格基本上在每升 4—4.9 元。可见，我国与西方发达国家成品油税前价相差已经不大。从税后价格来看，北京 93 号汽油含税零售价格为每升 6.37 元（其中含增值税 0.925 元/升、消费税 1 元/升、城建教育附加 0.193 元/升），美国华盛顿、纽约和加利福尼亚州的汽油含税零售价格分别为每升 5.21 元、5.18 元和 5.41 元；欧洲主要国家普通汽油含税零售价格普遍在每升 9—14 元之间。

② 在上游勘探生产领域，目前中石油、中石化和中海油三大石油公司实际控制了超过 95% 以上的原油生产和进口。尽管少数民营企业获得少量原油非国营贸易进口配额，但进口原油时需首先由中石油或中石化出具排产证明，进口的原油不能在市场流通。在炼制和经销领域，目前符合有关要求的民营炼油企业不足百家，从事批发和零售（加油站）的民营企业的销售额不到全国销售额的 30%。有学者认为，我国垄断行业长期以来受到的政策性保护，缺乏充分竞争，而不像国际垄断企业靠竞争获得垄断，因此所提供的商品和服务在消费者中的评价较低，价格居高不下的问题也难以解决。由于这些大企业的纵向一体化格局，事实上形成了对其上下游行业的封闭，对民间资本的进入产生阻碍。石油产业作为基础性和战略性产业，如何使其具有合理的竞争结构，又要保证国家的有效控制，是当前垄断行业改革必须解决的重大课题。

非常紧密,电价上涨必然会成为社会热点问题,受到媒体和网络的质疑,因此,政府作出和实施价格改革决策面临较大的社会压力。此外,保增长长期贯穿于我国的经济政策中,也使得电价调整无论是在通货膨胀压力较大的时期,还是在有通货紧缩兆头出现的时期,都面临决策选择的难题。当通货紧缩压力较大时,为避免增加工商企业负担,价格调整仍然较难实施。这也导致比较理想的"窗口期"既难以出现也容易被错过。电价改革的核心是构建一个合理的价格机制,而不是单纯地涨价,但电力市场结构性缺陷和产业链上的体制机制性矛盾短期无法克服,而解决不断恶化的资源环境问题,倡导节能减排要求电价应体现资源的实际成本,一次能源价格的上涨,缓解煤电矛盾,减少电力企业亏损也要求适当提高电力价格,这都使得涨价成为一段时期内难以避免的决策选项,在此情况下电价调整的幅度以及民用电价是否参与调整则成为平衡各方面因素的重要杠杆。尽管同样面对一次能源价格大幅上涨的压力,但与一些发达国家相比,近年来我国电价调整的幅度并不大[①],虽然这种差别与价格形成机制有关(发达国家主要由市场机制调节电价,而我国由政府定价),但也说明前一时期防止通货膨胀和保护民生是宏观政策的主要取向,而电力价格改革则作为长期战略性任务对其实施稳妥有序的推进策略。

可见,外部条件尤其是社会大众收入承受能力对电价调整政策有着重要的影响。虽然国际能源价格大幅上涨使我国二次能源价格调整面临空前的压力,但把消化这些价格的压力统统传递给收入水平相对较低的普通消费者既不符合我国国情,也有悖于经济政策服务民生之本。据粗略估算,发达国家人均收入是我国城镇人口人均可支配收入的 15 倍左右(按发达国家人均 4 万—5 万美元收入计算),但其居民电价才是我国居民电价的 1.5—3.5 倍,据此推算,我国城镇居民承担电价压力(电价占人均收入的比例)是发达国家的 4—10 倍,我国农村居

① 根据网上收集的有关资料,由于能源价格持续上涨,欧洲各国 2003—2010 年间,工业电价年均上涨约 6.53%,居民电价年均上涨约 4.74%。而相同期间我国销售电价累计每千瓦时上调约 0.14 元,年均上涨约 3%。

民承担的电价压力则达到12—30倍。“收入低”使电价调整保民生的任务不容忽视，但“差距大”（即城乡居民收入差距、高收入群体与低保群体的收入差距）又可能会造成所谓的“政策导向悖论”，即政策的意向是照顾低收入群体的利益，但由于低收入群体的收入太低，即使较低的电价也无法使其充分消费，大量的消费则被高收入群体和富裕家庭占有，低居民电价的政策并没有使政策指向的中低收入群体受惠。根据网上收集的数据，2010年，我国用电较少的2/3的居民家庭只用了1/3的电量，而用电量最多的5%的高收入家庭却消费了24%的电量。居民低电价的另一个后果是，居民用户为了逃避其他高价能源，利用能源可以替代的特点，趋向于更多地使用电力能源，造成电力供应更加紧张。可见，政策效果与政策的出发点并不总是一致，良好的愿望并不一定带来良好的效果，要使政策取得好的效果，关键是要使其符合经济规律。

支撑居民低电价政策实施的是电价交叉补贴政策①，即居民电价低于供电成本，其少支付的部分由其他工商用户承担。长期以来，由于电价严重扭曲，促使工商业用户纷纷修建企业自备电厂，减少从大电网购电，结果是需要补贴的用户留在公用电网，承担交叉补贴的工商业大用户则想尽办法逃出电网，导致大电网弱化，负担加重，而企业自备电厂在效率、环保等方面都明显逊于大的电力企业。虽然国家也采取了一些措施，明确了自备电厂承担的责任和须缴纳的费用，但这些措施一直没有触及交叉补贴问题的实质。合理的电价结构应该是各类用户的电价水平真实反映其供电成本和供求关系，而不同种类电价之间的交叉补贴恰恰违背了这些基本经济规律，从成本补偿、合理报酬、公平负担的原则出发，减少直至取消交叉补贴是电价市场化改革的必然要求。

---

① 电价交叉补贴的表现形式多样，包括工商业用户长期补贴居民用户，城市用户补贴农村用户，电压等级高的用户补贴电压等级低的用户等。从表面上看，交叉补贴是利益在不同种类用户之间的重新分配，但由于这种方式扭曲了市场结构和行为，带来的危害是十分严重的（尽管可以缓解眼前的矛盾），在没有解决交叉补贴问题前，很多改革措施都难以奏效，包括大用户直购电以及发电企业和用户直接交易等改革都很难推行到位。

要想逐步减少和取消交叉补贴，调整居民电价这一环节是绕不开的。从贯彻国家“节能减排”基本国策出发，考虑到我国居民用电的节能潜力和发展前景，现行单一的居民电价也必须进行改革。推行居民阶梯式电价，既可引导居民合理、节约用电，也充分考虑了低收入阶层的基本生活需要，保障了居民基本用电需求，同时也使我国电价机制改革有了新的进展。我国从2010年10月就针对试行居民阶梯电价征求意见，2011年11月推出了居民阶梯电价指导意见，各地在通过价格听证后，已于2012年7月1日开始在全国全面试行。需要指出的是，电价交叉补贴不仅限于居民用电，还存在于其他用电领域，对于现行政策下必要的交叉补贴，也要作出详细的规定，明确负担的主体，框定负担的范围和内容，力求做到合理公平。要随着电力体制改革的进展，有针对性地改交叉补为收入补，改暗补为明补，改企业负担为公共财政负担，为最终理顺电价关系创造条件。

②我国能源价格改革面临的另一个难题来自于能源体制内的复杂关系和改革的路径依赖。能源价格形成机制从根本上是由能源管理体制所决定的，能源体制中各种关系的盘根错节和利害攸关，决定了能源价格改革不可能是一件轻松的任务。能源体制改革既包含石油、煤炭、电力等能源产业管理体制的改革，也囊括了能源的生产、流通、消费等产业链环节的改革，还涵盖着近年来新崛起的新能源、低碳产业的体制创新，各种改革相互作用，契合联动，一个环节、一个产业改革滞后，就会拖整个能源体制改革的后腿，就会对能源价格改革产生钳制作用。

煤电矛盾激化就是很好的例证。煤电矛盾表现为电煤价格之争，但其根源是煤、电、运产业链上下游的改革不同步，煤炭、电力、运力三个市场的市场化改革严重脱节，铁路运输体制改革与电力体制改革严重滞后。从一般机理分析，是由于各环节电价受到控制，使产业链上的成本价格传导产生阻滞，产业上、中、下游的矛盾没有办法通过机制性疏导的方式得到解决，从而导致近年来煤电矛盾不断激化。而对比其他产业如钢铁、化工、建材等煤炭消费大户，由于这些产业的产品依靠市场定价（例如钢材于1992年就放开了价格），即由市场主体通过竞争实现供求关系的动态均衡，促使需求价格与供给价格趋向一致，同时也由市场竞争来决定作为原料的煤炭涨价后增加的成本、多少由企业自行消化，多少通过提高终端产品的价格来补偿，因此煤炭涨价虽然增加了这些产业的成本，但并没有引起矛盾冲突。由此容易得出结论，煤电矛盾的加剧，根结在于“计划电”与“市场煤”的矛盾。

然而对于“计划电”，我们还要作具体分析。一是“计划电”哪些是计划体制遗留下来应该革除的？哪些是公共规制管理需要保留的？二是现阶段各环节电价管制哪些是合理和必需的？哪些要尽快放开？由市场竞争去决定。2003 年国务院批准的《电价改革方案》，把电价改革的长期目标确定为：“在进一步改革电力体制的基础上，将电价划分为上网电价、输电价格、配电价格和终端销售电价；发电、售电价格由市场竞争形成；输电、配电价格由政府制定。同时，建立规范、透明的电价管理制度。”并把“在厂网分开的基础上，建立与发电环节适度竞争相适应的上网电价机制；初步建立有利于促进电网健康发展的输配电价格机制；实现销售电价与上网电价联动；优化销售电价结构；具备条件的地区，在合理制定输配电价的基础上，试行较高电压等级或较大用电量的用户直接向发电企业购电”等作为改革的近期目标。远、近目标的确立，其实是勾画了改革的路线图，即对传统的垂直一体化的市场结构通过改革实行垂直分离，在发电和供电环节上建立起市场竞争机制，而对具有自然垄断性的输电和配电环节，则实行严格的价格规制。① 电力工业作为重要基础产业和公用事业的属性，尤其是在输、配环节上的自然垄断特性，决定了依法对电力价格进行规制是十分必要的，之所以

① 一般认为，由于各种电力供应垂直业务之间所需要的高度协调性，要求对发电、输电、配电和供电各环节都进行规制管理，对于具有垄断性业务的输电、配电环节实行价格规制，而对于实现了有效竞争的发电、供电领域则应放松规制。也就是说国家对电力价格的干预是必要的，但对不同环节的干预要有所不同。也有专家认为，在输电和配电环节，电网企业仅起到提供路网的作用，不应参与市场买卖，也不承担交叉补贴等的职能，价格由政府负责制定，这样才有利于电力的供求双方有充分的选择权。也有学者认为，即使是在输配电环节，也可以引入竞争，如鼓励区域间竞争，即把全国性垄断企业分为几个区域性企业，在不同地区垄断企业之间开展间接竞争，以刺激垄断企业提高效率、降低成本、改善服务。

有“计划电”之说，主要是因为目前的电价机制脱胎于计划体制，2003年虽然启动了电价改革，但由于2004年以后煤炭价格大涨，宏观经济过热，改革的外部环境受到影响，电力改革始终难有实质性的进展，并一度陷入停顿，2004年开始的竞价上网运行试点被迫搁置，大用户直接购电遭到巨大阻力，这期间数次实行了电煤价格临时性干预措施，国家对销售电价的控制也不敢有丝毫松懈，从总体上看国家管理电价的手段还没有摆脱传统计划模式的窠臼。2004年实施的煤电价格联动机制，由于未对煤、电、运作出全面系统的改革设计，联动机制只能起到一种暂时的折衷的利益平衡作用，根本无法反映和调节供求，在煤炭价格大涨的情况下，这种调节机制就会失去作用，并且由于该机制存在着被动性、滞后性和调节无法到位等方面的缺陷，无法避免单向涨价、轮番涨价的风险，因此并未得到充分应用。在巨大的亏损压力和严格的价格管制下，成本价格传递通道受阻促使发电企业在从其他方向寻求“解困”途径，煤电纵向一体化联合成为众多发电企业的选择。纵向整合虽然能够缓解眼前的矛盾，但也引起人们的忧虑。一是因为在软预算约束的制度环境下，国有电力企业为摆脱眼前的压力，未必会真正考虑购置成本带来的影响；二是煤电一体化整合的方向与发、输、配、售分开经营的改革方向不一致，盲目整合可能会造成企业生产效率降低，增加了经营风险，在原有辅业、多种经营包袱还没有卸掉的情况下，会增加新的包袱。有研究表明煤电整合有过度化的倾向①，很多整合并不是市场选择的结果，通过整合缓解煤电矛盾只是浅层的，深层次的矛盾依然没有解决。也有学者认为电煤长期交易合同比纵向整合更有发展潜力，建议推行电煤长期交易合同，这也是国际通行做法，但现实的情况是我国煤炭市场、电力市场既不成熟，也不规范，长期合同不但难以谈成，即使谈成了，履约也存在很大困难。通过上述分析可见，破解“市场煤”与“计

① 徐斌：《中国煤电纵向关系研究——冲突机理与协调机制》，东北财经大学出版社2011年版，第180页。

划电”的矛盾，绕过“计划电”的尝试只能解决浅层次问题，要取得实质性的突破，还应该从改革“计划电”入手。

首先应突破的还是发电环节的市场化，包括竞价上网。到目前为止，我国电力改革取得实质性进展的是厂网分开，这就为发电环节的市场化改革奠定了基础，但竞价上网需要一定条件，即在电力供求上应形成相对宽裕的供给，所以，在电力短缺的情况下，竞价上网缺乏可操作的条件[①]，并且竞价上网也要求买家的竞争，单一买家同样也难以保障竞价上网的公平和效率。所以，发电环节的市场化要为竞价上网创造条件。而对于上网电价的控制很有可能使发电行业走入恶性循环，火电全行业亏损导致行业投资率下降，将进一步恶化电力供应，更为可怕的是，民营、外资企业的纷纷退出，将使行业的寡头垄断现象更加严重，并将严重动摇本已十分脆弱的市场化的体制基础。长期以来，国家通过控制国有电企，提倡国有电企履行社会责任，来保障电力供应，虽然能缓解眼前矛盾，但有可能掩盖更深层次的矛盾，这是我国电力体制改革必须注意的问题。

上网电价的逐步放开，意味着价格矛盾会向产业链的下游传递，如果终端销售电价仍然难以松动，电网企业会面临电价倒挂问题。在实行居民阶梯电价后，在维持较低价格水平保证居民基本用电的前提下，对第二档正常用电和第三档高质量用电要逐步放开，使其能够反映真实用电成本。居民基本用电价格也应该根据居民收入水平增长的情况，做到有限度地提高，逐渐接近用电成本。对农业、农资用电也应采取补贴最终用户（农民）收入的方式，要向实际用电成本看齐，最终达到取消电价交叉补贴。总之，要使电价能够反映资源需求的稀缺程度，能够促进节能减排，能够促进整个社会经济效率的提升和产业结构的升级。

① 进入2012年以来，伴随着我国经济下行压力的增大，煤炭价格一路下跌，煤电之间的矛盾趋于缓和，同时，全社会用电量增速也在下降，电力供应呈现相对宽松的局面，尽管这是我国经济调整过程中的阶段性现象，我们不能以此判断煤电矛盾就此好转，但是能否抓住这一时机在电力体制改革上有所作为，值得政府及有关部门作出决断。

在初步实现主辅分离[①]后，输配分开成为电力改革最艰巨的一环。虽然电力体制改革方案中已经明确输配分开的改革目标，但围绕输配分开的争论却不曾间断。赞成方认为，输配分开，打破垄断，对于进一步厘清电价成本，改变单一购、售电主体的市场格局，构建有卖方（发电企业）、有买方（配电企业）市场主体的电力市场体系，实现自主选择的多边交易，最终形成电价市场化具有决定性的作用。输配电价的独立是推进用户直接交易的最关键环节，是牵动电力市场建设和市场化改革的牛鼻子，也是理顺煤电价格关系的重要一环。输配电网没有分开，输配环节还没有做到独立核算，造成了输配电价实际上由电网部门自己核算确定的事实，没有办法建立完善的价格传导机制，从而使两头的电价形不成市场联动，同时也制约了电力的跨省跨区交易和资源的优化配置。持异议方认为，电网的范围经济性决定了输配一体化经营更有利于降低生产成本，输配分离后会使成本增加，会带来巨大的改革成本。目前我国还不具备推进输配分离改革的条件，强行推行不可能达到支持方所期望的目标。此外，输配分开会再次形成多个价区，与现在推行的城乡同价的目标相矛盾，造成政策上的反复，因此给出的结论是暂时不宜推行。针对正反方的争论，也有专家建议国家应合理确定电网输配电价，先行对输配电业务实行内部财务独立核算，在试点基础上实施输配分开。2011年11月，国家电监会发布《输配电成本监管暂行办法》，要求加强输配电成本监管，规范输配电成本和输配电价形成。

从世界各国电力行业改革取向来看，自20世纪80年代以来，伴随着对自然垄断行业放松规制的潮流，电力行业的自然垄断范围在被重新界定，通过引入竞争，打破垄断，以此提高效率，降低电价成为改革的重要目标。但各国的国情不同，行业发展的历史不同，改革模式也不

① 2002年，根据《电力体制改革方案》主辅分离的精神，原国家电力公司的勘测设计、电力施工和电力修造等辅业部分剥离出来组建了4家辅业集团公司，2011年9月，又在这4家辅业集团公司的基础上，吸纳了国家电网、南方电网旗下的省网所属勘测设计、电力施工企业和修造企业，组建了中国电力建设集团有限公司和中国能源建设集团有限公司。这次重组是多年的电网主辅分离改革重组的延续，同时，打造具有国际竞争力的电力建设集团也是这次重组的重要目标。经过两次大的重组，目前国家电网仍保留着电力设备制造等辅业资产。

同，即使在发达国家，现行管理模式差异也较大。例如，在法国和日本，仍然以垂直统一垄断模式为主[①]；在发电环节，目前许多国家都采取了竞争上网的模式，在英国、西班牙以及美国大多数州，电力公司进一步分解为一个电网公司和多个供电公司，实行限制性趸售竞争模式，即各供电公司在其供电区域具有垄断性质，电网公司是其电网覆盖区域各发电公司的唯一购买商，也是各供电公司电力的唯一供应商，发电公司上网电价和电网公司趸售电价随市场行情变化，浮动幅度受政府规制；在瑞典等国，供电公司直接向发电公司购电，向终端用户供电（供电公司在其供电区域具有垄断性质），实行完全趸售竞争模式，电网公司仅仅提供输电通道，收取过网费；在挪威等国采取零售竞争的模式，即在电网公司下有许多经营电力趸售和零售的用电服务机构，没有固定服务区域和服务对象，相互之间开展竞争。需要说明的是，不同的应用模式对电力充足程度、电网完善情况以及计量与结算系统的要求也有所不同，一般而言，越是体现自主选择，自由竞争的开放网络，对技术和管理的要求越高。此外，美国各州对以上的几种模式都有涉及，足见电力体制的复杂性和多样性，并没有一成不变的模式。回到前面讨论的“输配分开”问题，借鉴发达国家电力改革趋势和所采取的规制模式，同时考虑到各界对输配分开的认识差异，为了创造合理的竞争条件（包括为发电和售电环节创造竞争条件，也为输电和配电环节实施激励性规制[②]创造条件），提高整个产业的效率，对输、配电环节实行功能

① 法国80%以上的电力来自核电，水电占10%以上，法国电力集团是负责全法国发、输、配电业务的国营企业，国家拥有100%的股份；日本发电用燃料基本依靠进口，十个地区各有一家私营电力公司。这些特殊国情也许是两国选择垂直统一垄断模式的重要原因之一。

② 在自然垄断产业价格规制中，传统的基于成本的规制带来了企业内部无效率、规制关联费用增加以及寻租成本等问题，导致了规制的失灵，从而使得激励性规制被引入自然垄断产业之中。激励性规制的目的是减少规制机构和被规制企业间的信息不对称问题，刺激被规制企业努力使成本最小化，提高资本的投入产出效率，同时，确保这些企业能公平地回收成本和获得公平的投资回报率。激励性规制的方式主要有价格上限规制、特许投标制度、区域间竞争规制、社会契约制度等，从20世纪70年代末开始，这些规制方式开始在发达国家自然垄断产业逐步推广。虽然激励确实影响绩效，但是只有当合适的规制治理结构到位，它才能充分发挥作用。激励性规制存在着规制俘获、产品或服务质量降低等制约激励效能的问题，这也意味着实施激励性规制是需要有一个完善的规制体制基础做保障的。

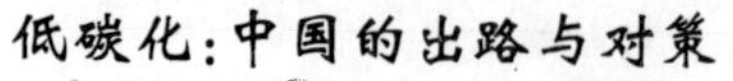

性的拆分改革是十分必要的,同时也应根据我国电力改革总体要求和网络与技术成熟的条件选择和确定输配分开的时机和具体实施步骤。

从上述分析我们可以看出,我国能源领域的改革,每一步都很艰难,理顺能源价格还有很长的路要走。尽管煤价已经放开,国家对煤价市场化的政策导向也十分坚决,但煤价“双轨制”的影子在电力改革滞后的影响下挥之难去,尤其在不断的临时价格管制措施下,电煤价格问题已经不是煤炭行业自身改革就能解决的问题。同时,由于煤炭市场事实上的分割,没有形成全国统一的市场体系和各方共同遵守的交易规则,推动了煤炭价格的虚高。再看电力价格改革,从外部经济形势、通胀压力以及民众承受能力等对电价改革的制约,到竞价上网、主辅分离、输配分开等遇到的一系列问题和阻力,说明了要破除长期积累下来的体制机制弊端,突破传统发展模式的束缚,还需要以更大决心和勇气全面推进改革。在石油领域,高油价已成为世界性的趋势,在与国际油价接轨的同时,我国石油行业更面临着如何打破垄断,促进竞争,降低成本,提高效率的挑战。需要指出的是,能源领域是国有大企业相对集中的领域,与民营企业相比,国有大企业占据了资源优势尤其是行政资源的优势,具有形成行政垄断的体制条件,目前,国家对国有企业的考核目标主要还是经济指标,容易滋长国企的垄断冲动,而监管对于“巨无霸”国企而言,也容易流于形式,这一切都使得能源领域中的行政垄断既有滋生的土壤,也有滋生的动力,如果不从体制和机制上给予破除,将带来严重的后果。企业数量与规模分布是影响市场结构的重要因素,要打破垄断,必须放宽能源领域的市场准入,鼓励和引导民间投资积极进入,真正实现市场主体的多元化。应该说,在国务院两次颁布“非公36条”后,政策门槛的限制已经打破,但竞争门槛的限制依然存在,因此,市场主体结构的调整还不乐观。价格是市场最敏感的信号,市场配置资源要通过价格才能够实现,而价格形成必须在自由竞争的前提下,才能真实地反映资源需求的稀缺程度,才会引导资源流向最稀缺的地方,才能促进社会经济整体效率的提升和产业结构的不断演进,从这个意义上说,理顺能源价格是我国经济取得持续发展不可回避的任务。

专栏3-1 中国原油和成品油价格改革回顾

1981年，国务院批准石油部实行产量包干政策，我国石油流通出现了计划与市场双轨并行的局面。1993年，我国成为石油净进口国。1994年4月，国家加强了对原油、成品油生产、流通的宏观管理，取消双轨价格，对原油、成品油实行国家定价。1998年6月，《原油、成品油价格改革方案》出台，标志着我国原油、成品油价格形成机制改革的帷幕正式拉开。根据《改革方案》，原油交易结算价格由中石油和中石化两大集团协商确定，协商的基本原则是，国内陆上原油运达炼厂的成本与进口原油到厂成本基本相当。成品油（汽油、柴油）零售价格由政府定价改为政府指导价，由国家发展计划委员会制定并公布各地成品油零售中准价格，由两个集团公司在上下5%的幅度内制定具体零售价格。零售中准价格制定的原则是，以国际市场汽油、柴油进口完税成本为基础加国内合理流通费用。当国际市场（新加坡）汽油、柴油交易价格累计变动幅度超过5%时，由国家发展计划委员会调整汽油、柴油零售中准价格。这是我国第一次明确提出油价改革总体思路，在政府调控下与国际市场接轨是其基本出发点。2000年6月，原国家计委根据国际市场价格变化决定适当提高国内汽油、柴油出厂价和零售中准价，标志着我国成品油价格开始进入与国际成品油市场"挂钩联动"的阶段。

2001年10月，国家发展计划委员会下发《关于完善石油价格机制接轨办法及调整成品油价格机制的通知》，国内成品油价格以新加坡、鹿特丹、纽约三地市场一揽子价格加权平均值为定价基础，根据基本杂费及国内关税，加上由国家确定的成品油流通费用，制定汽柴油零售中准价；两大石油集团可以在中准价上下8%的范围内制定具体的成品油零售价。

但从2003年年底开始，由于国际油价一路飙升，国家在调价过程

中，考虑到社会大众的利益，没有按照相应的变化幅度调整，虽然缓解了社会承受能力的矛盾，但由此带来的调整滞后、只涨不降、油价倒挂、油企亏损、“油荒”蔓延等现象和问题也逐渐暴露出来。例如，2006年，国际市场原油价格维持65美元/桶左右，国内加工后销售价格只相当于原油约43美元/桶。

2006年3月，国家发改委出台了石油综合配套调价方案，第一次从制度上建立了对部分弱势群体和公益性行业给予补贴的机制、相关行业的价格联动机制，石油企业涨价收入的财政调节机制，以及石油企业内部上下游利益调节机制。与此同时，国务院批准了实施成品油价格形成机制改革方案，改革的方向是原油价格继续坚持与国际市场接轨，成品油价格实行与国际市场有控制地间接接轨。由于改革细节没有透露，业内一直盛传新机制将“放弃”原来紧盯纽约、新加坡和鹿特丹三地成品油价的计算办法，而是以布伦特、迪拜和辛塔三地原油价格的平均值为基准，再加上炼油成本和适当的利润空间以及国内关税、成品油流通费等，共同形成国内成品油零售基准价，即所谓的原油成本法定价机制。

2008年12月，国务院出台成品油价格和税费改革方案，配套推出成品油价格、燃油税和交通收费三项重大改革。这次改革抓住了国际市场油价持续回落的有利时机，在不提高现行成品油价格的前提下，提高成品油消费税单位税额，同时取消公路养路费等收费。在完善成品油价格形成机制上，国产陆上原油价格继续实行与国际市场直接接轨。国内成品油价格继续与国际市场有控制地间接接轨，即国内汽油、柴油出厂价格以国际市场原油价格为基础，加国内平均加工成本、税收、合理利润确定。将汽油、柴油零售基准价格允许上下浮动改为实行最高零售价格。最高零售价格以汽油、柴油出厂价格为基础，加流通环节差价确定，并将原流通环节差价中允许的上浮8%缩小为4%左右。企业在不超过政府规定的最高零售价格前提下，自主确定或由供销双方协商确定具体零售价格。国家将继续对国内成品油价格进行适当调控。

2009年5月，国家发改委发布了《石油价格管理办法(试行)》，进一步规范了石油价格管理行为。《办法》规定原油价格由企业参照国际市场价格自主制定；成品油价格区别情况，实行政府指导价或政府定价。当国际市场原油连续22个工作日移动平均价格变化超过4%时，可相应调整国内成品油价格。当国际市场原油价格低于每桶80美元时，按正常加工利润率计算成品油价格。高于每桶80美元时，开始扣减加工利润率，直至按加工零利润计算成品油价格。高于每桶130美元时，按照兼顾生产者、消费者利益，保持国民经济平稳运行的原则，采取适当财税政策保证成品油生产和供应，汽油、柴油价格原则上不提或少提。由国家发改委制定汽油、柴油最高零售价格。

国内成品油价格机制改革还在深化和完善中，尽管改革方案并没对外正式公布，但业内对改革内容已有较为一致的看法。调价周期和频率有望加快，调价间隔可能从22个工作日改为最短10个工作日，并对"4%"的调节幅度适当缩小。此外还包括改进成品油价格运行操作方式，增加定价的透明度等内容。

根据国家发布的有关政策文件以及有关资料综合整理。

专栏3－2　中国煤炭价格、电力价格改革回顾

1. 我国煤炭价格改革与管理回顾

20世纪80年代初，国家放开地方和私营办矿。1984年10月，为缓解煤炭行业亏损，国务院决定对地方煤矿计划外产量放开价格，允许自销并且价格随行就市，并取消对乡镇小煤矿的价格管制。1985年，国家对全国统配煤矿实行行业总承包，以此为标志，行政定价与市场定价的双轨制就此形成。1992年，为解决价格体系混乱、巨额亏损补贴等问题，适应经济增长对煤炭供应的更高要求，煤炭价格改革开始试点，到1994年7月，除电煤外，全国煤炭市场价格基本放开，并逐步形成了以市场为主的定价体系。

由于电力行业自然垄断的特点以及兼顾保障民生和发展经济的

需要,我国长期实行低电价政策,电力价格一直由政府控制,使得上游电煤价格始终不能摆脱电价的羁绊,“计划电”与“市场煤”之间的矛盾随市场供求的变化时大时小,供求双方针对电煤价格的纠纷一直没有停止过。

1996年,国家开始对电煤实行指导价,规定每年第四季度,由原国家计委颁布下一年国家指导价格。电煤供需双方据此在订货会上签订电煤购销合同。20世纪90年代中后期的产能过剩和亚洲金融危机的爆发,使我国煤炭市场极度低迷,煤炭价格持续回落,直到2000年下半年,煤炭需求开始增加,价格迅速回升。在此背景下,国家决定从2002年开始放开电煤市场,取消电煤指导价。同时为了促进煤、电双方顺利签订煤炭购销合同,在每年煤炭订货会上仍发布一个参考性的协调价格。但由于煤炭市场回升后电价上调远低于电煤价格上涨,2002年、2003年的电煤订货会仍是在政府部门多次协调下才达成一致的。2004年,面对严峻的电力短缺,国家采取了临时性的干预措施,并于年底经国务院批准,决定建立煤电价格联动机制,并提出2005年调控电煤价格的具体措施(包括限价幅度8%等)。但在煤电结构性矛盾一时无法根本解决的条件下,计划内电煤签约率下降、有煤不发少发迟发、合同执行难、电煤质量下降等问题也变得愈发尖锐。2006年,国家取消了电煤价格临时性干预措施,由煤、电双方自主确定交易价格,电煤价格就此进入持续上升阶段。但煤、电双方在电煤价格上意见分歧严重,对立依然十分尖锐。2007年,延续了五十多年的由政府组织产运需企业召开订货会的做法被视频会议取代。2008年6月,由于电煤价格持续大幅上涨,发改委决定年内对全国发电用煤实行临时价格干预措施,7月又发出通知,对主要港口和集散地动力煤制定最高限价。由于供需双方的分歧无法弥合,2009年的全国煤炭产运需衔接合同汇总会无果而终,2010年明确不再召开合同汇总会。2011年11月,在“电荒”和通胀的压力下,发改委决定对电煤实施临时价格干预措施。政府干预的背后是煤电矛盾还在加剧,而煤电矛盾的背后是深层的结构性矛盾和机制性矛盾,其解决依赖市场化改革的深化。

2. 我国电力体制及电价改革回顾

1985年之前，我国电力行业属于政企合一的国家独家垄断行业，1985年，为了解决电力供应严重短缺等问题，部分开放了发电市场，逐步形成了多元化投资、多家办电的格局。1997年1月，国家电力公司成立，原有的行政管理职能移交到政府综合部门，初步实现了政企分开。但在发电、输电、配电各环节实行一体化垄断经营的体制还没有改变。

2002年4月，国务院批准《电力体制改革方案》。改革的主要内容是，在发电环节引入竞争机制，实现"厂网分开"，逐步实行"竞价上网"，开展公平竞争；实行新的电价机制；开展向大用户直供试点，改变电网企业独家购买电力的格局。为此，原国家电力公司按"厂网分开"原则组建了五大发电集团、两大电网公司和四大电力辅业集团。2003年3月，国家电力监管委员会成立，按照国家授权履行电力监管职责。

理顺电价机制是电力体制改革的核心内容。20世纪80年代中期，为鼓励集资办电厂，我国实行了以"还本付息电价"为主的电价政策，"新电新价"在吸引投资的同时也造成新老电厂差价过大，电价体系比较混乱。到1998年，"还本付息电价"被调整为"经营期电价"，即还贷期拉长为"经营期"，一定程度上抑制了电价上升。2003年7月，国务院批准了《电价改革方案》，确定的电价改革长期目标是：将电价划分为上网电价、输电价格、配电价格和终端销售电价；发电、售电价格由市场竞争形成；输电、配电价格由政府制定；建立规范、透明的电价管理制度。其近期目标是：在厂网分开的基础上，建立与发电环节适度竞争相适应的上网电价机制；初步建立有利于促进电网健康发展的输配电价格机制；实现销售电价与上网电价联动；试行较高电压等级或较大用电量的用户直接向发电企业购电。过渡时期，上网电价主要实行两部制电价，其中，容量电价由政府制定，电量电价由市场竞争形成。2004年3月，国家出台标杆上网电价政策，改变了过去按项目成本核定电价的做法。同年，实施了煤电价格联动机制。2005年3月，制定了《上网电价管理暂行办法》、《输配电价管理暂行办法》和

《销售电价管理暂行办法》。2006年以来，国家还制定与完善了鼓励节能减排和可再生能源发展的电价政策。2009年10月，发改委和电监会联合制定《关于加快推进电价改革的若干意见（征求意见稿）》并公开征求意见。2011年12月，居民生活用电开始试行阶梯电价。然而，我国电价改革之路充满曲折。2004年以后，我国煤电矛盾不断加剧，2004年开始的竞价上网运行试点也暂时搁置。解决这些问题的出路仍然是深化改革。

根据国家发布的有关政策文件以及有关资料综合整理。

三、建立碳排放交易市场，完善低碳发展的市场体系

1. 我国建立碳排放交易市场的必要性和可行性

从2003年全球首家碳交易市场诞生到现在，已经有10个年头了。2005年全球碳交易额仅为110亿美元，到2008年全球碳排放市场交易规模达到1351亿美元，较2005年增加了11.3倍。受金融危机和欧债危机的影响，2009年后全球碳市场规模增长有所放缓，价格也出现大幅波动，2009年全球碳交易额增长6%，达到1437亿美元，2010年负增长1%，全球碳交易额为1419亿美元，但全球碳排放交易市场发展的活力和潜力并没有改变。从市场结构上看，欧盟碳排放交易体系（EU ETS）一直是全球碳交易的主要市场，占全球交易量的80%左右。①

按照《京都议定书》中规定的减排机制，发展中国家基本上是以开发清洁发展机制（CDM）项目参与全球碳交易的。随着欧盟碳排放交易体系（EU ETS）发展日趋成熟，加上CDM一级市场上获取CER（核证减排量）的成本较低，使得CDM与EU ETS市场的结合度越来越高，并逐渐成为国际金融机构投资的重点目标。我国是全球最大的CDM项目供应国，截至2011年4月1日，联合国清洁发展机制执行理事会成功注册的清洁发展机制项目为2947个，中国为1296个，占其中的

① 根据世界银行发布的《2011年碳市场现状和趋势报告》（*State and Trends of the Carbon Market 2011*）整理。

43.98%，签发的核证减排量5.76亿吨二氧化碳当量，中国为3.19亿吨二氧化碳当量，占55.28%。[①] 然而，目前《京都议定书》第二承诺期的后续安排还存在着很多不确定性，而根据欧盟的有关协议，从2013年起，欧盟碳排放交易系统（EU ETS）可能只接受最不发达国家或有双边协议国家的CDM项目，且禁止使用工业气体项目产生的减排信用。因此，2013年以后，我国CDM项目将会面临EU ETS市场形势变化的挑战，既有的项目减排模式和利用发达国家资金、技术支持的思路将会受到一定冲击，在此情况下，建立起我国自己的碳排放交易市场，寻找我国与国际碳市场的新的结合点，是新阶段新形势下实施我国节能减排战略的必然选择。

我国在全球气候谈判中所作出的庄严承诺，以及国内节能减排的严峻形势也对采用市场化的手段，并以此激发节能减排的动力，提高节能减排的效率提出了迫切的要求。在哥本哈根气候大会召开前夕我国宣布到2020年单位GDP碳排放在2005年基础上减排40%—45%，并将其列入强制性指标，写入《"十二五"规划纲要》。而从1990年到2005年的15年期间，中国单位GDP能耗已经降低了47%。"十一五"期间（2006—2010年），我国以6.6%的年均能源消费增长支撑了国民经济年均11.2%的增速，能源消费弹性系数由"十五"时期的1.04下降到0.59，单位GDP能耗比2005年下降了19.1%。然而，依靠必要的行政手段强制性大量淘汰高耗能、高污染的落后产能的办法在一定时期非常有效，但随着生产结构中最容易压缩的高耗能、高污染环节被压缩和淘汰，剩下的产能结构的调整变得越来越困难，短期奏效的办法越来越少，建立起长效的产能升级和退出机制则越来越重要。2011年在政策力度依然强劲的情况下，我国单位GDP能耗下降2.01%，与年初

① 中国人民大学气候变化与低碳经济研究所编著：《中国低碳经济年度发展报告2011》，石油工业出版社2011年版，第214页。虽然我国CDM项目数量庞大，但我国CDM项目类型分布不均、涉及领域较少，对农业、林业的碳指标开发以及对先进节能减排技术的引进相对滞后，尤其在拥有巨大减排潜力并对科技进步有突出贡献的节能和提高能效类型上，CDM项目的申请数量较少，减排规模也较小。

制定的3.5%的节能目标有一定差距,说明了我国节能减排的难度在加大,单纯依靠政府主导的以目标管理为核心,以经济政策和行政指标(问责)为主要手段,以行政资源为主要推动力量的节能减排方式难以做到各方合力,必须在合理的制度框架设计的基础上,加大市场机制的调节作用,才能调动企业主体和其他社会成员主动参与节能减排。① 在2011年年底召开的南非德班联合国气候大会上,我国明确表态,愿意在2020年之后有条件地接受具有法律约束力的全球减排协议。如果履行全球减排协议并有条件地实施量化减排,则意味着从发展阶段与碳排放的关系来看,我国应争取在2020年或其后不远的时点达到人均碳排放量的峰值②,这就是说,在2020年以前,我国的二氧化碳相对减排(提高碳生产率)面临着两项约束条件,一是满足到2020年单位GDP碳排放在2005年基础上减排40%—45%的要求,二是合理规划碳排放,使我国在2020年或其后不远的时点争取达到人均碳排放量的峰值。可见,未来十年对我国工业化进程是非常重要的,面对两个约束条件,关键是区分开不同碳排放的"质",把握好相对减排的度,既要让工业化和城镇化的快速发展有排放空间,又要使高污染低效率的碳排放让出排放空间,要解决这个问题,仅仅依靠政府的力量,没有市场机制的基础作用是难以实现的。建立碳排放交易市场是一个积极有效的尝试。

目前,引入市场机制促进减排目标的实现,已经成为国际社会的普遍共识,国际碳排放交易的实践也证明碳排放交易市场的办法是可行的,在降低减排成本,促进先进技术应用方面也是有效的。我国"十二五"规划纲要明确提出逐步建立碳排放交易市场。目前建立碳排放交

① 根据有关专家的研究估算(丁仲礼:《对中国2020年二氧化碳减排目标的粗略分析》,《山西能源与节能》2010年第3期),要完成到2020年单位GDP碳排放在2005年基础上减排40%—45%的目标,在GDP增长8%的情景下,我国能源消费弹性系数为0.63—0.53。根据以往的经验教训,要实现对能源需求的有效控制,必须有一套严密的制度设计予以保障。

② 一般认为,一个国家或地区经济发展与碳排放关系的演化存在3个倒U型曲线高峰规律,即该演化过程需要先后跨越碳排放强度倒U型曲线高峰、人均碳排放量倒U型曲线高峰和碳排放总量倒U型曲线高峰。研究表明,碳排放强度高峰相对容易跨越,而人均碳排放量和碳排放总量高峰跨越起来则相对比较困难。

易市场的准备和试点工作已经开始，各试点地区正在编制方案，预计2013年可以正式启动实施。[①] 根据国务院的部署，到2015年，全国单位国内生产总值二氧化碳排放比2010年下降17%，我国应对气候变化政策体系、体制机制进一步完善，温室气体排放统计核算体系基本建立，碳排放交易市场逐步形成。[②] 总体上看，我国目前对碳排放的控制主要还是以政策手段和必要的行政手段为主，包括了提高排放准入门槛、淘汰落后产能、实施工程减排（包括CDM项目）等措施，以及在省区、城市、产业园区、社区开展低碳试点等活动，通过市场方法促进减排的工作才刚刚开始。经过几年的探讨，目前从理论上和政策导向上对于诸如“碳市场的需求从哪里来？碳交易从哪里开始？对经济增速有什么影响？”等基本问题的争论已经作出了初步的解答，但对于“如何通过减排立法构建碳市场的基础架构？如何建立适合我国国情的监测核查方法和制度？如何公平分配碳排放权？如何有效地运行和管理碳排放交易支撑体系？”等一些实践性比较强的问题还要通过试点加以展现和找到求解的办法。

碳排放交易市场是通过减排法律和减排政策构建起来的市场，按照这些法律和政策所具有的强制性的不同，碳排放交易市场被划分为强制减排和自愿减排两类市场。从国际碳市场发展历程看，强制减排市场占据了市场交易量的绝大部分，是碳排放交易市场发展的主流模式。在现有的全球碳减排框架内，自愿减排市场是重要的补充。之所以形成这样的格局，是由碳配额的商品性质决定的，因为只有在对总量进行约束的

① 我国已于2011年10月决定先在北京市、天津市、上海市、重庆市、湖北省、广东省及深圳市开展碳排放权交易试点。在碳交易所建设方面，目前已有北京环境交易所、上海环境能源交易所、天津排放权交易所，这是我国最早成立的三家涉及碳排放权交易业务的交易所。据报道，截至2011年9月，国内已经挂牌成立的环境权益类交易所已有9家，专业性环境交易所已达19家，正在筹建的碳交所更多。专家呼吁要建设好碳交易市场，必须建立统一的碳减排法律体系，建立统一的登记注册系统，建立统一的碳排放量核定核查方法，建立统一的期现货交易清算平台。有关研究认为全国性的碳排放权交易所最多可设一到两个，可以成立地方性碳交易所，但其业务应当是竞争性的。也有专家认为应积极构建碳交易区域市场，因为没有众多的区域市场，不可能有统一的国内市场。

② 《国务院关于印发“十二五”控制温室气体排放工作方案的通知》，国发[2011]41号。

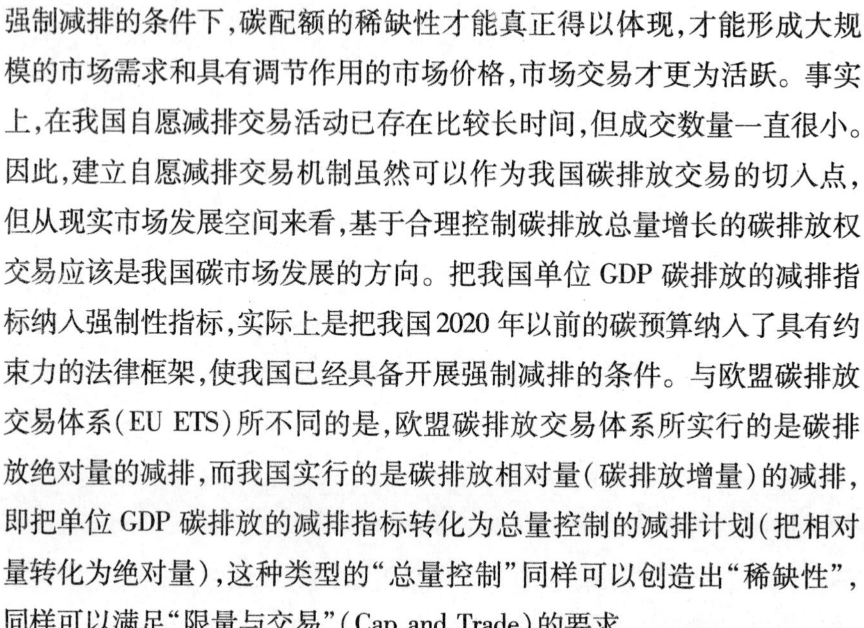

强制减排的条件下，碳配额的稀缺性才能真正得以体现，才能形成大规模的市场需求和具有调节作用的市场价格，市场交易才更为活跃。事实上，在我国自愿减排交易活动已存在比较长时间，但成交数量一直很小。因此，建立自愿减排交易机制虽然可以作为我国碳排放交易的切入点，但从现实市场发展空间来看，基于合理控制碳排放总量增长的碳排放权交易应该是我国碳市场发展的方向。把我国单位GDP碳排放的减排指标纳入强制性指标，实际上是把我国2020年以前的碳预算纳入了具有约束力的法律框架，使我国已经具备开展强制减排的条件。与欧盟碳排放交易体系（EU ETS）所不同的是，欧盟碳排放交易体系所实行的是碳排放绝对量的减排，而我国实行的是碳排放相对量（碳排放增量）的减排，即把单位GDP碳排放的减排指标转化为总量控制的减排计划（把相对量转化为绝对量），这种类型的“总量控制”同样可以创造出“稀缺性”，同样可以满足“限量与交易”（Cap and Trade）的要求。

在我国建立碳排放交易市场是一个新生事物，必须要处理好几方面的关系。一是合理控制碳排放增长与保持经济正常增长的关系。我国正处于工业化和城镇化快速发展阶段，一定幅度的能源消费增长是不可避免的，因此，在我国控制能源消费总量增长（碳排放量增长）一定要在一个合理的限度内，保持好这一关系，我国碳排放交易市场不仅不会影响我国经济的正常增长，反而可以促进我国经济结构的调整和发展方式的转变。二是构建全国统一市场与调动地方积极性的关系。建立统一的碳减排法律体系以及与之对应的减排制度，构建全国统一的市场，是碳排放交易市场发展的方向。在现行管理体制下，地方政府担负着节能减排，降低二氧化碳排放强度的重要职能，碳减排指标首先分解分配到地方政府，再向碳排放企业分配，这种管理模式强化了地方政府的责任，但也使地方政府可以通过对排放权指标的分配和管理影响排放企业的交易行为，地方政府为了本地区经济发展，可能要求碳排放交易在本地区进行，从而造成市场分割，这种限制在二氧化硫排污权的交易中曾经出现过。三是碳配额指标的行政无偿分配与市场竞价分配的关系。碳配额指标分配到排放企业，大致有三种方式：无偿分配、拍卖、定价出售。无偿分配可以减少企业的负担，降低推进碳排放交易的阻力，因此是碳排放交易市场建立初期碳配额的主要分配方式。但无偿分配容易诱发政府部门的寻租行为，并且不利于形成公平有效的碳排放交易市场，因此随着碳排放交易市场逐渐成熟，应该提高市场竞价分配的比例。不管哪种分配方式，建立透明的分配程序和严格的监督机制是保障公平分配的必要条件。四是配额型交易市场与项目型交易市场的关系。按照《联合国气候变化框架公约》确定的“共同但有区别的责任”原则，中国作为发展中国家，不承担强制性总量减排义务。在此设计理念下，我国碳排放交易市场中的配额与欧盟碳排放交易体系中的配额存在着一定的差别，因此，在 2020 年之后我国有条件地接受具有法律约束力的全球减排协议之前，我国的碳排放交易市场有可能是一个相对封闭的市场，只在我国国内进行交易，能否参与全球交易活动，还取决于国际碳市场对我国碳市场的认可程度。但项目型交易市场却有着很大的不同，我国是全球最大的 CDMA 项目供应国，长期参与国际碳排放交易市场的交易，因此，应积极通过谈判，继续保持我国 CDMA 项目供应国的地位。两者在国内市场的关系，有学者认为项目市场中的核证碳减排量本来是出售给国外企业的，如果我国企业购买了这部分配额，就会减少我国的净收益，造成国家利益的流失，因此不赞成国内碳排放交易市场以核证碳减排量为标的物。这种观点有一定道理，但在国内 CDMA 项目面临退出国际市场的压力，如果国内市场又不能有效承接的话，势必对我国节能减排事业带来严重的影响，因此如何衔接配额交易与项目交易这两种类型的市场，是我国碳排放交易市场发展的重要课题。

专栏 3－3　碳排放交易市场的类型及其建立的基础条件

1. 碳市场的初创及其类型

全球首家碳交易市场——芝加哥气候交易所（Chicago Climate Exchange，CCX）诞生于 2003 年，由于美国不是《京都议定书》的缔约

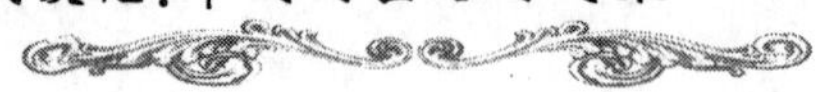

国，因此创建于美国，致力于削减北美地区碳排放的芝加哥气候交易所采用了非政府主导、以市场为基础的自愿减排交易体系来建立碳市场。2006年制定的《芝加哥协议》为开展排放权交易奠定了制度基础。与美国不同，欧盟率先按照《京都议定书》中规定的三种减排机制，构建了欧盟排放交易体系（EU ETS）。2003年，欧盟成员大会通过2003/87/EC法案，明确提出在欧盟范围内建立温室气体排放权配额交易体系，并于2005年1月1日正式启动了欧盟排放交易机制，这是世界上第一个强制性碳排放交易体系。英国、法国、挪威、德国等欧盟成员国纷纷建立了自己的交易市场，其中2005年由芝加哥气候交易所建立的欧洲气候交易所（European Climate Exchange，ECX）由于拥有规范的管理制度和高效的交易清算平台，迅速发展成为欧洲碳交易中心。同时，众多的交易者和庞大的交易量，也使得欧洲气候交易所形成的碳交易价格成为世界碳交易中最重要的参照价格。在美国和欧洲碳市场成功建立并迅速发展的示范作用下，印度、加拿大、澳大利亚也纷纷建立起自己的碳市场。

从碳市场建立的法律基础上看，碳市场可以划分为强制减排和自愿减排两类市场。目前，欧洲的碳市场都是强制减排型市场，自愿减排型市场则以美国芝加哥气候交易所为代表。从温室气体排放凭证的种类划分，碳市场还可以划分为配额型交易市场和项目型交易市场。前者要求交易者在“限量与贸易”（Cap and Trade）体制下购买由管理者制定、分配的排放配额，后者则是依据《京都议定书》规定的清洁发展机制、联合履约减排机制以及自愿减排机制，通过实施减排项目，获得核证减排量。从市场的组织形式看，碳市场可以分为现货市场和期货市场。碳现货交易主要是为了满足企业或政府调节排放配额或核证减排量的余缺，碳期货交易则为企业或政府提供回避或转移排放风险的工具，并通过期货交易发现排放配额和核证减排量的远期价格。

2. 碳市场建立的基础条件

减排立法是构建碳市场的基础。碳排放配额作为一种记载温室气体排放权的凭证，是一种因为法律规定而具有内在价值的人为商品。法律规定的配额发放制度和数量与不同企业实际排放之间的差异,造成持有者有调剂所持配额余缺的需求,这种需求是促成碳交易的根本动力。在这里,通过立法改变了温室气体排放权的性质,由自由排放转变为节制排放,从而创造出碳配额的供求关系,赋予了排放权内在价值。同时,这种排放配额供求之间的矛盾,使配额资源产生稀缺性,而资源的稀缺性正是决定交易成败的关键,这样通过市场化的交易方式,就可以以相对低的成本实现社会整体减排目标。当然,通过立法还要保证碳市场交易的公平性。

欧盟 2003/87/EC 法案明确规定了以下主要内容:强制减排的温室气体类型和与这些气体排放相关的经济活动;欧盟分配给成员国配额量的方法和程序;成员国排放企业申请排放权配额的义务、申请的方法和程序;成员国构建登记注册系统的要求,注册系统管理配额转移、注销的程序;排放企业实际排放量监测、报告和核查的方法与程序;企业违反法案的处罚措施等。在向企业分配排放配额时,明确采取无偿发放与有偿拍卖相结合的方式进行,总的指导思想是逐年减少免费发放配额的比例。

科学实用的核定核查减排量方法是碳市场发展的保证。进行配额分配和减排效果确认都必须以准确的监测核查方法为依据,因此,温室气体实际排放量的准确监测是开展排放权交易的技术基础。排放权作为一种无形商品,其价值很大程度上取决于供应量的多少,投资者判断市场投资价值,企业监测的实际排放量是否真实可靠是一个关键指标。监测核查制度有力保证了碳排放权交易市场的公开、公平和公正,让具有初始配额的排放企业与其他交易者可以享有同等的地位,由此吸引大量的投资者参与相关产品的交易。监测过程还提高了企业减排的动力,企业必定会对碳交易价格、生产收益以及减排技术改造成本等几个方面之间作出权衡,寻找可以减少排放量的低成本方法,减排的积极性将大大提高。

碳配额的登记结算系统是碳市场平稳运行的保障。碳配额一般是以电子凭证的形态存在,通过登记注册系统,可以方便地生成和存放排放权配额，完成排放权配额的流转，对配额账户进行管理和对交易进行监管。建立一个由政府统一管理、运作规范的排放权登记注册系统，不仅能削减配额管理和交易的成本，提高碳市场的运行效率，更重要的是能保证配额管理的公信力，对维护碳市场的平稳运行有着至关重要的作用。

根据中国清洁发展机制基金管理中心、大连商品交易所著《碳配额管理与交易》（经济科学出版社2010年版）第二章、第三章有关内容整理。

2. 完善我国低碳发展的市场体系

碳排放交易市场是发展低碳经济的重要依托，但碳市场也有明显的局限性。首先，碳排放交易市场不是自发形成的，而是在市场经济条件下在减排法律基础上构建出来的，因此对市场经济的成熟程度，对减排法律的约束力度都有较大的依赖，换句话说，只有建立在成熟的市场经济条件下，在严格的法律约束框架内，碳排放交易市场才能走上良性发展的轨道。其次，碳排放交易市场是为了克服外部性而设立的市场，要把排放的外部成本转化为企业的内部成本，除了严格的法律制度外，对于碳排放量的有效监测核查，以及公平分配碳排放指标是保证碳排放交易市场健康发展的基本条件。如果初始基础条件建设得不好，在路径依赖的作用下，碳市场建立的目标和结果完全有可能“南辕北辙”。再次，碳排放交易市场的运行必须要有现代金融技术和现代信息网络技术的支撑和保障，而在这些方面，我国现有的技术储备和运营经验还不足，高级复合型人才也相对缺乏。正是由于上述多方面的原因，虽然专家学者普遍认为碳排放交易市场是一种重要的减排工具，但一些学者对其在我国现阶段能否有效地发挥减排效应仍然存有疑虑。[①] 可见，碳市场的健康发展是依托在健全的市场体系以及与之对

① 有学者认为，在现阶段及近中期，碳市场（碳配额市场）只能作为我国温室气体减排政策框架中的一种辅助性工具，并不能成为减排政策的基石，在处理减排问题上，不应对碳市场有过高的期望。对政策工具的选择和评价不能脱离工具运作的制度和技术背景。一般而言，处于减排能力建设过程中的国家，技术标准可能更适合。从理论和国际经验来看，在减排政策工具箱中，标准和管制政策、财税政策工具仍然是核心的政策工具。参见陈健鹏：《中国并不迫切需要碳市场》，《中国经济时报》2011年4月25日第A01版。

应的制度环境、管理水平、技术条件之上的，离开了完善的市场经济体系的支撑，碳市场不可能单兵突进，独领风骚。也正因为如此，必须将碳市场的建立与完善纳入整个市场体系的改革与完善的进程中，进行系统的设计和整体的运作。

碳排放交易市场是我国低碳发展市场体系的重要组成部分，通过建立碳排放交易市场，为排放主体提供更多的选择，以此促进降低社会减排成本，推进减排目标的实现，这是市场化减排手段的突出特点，同时，市场化减排手段并不排斥其他政策手段的综合运用，通过与其他政策手段相互配合，可以产生协同效应，增强减排效果。这也是建立碳排放交易市场的有利条件。我国碳排放交易市场的建立和完善需要一个过程，这个过程的长短既取决于我国经济体制改革的深化亦即碳排放交易市场基础支持条件的深化发展，也取决于碳排放交易市场自身适应国情的开拓创新与发展，从这个意义上说，碳排放交易市场在我国当前节能减排以及控制温室气体排放中的作用，会随着整个经济体系的完善不断加强，我们既不要对碳排放交易市场的作用抱有不切合实际的乐观，以为只要建立了碳排放交易市场，所形成“倒逼机制”就可以立竿见影地推动解决粗放发展的问题，也不要对碳排放交易市场采取保守的观望态度，认为我国现有的体制机制、市场监管水平对建立碳排放交易市场还不适应。我国是全球最大的温室气体排放国之一，庞大的排放量、复杂的排放结构、多样化的减排技术，以及紧迫的减排压力，使得碳排放交易市场成为各种主体进行全方位价值和利益权衡的最好平台，我国碳市场交易空间十分巨大，发展的前景不可限量，尽管在现阶段甚至在一段时期内，我国碳排放交易市场还不能发挥主导节能减排的作用，但建立碳排放交易市场的工作决不能放松。

低碳发展的市场体系是低碳经济活动所依托的市场体系，是在低碳发展模式下，通过推进市场化进程，增加市场的广度与深度，培育和完善起来的适应低碳发展需要的现代市场体系，它既包括新兴的碳排放交易市场，也包括传统商品市场和要素市场中支撑低碳经济活动的

部分。[①] 能源市场是低碳经济活动的基础平台，因此，完善我国低碳发展的市场体系，首先应当完善我国能源市场体系。一是推动形成全国统一的煤炭市场体系。我国煤炭价格改革虽然很早，市场化的方向也一直没有动摇，但市场分割，价格扭曲，行政力量介入，限制市场准入，推高煤炭价格等问题依然严重，尤其是近年来，煤电矛盾日益尖锐，除了产业链下游电煤运输、发电、输配电等环节改革滞后外，煤炭市场扭曲，市场监管缺位也是重要原因。为了解决煤电矛盾，有专家提出建立"全国电煤交易市场"，包括现货市场和期货市场，现货市场对电煤进行实物集中交易，做到产需多方报价、运力紧密衔接、信息公开透明、市场规范有序。期货市场与全球煤炭市场相衔接，帮助市场参与者预测供求形势和价格走势，通过套期保值，规避价格风险。[②] 从多年推动煤炭市场体系建设的实践看，深化全方位的改革是实现突破的关键。二是破除能源市场的行政性垄断，建立健全多层次、多模式、多品种的能源市场体系。深化垄断行业改革，引入竞争机制，加强政府监管和社会监督是党的十七大确定的战略任务，然而，垄断行业的改革举步维艰，在做大做强的目标之下，旧的垄断不但没有打破，新的垄断还在增强。与发达国家市场经济体制下通过竞争自发形成的市场垄断（如微软、英特尔等）相比，我国的垄断以自然垄断和行政垄断为主，尤其是以权

---

① 有关研究认为，低碳经济市场体系的首要特征表现在整个市场的最终目标均归结到降低单位能源消费量的碳排放量，控制二氧化碳排放量的增长速度方面。低碳经济市场体系是一个多元模块和多要素共同组成的市场体系，也是从以往高碳经济市场体系转换、升级而来的一种新型市场体系，并具有战略性和全局性的运行特征（中国人民大学气候变化与低碳经济研究所编著：《中国低碳经济年度发展报告 2011》，石油工业出版社 2011 年版，第 158 页）。我们认为，尽管低碳经济被认为是较少地依赖化石能源、减少温室气体排放的经济体系，但对我国而言，低碳经济则是一种正在兴起的经济发展模式，而要实现这种以低能耗、低排放、低污染为基础的经济发展，现代市场体系的依托作用是必不可少的。低碳发展并不是一种孤立的发展模式，从与完善市场体系的关系来看，它是与市场化改革并行不悖的。同时，市场体系本身难以区分是高碳和低碳的，因为高碳经济活动和低碳经济活动均在其上运行，但从传统的市场体系向现代的市场体系转变是与高碳经济向低碳经济转变同向同步的。本节在研究"低碳发展的市场体系"时，强调了通过推进市场化，把一些新型市场（如碳排放交易市场）纳入其中，拓宽市场的广度，鼓励产品市场、金融市场、技术市场的创新，引入新的理念和工具，深化市场服务和市场机制的作用，更好地促进低碳发展。

② 范必：《系统解决煤电矛盾的思路》，《宏观经济管理》2009 年第 8 期。

力保护为特征的行政垄断，破坏了公平竞争，扭曲了市场，拉高了社会成本，损害了公众利益，滋生了腐败，带来了严重的社会危害。我国电力、石油等能源行业存在着自然垄断环节，但在自然垄断环节之外，市场结构仍然是垄断占主导地位，并为社会舆论所诟病，改革的任务依然很重。三是大力培育新能源市场。调整优化能源结构，大力培育新能源产业是我国能源战略的重要内容，2010 年我国非化石能源占一次能源消费比重为 8.3%，根据我国政府的规划，到 2015 年这一比例提高到 11.4%，到 2020 年争取达到 15% 左右。这是一项约束性指标，要达到这一目标，2020 年我国水电装机应达到 3.2 亿千瓦、核电装机达到 7200 万千瓦、非水可再生能源利用规模达到 2 亿吨标准煤（发电利用规模应不低于 40%，其中风电规模达到 1 亿千瓦，太阳能发电规模达到 2000 万千瓦，生物质发电规模达到 1500 万千瓦）。[①] 也有预测指出，未来十年内，中国新能源投资累计将达到 5 万亿元。可以预期，无论是水电、核电、风电还是太阳能发电，都有着巨大的市场发展空间。然而，要把预期的市场目标转化成现实的市场需求还要克服很多困难，由于水电对库区环境影响和核电站安全问题一直受到民间环保呼声的质疑，其他可再生能源面临着成本过高[②]、不掌握核心技术、入网难等障碍，我国新能源市场的发展实际上存在着预期较高但实际市场需求动力不足的问题，市场机制尚不能成为新能源发展的主要动力，单纯依靠政策推动有可能带来市场的畸形发展，完善市场的任务依然十分艰巨。

在低碳发展的市场体系中，低碳金融市场与其他市场的联系尤为紧密，其作用举足轻重。金融是现代经济的核心，是联系其他市场的纽带，也是现代经济机体不可缺少的血液。低碳经济要想取得长足的发展，必须要有充足的资金支持，现代金融在有效筹集资金，合理配置资

---

① 按照 2020 年能源消费总量控制在 44 亿吨标准煤左右、GDP 总量 62 万亿元人民币（2005 年价格，年均增速 8.5%）进行测算。国网能源研究院：《2020 年非化石能源比重达到 15% 的实现路径分析》，国家能源局网站：http://www.nea.gov.cn/2012-02/10/c_131402482.htm。

② 根据有关测算，目前小水电发电、生物质发电（沼气发电）、风力发电、太阳能光伏发电的成本分别是燃煤发电的 1.2 倍、1.5 倍、1.7 倍和 11—18 倍。

金,灵活调度和转化资金,以及实现风险分散,降低交易成本等方面为此提供了创新工具和交易平台。低碳发展模式与金融的结合,特别是低碳金融的创新,不仅为低碳经济的发展提供了资金支持,为交易各方提供了新的风险管理和套利手段,更重要的是深化和完善了适应低碳发展的金融资源的配置机制,发挥了金融体系动员社会资金的功能,为低碳发展提供了保障。金融市场具有发现价格的功能,通过低碳金融创新,建立碳金融市场体系,就可以引导市场主体的资金流向,支持低碳技术发展,实现产业结构优化升级和经济增长方式的转变。

与西方发达国家不同,长期以来,我国社会融资结构一直是以间接融资为主,银行业在我国融资格局中居于核心地位,虽然早在20世纪90年代中期央行就提出扩大直接融资规模,但直接融资与间接融资结构比例失衡的问题至今仍然没有解决,健全多层次资本市场体系,提高直接融资比重的任务依然十分艰巨。① 这从一个侧面说明我国的金融体系自身发展还不完善,深化金融体制改革、完善金融市场将是一项长期的任务,也意味着低碳金融创新必须同我国金融业整体的改革和创新相结合,既要创造大量的金融需求,激发金融改革创新的动力,也要有效地利用现有的金融信贷条件,寻找有力的金融支持,为低碳技术和产业的发展创造条件。

鉴于银行信贷担负着社会融资主渠道的功能,对我国的环境保护和节能减排的影响作用十分巨大,同时为了引导和督促银行业金融机构强化社会责任,规避银行信贷中的环境风险,2007年7月,国家环境保护总局、中国人民银行和中国银监会联合下发了《关于落实环保政策法规防范信贷风险的意见》,同年11月,中国银监会又发布了《节能减排授信工

---

① 长期以来,我国金融体系的发展一直延续着银行主导型的金融发展模式。2011年我国各类金融机构的贷款占社会融资规模的比例高达75%左右,同期企业债券和股票融资占比只有14%。目前在我国股票融资是直接融资主要的方式,但即使在股票市场繁荣时,我国非金融企业直接融资比例也不超过23%。而在资本市场比较发达的美国,长期以来其直接融资占比都在80%—90%的水平。但在全球资本市场中,债权融资一直是直接融资的主要方式,例如日本,债权融资占到70%—80%,在美国股权融资占直接与间接融资的总额也不足10%。

作指导意见》，提出在严峻的资源和环境形势下，严格对企业和建设项目的环境监管和信贷管理已经成为一项紧迫的任务，要求严格控制高耗能、高污染行业的信贷投放，同时积极支持循环经济、环境保护和节能减排技术改造项目。我国银行业的“绿色信贷”机制从此启动。经过几年的大力推动，绿色信贷已经成为我国银行业金融机构创新信贷产品，调整信贷结构，积极支持节能减排和环境保护的重要抓手。各家银行积极创新绿色信贷产品，通过应收账款抵押、清洁发展机制（CDM）预期收益抵押、股权质押、保理等方式扩大节能减排和淘汰落后产能的融资来源，增强节能环保相关企业融资能力。2012 年 2 月，银监会制定并发布了《绿色信贷指引》，从宏观监管层面对银行机构实施绿色信贷政策做了具体可操作性的规范，使绿色信贷政策的实施更为有效。然而，在粗放发展的体制机制因素还没有真正消除，低碳经济的发展在某些领域还存在较大政策风险的情况下，银行基于自身经济利益和风险控制的考量，再加上管理经验和人才储备的不足，还难以形成对低碳发展的充分支持。要改变这种状况，还要加大金融及相关领域的改革，彻底转变经济发展方式。

在全球市场贸易体系中，最重要的权利就是金融市场中对大宗商品、金融商品以及金融衍生品的定价权。建立和完善我国的期货市场体系有助于提高我国在重要大宗商品定价中的话语权。石油价格作为影响国际大宗商品走势的“最基础的价格”，对于各国的国家安全和政治经济有着巨大的影响。目前的国际油价机制是建立在由欧美发达国家所创立的原油期货交易基础上的，从操作层面看，定价权被全球所有投资者，主要是财力雄厚的国际投行所掌控，但 OPEC 国家手中的资源开采权依然十分重要，而以美国为首的西方国家则通过影响石油输出国家和控制管理全球石油市场来谋求现实的和潜在的利益。[①] 不可否

① 有学者认为，油价的定价机制来自有五个方面的支撑：一是国际金融信用体制；二是支付结算体制；三是计价计量体制；四是质量管理体制；五是国际法律保护下的文化导向机制。美国在这五个方面全都处于领导地位，很大程度上导致国际石油市场受美国利益驱使，并为美国利益服务。二战后美元在世界上确立起来的主导地位，特别是 1973 年美国和中东产油国就排他性地使用美元结算石油交易达成协议，决定了美国在石油定价权上独一无二的话语权。

认的是石油的市场需求仍然是最终的决定因素，但国际炒家的金融套利行为却使油价长期背离供求关系，干扰了世界各国的经济秩序。中国作为全球第五大石油生产国，第二大石油消费国和石油进口国，我国对外石油依存度早已突破安全警戒线①，面对日益严峻的能源安全形势以及越来越大的输入型通胀压力，我国只能被动接受国际油价上涨，这对于我国这样一个石油消费大国无疑存在着严重的隐患。因此，随着中国经济实力的增强，依托巨大的国内市场，积极谋求原油定价的话语权，参与全球原油市场的管理不仅是必要的，也是可行的。我国应以战略眼光看待原油期货市场的建立与发展，充分发挥我国作为石油生产和进口大国的优势，把握好亚太区域石油市场发展对于我国的机遇，尽快建立发展我国的原油期货市场，扩大我国在亚太地区石油市场的影响力。

与在石油领域的影响力相比，我国是全球最大的煤炭生产国和消费国，煤炭的年生产量和消费量接近全球总量的一半。2009 年我国首次成为煤炭净进口国，2011 年取代日本成为全球最大的煤炭进口国，目前，煤炭进口量占我国煤炭消费量的比例还不大，但对全球煤炭市场的影响还是比较大的。近年来我国煤电矛盾十分尖锐，原因之一就是煤炭市场不健全，建立和完善包括现货市场和期货市场在内的煤炭市场是解决煤电矛盾的重要途径之一。煤炭期货市场具有价格发现和套期保值的功能，从 20 世纪 90 年代中期开始，美国、澳大利亚、南非、日本等国陆续推出了不同的煤炭期货品种，煤炭期货市场也经历了曲折的发展过程，但从总体上看，目前还缺乏具有全球影响力的煤炭期货品种②，作为全球最大的煤炭生产国和消费国，中国实际上具有世界煤炭价格的话语权，但要想充分发声，建立一个完善的煤炭期货市场是十分

① 一种说法认为一国石油进口量占国内消费量的 30% 是国际公认的安全警戒线，2003 年我国石油净进口量占当年石油消费量的 36.6%，突破了安全警戒线；另一种说法认为原油进口依存度 50% 是警戒线，2009 年我国原油进口依存度超过 50%。

② 在煤炭现货市场上，澳大利亚 BJ 煤炭现货指数（亚洲市场动力煤现货价格指数，反映了煤炭买卖双方对现货动力煤的合同价）对国际煤价走势有着重要影响，澳大利亚也一直致力争夺亚洲煤炭交易的主导权。

必要的。

以上简单讨论了建立石油和煤炭期货市场的必要性。对于发展低碳经济而言,在实现低碳能源替代之前,化石能源的高效利用是一个具有根本性和全局性的问题,而建立一个能够充分反映市场供求关系、资源稀缺程度和环境损害成本的价格机制是合理配置和高效利用能源资源的重要保证,现代金融市场为此提供了系统的和创新的金融工具,因此我们必须加以充实完善和充分利用。我们前面曾经讨论过的碳排放交易市场也是现代金融市场的组成部分,即碳金融市场。随着碳排放交易市场的发展壮大,未来完全有可能与石油交易市场一样成为另一个主要的金融市场。目前全球碳金融市场是由欧洲国家主导的,这个事实挑战了美国一直以来主导全球金融市场的格局,意味着在对未来碳主导权的争夺上,严峻的竞争正在蓄势待发。目前,我国碳金融的建立刚刚开始,处于摸索和试验阶段,由于当前我国实行的是二氧化碳相对减排(提高碳生产率)政策,加上我国金融市场在发展金融衍生工具上还缺乏相应的经验,所以碳金融的发展还要与前面提到的我国石油、煤炭等大宗能源商品期货市场的建立相互衔接。碳排放交易市场本质上是金融市场的一部分,如果缺乏金融机构的参与,缺少金融工具的运用,碳市场交易活动则难以进行,从国际经验看,金融机构的深度参与是碳市场良性发展的有力保证。[①] 因此,现阶段我国碳市场建立就应该积极引入金融机构的参与。可以预期,未来我国碳排放交易市场的发展空间非常大,从长期来看,中国是否发展碳金融,如何建立碳金融市场也是一个关于未来新型碳金融市场话语权的战略问题。

① 目前,国际主流商业银行已经成为碳交易市场的重要参与者,其业务范围已经渗透到该市场的各个交易环节。除了为项目开发提供贷款、担保和中介服务,还在二级市场上充当做市商,为碳交易提供必要的流动性;并且开发了各种创新金融产品,为碳排放权的最终使用者提供风险管理工具,或者为投资者提供新的金融投资工具。目前国际碳交易市场上所交易的衍生产品,除了最基本的排放权远期和期货交易外,还包括应收碳排放的货币化、碳排放权交付保证、套利交易工具以及与排放权挂钩的债券等。

专栏3-4　金融业的低碳创新

金融业是市场经济体系中最具有创新冲动和创新能力的产业,同时,气候变化与低碳经济给传统金融业带来了风险与机遇,也促成了创新活动的开展。

低碳银行创新。低碳银行是指提供低碳金融服务,实践低碳理念,限制对高能耗、高污染企业的金融支持的商业银行业务。具体的低碳银行业务有低碳技术和项目投融资、银行贷款、碳银行理财产品开发、碳贸易产品服务、碳权金融服务和交易以及清洁发展机制业务咨询与账户管理、碳减排额交易等。

低碳银行的实践始于2003年6月,全球7个国家的10家跨国银行率先宣布实行"赤道原则"。赤道原则(Equator Principles)是2002年10月在由国际金融公司和荷兰银行主持召开的一次国际商业银行会议上提出的一项企业贷款准则,旨在判断、评估和管理项目融资中所涉及环境和社会风险,是金融可持续发展的原则之一,也是国际金融机构践行企业社会责任的具体行动之一。截至2009年12月31日,全球共有68家金融机构承诺采纳赤道原则。2008年10月,兴业银行成为我国首家赤道银行。近年来,我国银行业在绿色信贷、碳能效融资项目、碳结构性产品研发、银行碳中和服务、清洁发展机制交易等方面开展了一些实践活动,但总体上起步较晚,发展还比较缓慢。

低碳保险创新。低碳保险是指从事转移气候变化给经济带来风险的保险公司的业务。具体的低碳保险业务有碳交易对象的信用担保、碳中和保险、清洁发展机制碳交付保证、排放交易保险、碳变成可保资产及开发巨灾保险、天气保险产品等。低碳技术研发投入大、科技含量高、研发成果的运用面临众多不确定性风险,低碳保险能够为低碳技术的发展提供市场化的保障机制。同时,通过保险产品的设计以及保费的厘定,也可以制约高能耗、高污染、高排放产业的发展。

低碳投资创新。低碳投资是指投资于气候变化领域资产或开发气候变化相关的金融衍生品的投资银行与资产管理业务。具体的低碳投资业务有投资与气候变化相关的产品、开发天气衍生品与巨灾债券、建立碳基金、为碳排放交易体系提供交易服务、投资低碳技术与低碳企业等。

低碳投资在低碳经济转型过程中发挥的作用表现为：帮助企业消除低碳生产模式转变过程中所面临的技术、经济和管理障碍，帮助企业提高能源使用效率，减少 CO_2 排放；对具有市场前景的低碳技术进行商业投资，拓宽低碳技术市场；开发新的低碳领域金融衍生产品以规避气候变化带来的风险。

目前，碳基金的发展非常迅速，已成为国际低碳投资的重要工具。自 2000 年世界银行设立首个碳基金以来，10 年间全球已有 87 只基金，累计担保资金从零发展到 890.8 亿欧元。碳基金的资金来源有三种：一是政府出资（公共基金），二是政府和私有企业按比例出资（公私混合基金），三是由私有企业自行募集（私人基金）。经过 10 年的发展，后两类基金的数量和增长已经大大超过公共基金。此外，开发低碳金融衍生品也是低碳投资的重要形式。

根据中国人民大学气候变化与低碳经济研究所编著《中国低碳经济年度发展报告 2011》（石油工业出版社 2011 年版）第八章有关内容整理。

四、深化政府职能转变，发挥政策工具的指导和激励作用

1. 深化政府职能转变，着力从政策和制度层面解决低碳发展的导向和动力问题

从 1987 年党的十三大明确提出转变职能是政府机构改革的关键到现在已经 25 年了，这期间推进政府职能转变的工作虽然不曾放松，但长期以来工作的重点一直停留在机构调整和职能的重新分配上，对政府职能转变中深层次问题触及得不多。2005 年的政府工作报告首次提出努力建设服务型政府的要求，2008 年党的十七届二中全会通过的《关于深化行政管理体制改革的意见》进一步明确了政府职能转变

的目标，即“通过改革，实现政府职能向创造良好发展环境、提供优质公共服务、维护社会公平正义的根本转变”。从近几年的实践来看，各地政府对于前台操作层面的改善行政服务的形式和内容比较重视，在发展电子政务，简化办事程序，提高行政效率，提供便民便企服务等方面取得了积极的进展，但对于能够带来政府职能根本性转变的观念理念更新和体制机制创新却显得动力不足，在追求 GDP 增长业绩的推动下，“全能型政府”和“强势政府”的观念依然牢固，政府对于微观经济活动的干预仍然过多，来自既得利益格局的改革阻力依然很大，种种现象都说明目前我国的改革已进入攻坚期，政府改革成为诸多领域改革的突破口和关键。

在此形势下，要充分发挥政府在实现低碳发展中的指导和促进作用，必须要紧密结合政府改革和职能转变，把政府推动的方式从以行政手段为主转变到依靠制度建设和多种政策手段综合运用上来。我国的低碳发展始于国家大力推动的节能减排政策。节能减排政策的基础可以溯源到保护环境和节约资源两个基本国策的确立，1983 年，第二次全国环保会议召开，会上宣布将保护环境确定为我国的基本国策。1997 年通过的《节约能源法》指出，节能是国家发展经济的一项长远战略方针，2007 年对《节约能源法》进行修订后，明确规定节约资源是我国的基本国策。然而，真正把这两个基本国策贯彻到具体的实践中还是在进入新世纪后，针对日益严峻的环境污染和资源耗竭形势，尤其是“十五”后期单位 GDP 能耗和主要污染物排放总量大幅上升的趋势，我国陆续把保护环境和节约资源基本国策写入国民经济和社会发展的五年规划，并使其指标化和具有约束性。2006 年，“节约资源”与“保护环境”一起，作为基本国策被写入“十一五”规划，并量化为多项约束性和预期性指标。为了落实完成这些指标，2006 年，国务院印发了《国务院关于加强节能工作的决定》，2007 年又发布了《节能减排综合性工作方案》，拉开了我国全面开展节能减排工作的序幕。2011 年，为了积极应对全球气候变化，“十二五”规划增加了非化石能源占比和碳强度下降等约束性指标，同年，国务院陆续发布了《“十二五”节能减排综合性工作方案》和《“十二五”控制温室气体排放工作方案》，我国的低碳发展步入了有目标、有措施、稳步推进的轨道。

目前我国的节能减排工作，是在强化节能减排目标责任制的基础上，采取的是以政府为主导、企业为主体、市场有效驱动、全社会共同参与的工作推动方式。实践证明，这种方式在我国行政体系较为完备而市场体系相对薄弱、行政效率较高而市场效率相对不足的条件下，针对存在负外部性的节能减排领域，确实起到了积极的富有成效的作用。然而，随着节能减排工作的深入开展，几个带有趋势性的问题应引起足够的重视。一是在几轮强制性大量淘汰高耗能、高污染的落后产能后，剩下的产能结构的调整变得越来越困难①，短期奏效的办法越来越少，建立起长效的产能升级和退出机制则越来越为重要。二是我国落后产能之所以泛滥，高能效技术应用之所以困难，其根本原因是不合理的能源价格体系和行业垄断导致的有效的市场竞争的缺失，只有通过改革，建立完善的市场体系，充分发挥市场机制的基础性作用，才能从根本上消除这些长期以来制约我国产业结构升级和发展方式转变的体制性障碍，真正发挥市场在节能减排中的有效驱动作用。三是我国行政管理体制改革已经进入攻坚阶段，改革的核心依然是转变政府职能，但要真正实现政府职能的转变，首先必须理顺政府和市场的关系，从制度上保证更好地发挥市场在资源配置中的基础性作用。目前政府在资源配置中还起着相当大的作用，在某些领域限制了市场配置资源作用的发挥，对某些要素价格的长期管制保护了落后，遏制了竞争，延缓甚至阻碍了企业和产品的升级换代，大量的行政审批也延滞和影响了企业的创新活动。这些问题不解决，政府职能转变就不可能落到实处。可见，从转变政府经济职能的角度看，职能转变问题最终还是要归结到政府和市场关系的问题。应该进一步完善政府的经济调节和市场监管的职能，强化社会管理和公共服务，弱化和在明晰的法律框架内严格限制政府

① 2011 年我国单位国内生产总值能耗下降了 2.01%，没有实现下降 3.5% 的目标。全国有 8 个地区未完成年度节能目标，有 13 个地区未完成节能进度目标。对节能减排形势的严峻性我们应有所准备。

直接参与资源配置的职能。为此，对如何推动节能减排和低碳发展，也应该结合政府职能的转变充分论证更切实可行的方式方法。目前，发达国家政府在发展低碳经济方面发挥着重要的作用，但是由于其市场经济的法律体系比较健全，政府的权力受到严格的限制和制约，因此其政府作用的增强不会削弱市场经济体制，而我国的市场经济体制还处于发展初期，市场发育还不成熟，市场化改革还需要持续深入的推进，因此在发挥政府作用的同时必须兼顾不要削弱市场机制的基础性作用。

可见，在我国社会主义市场经济条件下，要发挥好政府在节能减排和低碳发展中的作用，在加强政府统筹全局的导向和推动作用的同时，使市场的基础驱动作用在微观领域能够有效发挥，我们必须围绕体制机制创新和政府职能转变，同时把制度设计构建和政府职能定位两方面的工作做好，即通过政府开创性的工作，在政策和制度层面同时解决低碳发展的导向和动力问题。

在此，我们对市场经济条件下政府与市场的关系作一梳理，从中分析政府在低碳发展中所应承担的职责和所应避免的问题。从政府的一般作用和基本职能来考察，我们知道政府是相对于市场而言的，某些情况下，政府与市场之间存在着某种程度的相互替代和相互补充的关系，但由于政府和市场都存在着内在的缺陷，使得政府和市场的作用都存有局限性，也就是说，政府在某些领域永远做不了或做不好市场所擅长做的事情，在这种情况下政府就不应该进行干预，只能发挥和不断完善市场机制的调节作用。同样，市场在某些领域也做不了或做不好政府所擅长做的事情，这种情况下就不能将市场机制引入其中，只能充分发挥和不断完善政府的职能。在政府与市场之间在理论上存在着一个“有效边界”或者“均衡点”，如何寻找和接近这个“边界”或“均衡点”，我们认为有个基本原则是应该遵守的，即在市场经济条件下，市场机制的基础性调节作用是最基本、最普遍的，政府干预只能作为对市场失灵部分的必要补充，同时，政府干预的有效性在很大程度上依赖于有一个成熟的市场经济发展环境，政府干预方式也应尽量采取有利于市场有效运行的方式。① 需要指出的是，我们在讨论政府与市场的关系时，往往关注的是政府的经济职能，而在低碳发展领域，政府的经济职能、文化职能和社会职能都要发生作用，后者的作用可能更为直接。保护生态环境和自然资源是政府的基本社会职能，这不仅是因为资源环境具有社会公共属性，与社会利益息息相关，同时也由于资源环境问题主要是由社会经济活动中产生的负的外部效应和对自然资源不合理的开发利用引起的，这种个体利用公共物品谋利，但却放弃对公共利益负责的行为无法通过市场方式予以纠正，客观上要求由政府代表公共利益行使环境管理的职能。在经过了"公地悲剧"的反思及一系列环境管理改革后，目前发达国家政府的环境保护职能都得到极大的加强，政府在环境管理上的主导作用也被广泛认同，保护环境的手段也得以不断创新，并与市场机制形成了优化的组合。近年来我国政府的节约资源和保护环境的职能也得到加强，在政府的主导和推动下我国环境保护和节能减排工作取得了突出的成绩，但从全国的范围来看，一些地方政府在有关资源与环境职责界定、职能履行等方面依然存在着职责缺位、权责脱节、职能交叉、效率低下等问题，由于环境监管不力导致的污染事

① 在西方经济学里，一般认为发挥政府干预经济的作用主要是基于"市场缺陷"而非"政府优越"，同时也并非市场存在缺陷的领域，政府就一定可以弥补，如果政府比市场做得更差（即政府失灵比市场失灵更甚），就不如仍然让市场去发挥作用。人们发现，属于宏观范畴的某些事务，单靠市场是没有办法解决好的，因此政府的基本作用首先是解决宏观层面上由市场无法解决的问题。但对于政府是否可以介入微观事务，如果可以，在什么范围内和多大程度合适，目前还存在着分歧。有学者把政府对微观经济干预的范围和程度，以及学界争论划分为三种情况：(1)有关保护市场制度的基本性规制，包括界定产权，保护产权和执行合同等，这些规制几乎得到所有经济学家的认可。(2)涉及某些特殊领域或特别行为的法律和规制，如反垄断法以及有关健康安全、环境保护、金融市场、金融机构等规制，这类规制争议较少，至少得到大多数经济学家原则上的认可，即对这些领域的适当规制的正面作用要大于干预带来的成本。(3)争议较大的领域是政府对价格（房租、工资、股价、汇率等）的管制，对贸易的管制，倾斜性的产业政策等，之所以存在争议，是因为并没有充分的证据证明这些干预对经济发展有明显的正面作用，但其负面作用（如市场扭曲，寻租，腐败）却十分明显。在我国，由于市场发育还不充分，同时考虑到新兴经济发展的脆弱性、国际竞争力的缺乏、风险防范体系不健全以及国际投机资本冲击等因素的作用，在一定时期，保持政府一定程度对经济的干预有其必然性和必要性，但是过多的干预会影响市场的正常发育，所以随着我国经济发展和市场经济体制逐步成熟，减少政府对经济的直接干预也是必然的趋势。

件时有发生，政府机关自身的高能耗和浪费严重问题也十分普遍。[①]而与此同时，政府职能的越位和错位问题依然严峻，其表现为：强调政府的经济管理职能，忽视政府的社会服务职能；热衷于干预微观经济，而对改善公共服务则动力不足；热衷于政府主导的经济增长和控制各种资源，而怠于培育市场环境和探索体制机制创新。在这种发展理念下，市场经济体制的发展和完善必然受到挑战，而政府的作用也不能很好地发挥。为了契合转变政府职能的要求，让政府职能越位的归位，缺位的到位，我们主张在确立节能减排和低碳发展的政府主导作用时，应与广受质疑的“政府主导的经济增长模式”中的“政府主导”区别开来，把政府的主导作用限定在政府为克服市场失灵所履行的职能上来，把政府主导作用与企业和居民的主体地位通过微观领域市场的纽带有机地连接起来，用经济和法律的手段，动员全社会共同参与推动低碳发展。同时也防止个别地方政府曲解“政府主导”的真正涵义，尤其在微观经济领域，必须防止“政府主导”被滥用。

2. 加强法治政府建设，政府立法和行政执法要为促进低碳发展创造良好条件

我国法律体系的建设和发展离不开实践，当实践中出现了需要用法律手段加以解决的问题，就对立法提出需求，但立法条件是否具备，还要看实践总结的经验是否基本成熟。在立法前，先用政策来指导，经过广泛的探索、试验，总结经验，研究、比较各种典型，全面权衡利弊，在此基础上进入立法程序，这是立法的一般性流程。我国在节约资源和保护环境立法上就是遵循这一思路。我国的立法体制是分层次的，全国人大及其常委会行使国家立法权，制定和修改法律；国务院即中央人民政府根据宪法和法律，制定行政法规；地方（省、自治区、直辖市和较大的市）人大及其常委会依法制定地方性法规；国务院各部门依法制定部门规章。从世界各国的立法实践来看，由于法律调整的社会关系

---

① 根据有关测算，我国政府机构（包括教育等公共部门）的能源消耗约占全国能源消耗总量的5%，年能源费用超过800亿元。我国目前有公车数百万辆，每年消耗超过2000多亿元，其中真正用于公务的仅占1/3左右。

复杂多变，为了使法律具有较大的稳定性、包容性和适应性，常常在法律中只规定一般原则和主要条款，以留有充分的空间适应外部条件一定程度的变化，能够包容复杂的法律调整事项，这就会导致法律条款原则性、普遍性强而针对性、可操作性弱，而相对于法律而言，行政法规和规章是执行性的，是为执行法律而将法律的原则性条款具体化，正好弥补了法律的这些不足。此外，对立法的需求量大、时间要求紧、专业性强也是政府立法得到加强的重要因素。由于节能减排、低碳发展所涉及的专门性和技术性较强，其立法需要复杂的专业技术知识，即使在有关法律经国家立法机构批准实施后，配套的法规、规章也应该由更具有专门性的政府立法来制定补充。而在某项法律出台之前，也要由政府负责以政策引导的方式，推动探索、试验和总结经验，政府在行使立法提案权、为立法创造条件，加快立法进程中发挥着十分重要的作用。总之，在现代市场经济中，由于技术、经济、社会发展变化加快，宏观经济调控日益复杂，社会利益协调难度加大，对立法提出了更为综合全面的要求，而政府立法具有针对性和适应性强、效率高、相对灵活、修改补充方便等特点，起到了对立法机构立法的重要补充作用，这些特点使得政府立法的必要性和现实性大大增强。在重视政府立法的同时，我们也应看到政府立法的被授予性、从属性和有限性的特征，政府立法权应该在法定权限和程序范围内行使，既要受到重视，也不能过分夸大，应该受到有效的监督和制约。要围绕建设法治政府，加强和改进政府立法工作。

改革开放以来，我国在保护环境、节约资源、促进经济社会可持续发展的法律体系的建设上取得了可喜的成就，尤其是2006年以后，在把节能减排约束性指标纳入国家“十一五”和“十二五”规划的同时，我国在节能减排低碳发展领域的立法和修法工作也在加快。从20世纪70年代末到80年代末，我国完成了《环境保护法(试行)》的试行和修订工作，《环境保护法》于1989年12月颁布实施，标志着我国环境资源法律体系建设开始步入规范化和科学化的轨道。但经过二十几年经济社会的发展变化，《环境保护法》的局限性愈发突出，例如，受当时环境

保护观念和政府管理模式的影响和制约，在法律规定上较多注重污染控制，侧重于末端治理，追求污染源的达标排放，强调行政命令式的环境管理，这都与现今形势下坚持可持续发展基本理念，追求资源有效利用、环境效益、社会效益与经济效益相统一，强调源头削减、过程控制与“节能降耗、减污增效”相结合，实行行政手段与市场机制相结合的现代环境保护理念、治理模式和管理手段存在一定差距。目前修改《环境保护法》已纳入修法计划，专家学者普遍认为应强化环境保护法的基础地位和作用，使其成为环境保护的基本法。

在我国环境资源法律体系中，还有几部法律对我国发展低碳经济影响较大。1997 年，我国颁布了第一部节能法律《节约能源法》，2007 年对其进行了重新修订。这部法律的出台使节约资源的基本国策写进国家法律，从而明确了节能在我国国家政策和能源发展战略中的重要地位。2005 年，我国颁布了第一部可再生能源法律《可再生能源法》，其后针对实施中出现的统筹不到位、资金不足、上网难等问题于 2009 年 12 月对《可再生能源法》进行了修订，修改后的可再生能源法对全额保障性收购、建立可再生能源发展基金等问题作出了明确规定。在我国以煤为主的能源资源赋存条件下，发展新能源和可再生能源是转变能源消费结构的重要途径。《可再生能源法》的实施以及 4 年后的重新修订，显示出我国在低碳经济大潮下对发展可再生能源抱有的决心和信心。2008 年全国人大常委会通过了《循环经济促进法》，这是我国经济社会实现可持续发展的又一部重要的法律。这部法律的实施，实际上开启了一种全新的经济运行模式，即我国经济在经历了改革开放前忽视资源环境因素的“传统发展模式”，以及改革开放后很长一段时期所实行的“先污染，后治理”的“过程末端治理”模式后，开始步入到人与自然协同进化和人与自然和谐共处的“循环经济发展模式”。而《循环经济促进法》的制定，不仅是肯定了这种发展模式，更是在法律和制度框架下，把资源节约、经济质量、环境建设、优化管理同国家发展、社会进步、文化建设，完整地结合在一起，既保证资源和环境对经济发展的支持，又保证经济发展对促进资源节约和环境改善的支持，实现符合可持续发展要求的良性循环。① 近期新修订的相关法律还有《清洁生产促进法》(2002 年制定,2012 年修订),《煤炭法》(1996 年制定,2009 年、2011 年修订)、《水土保持法》(1991 年制定,2010 年修订)等。这些法律的制定实施和修改完善为推动我国经济和社会全面实现低碳发展提供了法律和制度性的保障。

以法律手段促进低碳经济发展,对此不存在任何异议,但对于是否需要制定单独的低碳经济促进法,以此推动低碳经济发展,目前还有不同意见。我们认为,就发展低碳经济进行单独立法,是经济和社会发展到一定阶段的必然要求,但目前还不具备立法条件。原因是:第一,对于低碳经济的定义,目前在全球范围内还未取得一致的研究结果(这点与循环经济不同),由于"低碳经济"概念最早的提出是与二氧化碳减排目标和规划减排路线联系在一起的,而在减排问题上发达国家与发展中国家又存在着严重的分歧,因此,低碳经济的概念或多或少打着"气候政治"的烙印。我们把低碳经济看做是一种正在兴起的经济发展模式,其中也隐含了"总量减排不能成为发展低碳经济的先决条件"这样的诉求。同时也有一些国外学者认为:低碳经济是一种后工业化社会出现的经济形态,其核心是低温室气体排放,或低化石能源的经济,认为低碳经济是能够满足能源、环境和气候变化挑战的前提下实现可持续发展的唯一途径。按照这些分析,低碳经济发展的程度是与一国的经济发展阶段相联系的,因此在对低碳经济的概念还没有取得一致认识,在经济发展还远未达到后工业化阶段的前提下,作为发展中国家是否以冠名"低碳经济法"的法律来调整各方的关系,推动和规范低碳经济的发展,还是值得商榷的。从现实国家利益的角度考虑,低碳经济立法必然增加市场主体成本,将削弱该国的国际贸易竞争力,因此世界各国包括发达国家对低碳经济立法都是采取比较审慎的态度。当然,我们主张延后低碳经济单独立法,只是出于"慎重"的考虑,并不是

① 牛文元:《十届全国人大常委会专题讲座第二十七讲讲稿——关于循环经济及其立法的若干问题》,国务院法制办网站:http://www.chinalaw.gov.cn/article/ztzl/fzjz/200710/20071000042614.shtml。

反对低碳经济立法，在条件成熟时即可启动单独立法。第二，我国现有法律对目前低碳经济的发展完全可以起到相应的调整和规范作用，再加上根据需要适当增加新法，对现有法律适时作出修订，使相关法律衔接配套，我国低碳经济的法律体系将会逐步得到完善。从发展低碳经济的角度出发，我们认为现行四个方面的法律对低碳经济起到重要的作用：一是能源法包括《电力法》、《煤炭法》、《节约能源法》、《可再生能源法》；二是生态资源与循环经济法包括《森林法》、《草原法》、《矿产资源法》、《土地管理法》、《水法》、《水土保持法》、《循环经济促进法》；三是环境法包括《环境保护法》、《海洋环境保护法》、《水污染防治法》、《大气污染防治法》、《固体废物污染环境防治法》、《清洁生产促进法》、《环境影响评价法》；四是与之相关的其他法律包括《政府采购法》、《科学技术普及法》、《科学技术进步法》以及有关国际性协议等。再加上与之配套的行政法规、法规性文件以及部门规章，构成了日益完善的低碳经济法律体系。第三，发展低碳经济是一个系统工程，不仅涉及面广，而且关联性强，需要调整的利益关系也比较复杂。而在我国低碳经济才刚刚起步，不仅理论研究、政策研究、战略研究还不充分，而且实践上也大多处于试验探索阶段，例如碳排放权交易试点工作刚刚开始，因此还未总结出适合我国国情的发展低碳经济的一般经验。根据我国立法的一般程序，目前还不适于对低碳经济进行单独立法，更为稳妥的方式是通过政府制定相关的法规、规章，综合运用各种政策对低碳经济进行指导，在实践中总结经验，为立法创造条件。

通过上述分析，我们可以看到，在我国现阶段低碳经济的发展中，政府的作用是非常独特的，这种独特性体现在政府兼具了立法（行政法规、规章、政策等的制定）、执法、领导、监管等多项职能，如何处理好各项职能在中央政府和地方政府之间，以及在各级政府职能部门之间的分工，建立有效的工作协作和监督制衡机制，不仅对低碳经济的发展关系重大，也关系到政府改革的成效。此外，我国低碳经济市场体系的发育还不健全，培育市场也是政府的重要任务。尽管发挥政府主导作用和培育市场并不存在根本的对立，但在实际工作中确实存在着政府偏好和选择性履行职能等问题。因此必须全面地认识和履行政府在发展低碳经济中的职能。如果充分尊重和发挥市场机制的基础性调节作用,政府的宏观政策主导就会转化为微观市场动力,从而调动企业和居民积极参与低碳经济;如果一味强调政府主导作用而忽视市场基础作用,暂时的低碳发展势头也许还会呈现,但由于发展机制遭到破坏,可持续的低碳发展则难以保持。因此我们认为,在促进低碳发展上面,政府职能应主要体现在宏观指导和微观监管两个方面,要通过完善政府的宏观政策指导以及加强对资源环境的监管和行政执法,为促进低碳发展创造好的条件。

首先要在政府立法和宏观政策上为低碳经济发展提供制度性保障。从政府立法的角度推动低碳经济的发展具有重要意义,这是因为低碳经济在很多方面区别于传统经济,低碳发展模式下的有些理念和诉求,也超越了传统的思想观念和行为模式,因此以法律、法规、制度等形式进行规范和指导,预期会收到更好的效果。我国低碳经济发展的方针政策和重大战略,应由中央政府以行政法规和法规性文件等方式依法制定和发布,国务院有关部门要根据职能分工细化有关政策,使其更具有可操作性。同时,政府及所属部门还要根据政策实施中反馈的问题和意见,对政策适时作出修订和调整,使政策能更好地契合客观实际,取得更好的执行效果。对于适合立法条件的还要积极推动立法,对现有相关法律不适合新情况、新发展的要积极推动修订。我国的低碳经济才刚刚起步,实践经验少,对政策的依赖性强,市场机制还不能充分发挥调节作用,资金和技术还存在着严重的瓶颈,我国包括人口、发展阶段、资源禀赋、环境容量等在内的国情条件,与发达国家工业化过程中曾经遇到的情况,及其现今实行低碳经济转型的情况都有很大的不同,低碳发展没有固定的模式可循,我国的低碳经济必须根据中国国情确定发展模式,选择发展道路。目前我国的低碳经济还处于制度设计和推动实践的初级阶段,在这个过程中政府的作用是非常重要和不可替代的,政府制定和颁布的法规和政策将构成我国低碳经济发展的"初始条件",其影响和作用将会非常深远,并有可能带来"路径依赖"

效应。因此，政府在制定有关法规、制度、重大战略时，必须把握好全局性、趋势性和战略性方向，同时将着力点重点指向体制和机制的构建上。

其次要强化资源环境监管和行政执法。资源环境领域是一个深受负外部性影响的领域，资源耗竭、生态失衡和环境污染都是经济活动产生的负外部性所带来的后果。要减少和消除外部性，单靠市场机制是无法纠正和补偿的，政府必须承担起保护自然生态资源、保护环境和资源环境监管的职责。在经济领域，我们一般认为政府应该尽量避免使用行政手段干预经济，但在资源环境领域，加强政府的行政执法，提高政府监管水平和行政效率不仅是政府所要依法履行的神圣职责，也是经济社会可持续发展的重要保障。然而，恰恰在这个方面，政府有关监管和执法部门长期以来存在着严重的"缺位"和"失职"。从近年来接连发生的食品安全、环境污染等重大事件可以看出，目前我国在环境监管和行政执法中存在的主要问题并不是无法可依或法律缺失，而是部分执法机构和执法者个人缺乏社会责任，丧失法治精神，有法不依、执法不严、以权代法、权大于法。这种现象之所以经久不去，体制上的缺陷是主要原因。

基层政府是行政执法的主体，是依法实施社会管理的基础平台。资源环境领域的基层执法工作是从源头上维护国家和社会公众的利益，对我国经济可持续发展和社会稳定具有直接的保障作用，是有效遏制资源环境违法行为和化解社会矛盾的重要手段。虽然各级政府对我国资源环境形势的严峻性已有深刻认识，工作部署也在加强，但基层政府的资源环境监管和行政执法工作仍然是政府履行各项职能中最薄弱的环节。目前，监管人员不足、专业水平低、技术装备差、工作经费不足等仍是制约基层监管执法工作的重要因素；而现有法律法规与日益严峻的资源环境形势不相适应（如规定的处罚力度过轻，无法对违法企业形成有效的惩处和遏制），以及地方政府对企业违法的说情和保护，则从更深的层次上制约了基层监管执法工作的开展。因此，要有效遏制资源环境违法案件的高发态势，必须全面加强基层资源环境监管和执法能力建设,要从上到下加强法律制度建设和深化管理体制改革,对基层执法单位要重点加强队伍建设、人员培训、增加技术装备投入,改善工作条件。基层执法工作也要不断探索创新,要建立一套行之有效的办法把行政处罚与民事诉讼、公益诉讼、反渎职侵权等多种救济手段结合起来,形成对资源环境违法行为和与之相关的渎职侵权行为的全面整治体系,从各个方面把侵害资源环境的口子堵住。

专栏3-5　我国节能减排和低碳发展的法律法规

节能、提高能效的法律法规及标准:20世纪80年代初,国务院陆续发布了多个节能指令。1986年,国务院颁布了我国第一部节能法规《节约能源管理暂行条例》,1997年,全国人大常委会审议通过了我国第一部节能法律《节约能源法》,国务院有关部门随即颁布了与其配套的有关规章,包括《节能产品认证管理办法》(1999)、《重点用能单位节能管理办法》(1999)、《关于发展热电联产的规定》(2000)、《节约用电管理办法》(2001)、《民用建筑节能规定》(2005)等。2007年根据经济社会发展对节约能源新要求重新修订颁布了新的《节约能源法》。其后,国务院又制定了相关的配套法规,包括《民用建筑节能条例》(2008)、《公共机构节能条例》(2008)等。在节能标准体系的建设上,到2010年年底,我国共批准发布了工业通用设备节能监测标准、经济运行标准以及企业能源管理、合理用能、能量平衡、能源审计国家标准140项,包括27项高耗能产品能耗限额标准,内容涉及钢铁、有色、建材、化工和电力五大行业;在用能产品能耗控制方面,制定了电冰箱、空调、电视机、洗衣机等45项强制性标准,建立了用能产品的市场准入、市场淘汰和能效标识制度,从2005年到2011年,国家陆续批准发布了8批25类能效标识产品目录及实施规则。

保护自然生态资源、促进循环经济的法律法规:20世纪80年代中期到90年代初,我国陆续颁布了保护自然生态资源的法律,包括《森林法》(1984)、《草原法》(1985)、《矿产资源法》(1986)、《土地管理法》

(1986)、《水法》(1988)、《水土保持法》(1991)等法律，并适时对这些法律进行了修订。为了统筹协调环境资源保护和经济发展，2008年全国人大常委会通过了《循环经济促进法》，并出台了《再生资源回收管理办法》(2007)、《废弃电器电子产品回收处理管理条例》(2009)等配套法规。

发展清洁能源的法律法规：2005年，我国颁布了第一部可再生能源法律《可再生能源法》，2006年国务院有关部门制定了《可再生能源发电有关管理规定》、《可再生能源发电价格和费用分摊管理试行办法》、《可再生能源发展专项资金管理暂行办法》、《可再生能源建筑应用专项资金管理暂行办法》、《可再生能源产业发展指导目录》等配套规章及政策，2007年又制定了《可再生能源电价附加收入调配暂行办法》。2009年12月，全国人大常委会表决通过了关于修改《可再生能源法》的决定。修改后的可再生能源法对保障性收购、资金支持等可再生能源发展中的热点问题作出了明确规定。

控制污染保护环境的法律法规：1979年我国颁布了新中国成立以来第一部环境保护基本法律《环境保护法(试行)》，1989年12月在试行总结经验的基础上，全国人大常委会审议通过了《环境保护法》。自《环境保护法(试行)》颁布以来，我国先后出台了多部污染防治专项法律，包括：《海洋环境保护法》(1982年制定，1999年修订)、《水污染防治法》(1984年制定，1996年、2008年修订)、《大气污染防治法》(1987年制定，1995年、2000年修订)、《固体废物污染环境防治法》(1995年制定，2004年修订)、《环境噪声污染防治法》(1996)、《放射性污染防治法》(2003)。还颁布了《清洁生产促进法》(2002年制定，2012年修订)、《环境影响评价法》(2002)等综合性的污染防治法律。此外，还制定了《全国污染普查条例》、《排污费征收使用管理条例》、《规划环境影响评价条例》、《水污染防治法实施细则》、《危险废物经营许可证管理办法》、《国家突发环境事件应急预案》等配套行政法规。

我国参加的有关国际环境资源保护的国际条约、国际公约以及有关国际性会议的协议：《联合国人类环境宣言》(1972)、《关于环境与发展的里约宣言》(1992)、《保护臭氧层维也纳公约》(我国于1989年加入该公约)、《关于消耗臭氧层物质的蒙特利尔协议书》(我国于1991年加入修订后的协议书)、《联合国气候变化框架公约》(1992)、《生物多样性公约》(1992)、《濒危野生动植物种国际贸易公约》(我国于1980年12月批准加入该公约)、《控制危险废物越境转移及其处置的巴塞尔公约》(我国于1991年9月批准加入该公约)等。

根据国家发布的有关法律法规及相关资料综合整理。

3. 完善政策指导体系,综合运用各种政策手段支持低碳经济发展

在市场经济中,政府的经济职能被划分为创造和维护市场经济制度的一般职能、对宏观经济调控的职能和对微观经济干预的职能三大类。在市场经济制度比较成熟的前提下,宏观经济调控和微观经济干预是政府职能的基本内容。前面我们讨论的政府依法对资源环境领域的规制监管就属于政府履行的微观经济干预职能。一般认为,之所以需要政府履行微观经济干预的职能是因为存在"市场失灵",而要解决市场经济总量非均衡的问题,则需要政府通过运用一定的宏观经济政策进行调控,这就是宏观经济调控职能的由来。宏观经济不可能脱离微观基础而存在,所以宏观调控也必然是建立在现实的微观基础和制度条件上的,只有在宏观调控采取了有利于市场有效运行的方式时,其政策效应才能得到发挥,这也是为什么我们讨论政府在发展低碳经济中的作用时,反复强调发挥市场机制基础性作用的原因之一。

在我国,由政府主导实施的宏观调控包括了计划引导、参数调节、政策指导、直接投资和购买等多种手段。其中,规划和计划引导作为我国调控经济的传统手段,随着我国市场经济的发展也在不断调整和完善,例如1998年以前国民经济和社会发展计划中的指标被作为控制指标,1999年开始作为预测性指标,从"十一五"开始,国家中长期规划首次引入了资源环境方面的约束性指标,明确其具有法律效力。计划引导方式从计划经济时期的重视产品品种和数量,到市场经济建立后突出宏观经济总量指标和结构,再到科学发展新时期强调保护资源环境和关注社会民生,凸显了宏观经济管理理念的进步和计划引导方式走

向成熟。在国民经济和社会发展规划中建立约束性指标体系，使得节能减排低碳发展的目标更为明确，责任落实更加具体，措施保障更加有力。

在发达的市场经济国家，政府对宏观经济干预主要运用的手段是财政政策和货币政策，政策调控也以市场参数为主。而在我国，宏观调控的方式、手段更趋多元（包括采用了一些带有较强行政色彩的干预手段），调控的对象和范围也较西方国家更为宽泛，这也引起了一些专家学者的质疑。① 但客观分析我国经济转型时期所面临的一系列不确定因素，权衡现实经济中客观存在的一些问题和需要，例如经济中一些深层次的矛盾还没有解决，市场机制自发调节还不充分，一些特殊领域的发展需要国家的政策扶持，我们就可以理解现阶段所采取的宏观调控方式有其现实的合理性和必然性。当然，宏观调控必须要尊重市场机制的基础性地位，必须要有利于市场的有效运行。通过考察我国经济体制改革的历史，可以看出我国宏观调控方式一直向着适应市场化改革的方向演进，随着实践经验的积累，我国宏观调控也越来越成熟。目前，在我国宏观调控的政策体系中，财政政策和货币政策属于宏观调控的基本政策选择，产业政策对经济的影响和作用虽然不容小觑，也是我国宏观经济政策体系中一直强调的内容，但它属于财政政策和货币政策选择时所要考虑的指导目标和基本依据，不构成可直接操作的政

① 宏观调控的概念于 1985 年提出，在此后的二十多年时间里对我国经济产生了重大影响。然而，也有专家对我国宏观调控概念应用过于宽泛（与市场监管存在某种程度的混淆）提出批评，认为宏观调控指的是总量调控，而我国的宏观调控政策中包括了微观领域，而在微观领域的政府职能应该通过市场监管来履行。在西方国家，政府对宏观经济的干预和对微观领域的市场监管有着比较清楚的界定，宏观调控指的是政府有关财政、货币、汇率等调整总量的政策；而市场监管指的是政府对企业、行业或单个市场的规制。在我国，至少在中观经济（区域经济、部门经济、行业经济）领域，宏观调控政策在广为应用。按照现代西方国家的主流观点，产业结构不应该是政府宏观调控的对象，而是市场配置资源的结果，宏观调控政策作用的结果会影响到微观主体的行为决策进而影响产业结构的调整。但由于历史和现实的原因，我国现实的政策选择还不能无视结构性矛盾的存在，放手让市场机制去调节。历史上日本和韩国曾经通过产业政策的实施促成了优势产业的快速发展，虽然后来也有事实证明这种产业结构存在着脆弱性，但其有效的一面不能否定。可见，问题的关键并非产业政策是否被采纳，而是产业政策是否合理。

策框架内容。可见,在我国现行的宏观调控体系中,财政政策和货币政策作为实施宏观调控基本政策的主体地位已经明确,这是符合市场经济发展规律的。认清这一趋势对于我们有效运用各种政策手段指导低碳经济发展具有重要意义,这也是为什么在此讨论宏观调控的初衷。

要充分发挥政府政策导向的作用促进低碳经济的发展,就要处理好低碳政策与宏观调控的关系。第一,要把低碳发展的观念和模式纳入国家宏观调控的指导目标,并作为政策制定的基本依据。因为宏观调控不仅包括应对危机时的严厉调控,更多的是平时的预调和微调,以及经常性的政策引导。在经济环境错综复杂的条件下,能否通过宏观调控实现经济的平稳较快发展,其关键是提高宏观调控的科学性和预见性,这就要求关注更为长远的经济发展目标,把短期调控政策和长期发展政策有机结合起来,加强各项政策协调配合。而低碳发展理念和模式恰恰是在经济发展长远目标的确立和长期政策的选择上,为宏观调控提供了重要的政策方向和依据。第二,低碳政策的实施要有利于加强和改善宏观调控。发展低碳经济的核心是经济结构调整,这是一个长期性的问题,因此与经常性的政策引导有着密切的关系。低碳政策既是促进低碳发展的政策,也是促进结构调整的政策,在政策导向上,要与宏观调控政策相一致,在调控措施上,要与其他宏观政策相配合,要在发挥政策的激励功能的同时注重运用政策的制约功能,防止个别行业在不适当的激励下出现过热。例如,在前一时期,在投资过热的背景下,个别新能源行业(如太阳能电池)出现了泡沫的征兆,那么就要通过宏观调控及时将这些泡沫抑制住。可见,低碳政策不仅要促进低碳经济的快速发展,还要保持低碳经济和整个国民经济的和谐稳定发展。第三,低碳政策要选对政策的传导途径,用好具体的政策工具。低碳政策是有关促进低碳经济发展的政策的统称,财政政策、信贷政策、科技政策和产业政策等,凡是涉及促进低碳发展或调节低碳发展过程中各种经济关系的,我们都可以称之为低碳政策。从前面的分析我们知道,在我国宏观调控的政策体系中,财政政策和货币政策是宏观调控的基本政策工具,包括产业政策在内的结构调整政策主要通过影响财政政策和货币政策的目标和具体政策措施选择,达到政策指导的目的。因此,低碳政策的最终工具主要体现在财政政策和货币政策上,由于货币政策主要是调控总量的,因此财政政策成为实现低碳发展目标的最主要的政策工具。本节我们主要讨论财政政策对于发展低碳经济的促进作用,后面再专门讨论科技政策和产业政策的作用。

财政政策是促进低碳经济发展的重要手段。财政政策之所以可以对低碳经济的发展产生重要的导向作用,主要是由于它具有经济结构调整的功能,即无论是收入政策、支出政策还是预算政策,都可以通过采用差异化的调节手段,影响经济主体的决策行为,进而达到影响经济结构的目的。但我们同时也要注意,有些调节手段(如价格补贴)虽然对改善供求关系、促进产业发展、调整经济结构具有积极作用,但如果运用不当,也会带来负面影响,甚至会造成市场价格的扭曲,削弱产业和企业的长远竞争力,因此,财政政策的导向作用必须与市场机制的基础作用相配合,才能达到最好的调节效果。

财政政策手段主要包括了财政收入(主要是税收)、财政支出、国债和政府投资等政策工具。在财政收入政策中,税收政策可以通过调整税率和增减税种来调节产业结构,实现资源的优化配置。而在财政支出政策中,转移性支出政策是政府进行宏观调控的重要工具,财政补贴就是一种重要的转移性支出政策,它不仅可以调节社会购买力,还可以影响和改变资源配置结构、供给结构和需求结构,是结构调整的重要手段。政府购买也会对某些产品或行业起到刺激或抑制的作用。政府直接投资一般只针对那些具有自然垄断特征、外部效应大的基础性产业和公共设施,政府投资结构的调整会对社会经济结构的调整和经济的发展起到引导和调节的作用。

目前,发达国家在发展低碳经济上,采取的主要财政支持手段包括开征碳税、实施税收优惠和进行财政补贴。有国外专家认为,从创新的角度来看,税收政策比补贴更加有效。在西方发达国家,开征碳税被认为是一种富有成效的政策手段。自从1990年芬兰在全球率先开征碳税以来,丹麦、挪威、瑞典、意大利、瑞士、荷兰、德国、英国、日本等相继开征了碳税或类似的税种（气候变化税、生态税、环境税或能源税等）。在此全球背景下，我国通过不断地调整和完善税收政策，体现了节约资源和保护环境的基本国策，对节能减排和低碳发展起到了积极的引导和促进作用。目前，现有的与经济活动有关的税种，包括企业所得税、增值税、营业税、消费税、资源税、车船税、车辆购置税等都对支持节能减排、资源综合利用和可再生能源发展设置了有关税收减免和优惠的政策规定，有的根据对资源消耗和对环境影响的不同设置了差别税率。此外，在进口环节，以暂定税率的方式，降低部分能源原材料的进口关税，同时在出口退税等环节也采取相应措施，限制“两高一资”产品出口。

总的来看，近年来我国政府积极围绕节能减排、保护环境的战略任务，适时对税收政策作出调整，出台了一系列税收优惠政策，目前政策效果已经逐步显现。但不足的是这些税收政策相对分散、单一，主要侧重激励作用，抑制作用不明显，有的政策缺乏针对性和灵活性，有的在具体操作上还不够周全，有的在执行落实上还存在着差距。其深层次原因是我国现行税收制度还不能适应科学发展的需要，有很多地方亟待改革和完善。

我国现行的税制是在1994年税制改革的基础上建立起来的，进入新世纪后，随着经济社会形势的深刻变化，我国对税制又进行了一些重大调整和完善，包括合并内外资企业所得税、推行增值税转型、逐步取消农业税、实施成品油税费改革、修订个人所得税、改革出口退税制度等，一定程度上适应了经济发展和社会进步的需要。受到税收的社会经济属性和传统发展观的影响，长期以来我国的税收制度一直强调调节社会经济的功能，而忽视了对促进资源节约和环境保护的作用，再加上在很长一段时期里，我国的环境管理一直以命令控制型手段为主，在这种观念和管理体制下，税收立法和税制设计也就没有充分考虑税收在调节资源环境方面的功能。直到2003年树立科学发展观的思想提出后，资源环境问题才逐渐受到真正的重视，税收政策也才开始发挥调节资源环境的功能。近几年来，气候变化对全球环境的影响受到世界

各国关注，作为碳排放大国，我国的经济发展与资源环境的矛盾也在不断加剧，经济社会可持续发展的形势越来越严峻，在此形势下，中央决定将科学发展和加快转变经济发展方式作为我国经济社会发展的主题和主线，我国的税收政策也在不断修改完善以适应形势的变化。由于现行税制在最初设计时就没有充分考虑资源环境目标，在税制结构上缺乏独立的环境税种，现有涉及资源环境的税种中，有关保护资源环境的规定不健全，税收体系对资源环境调控的力度有限，因此只进行政策层面修补式的调整已经不能满足新形势的要求，必须深化税制改革，在法律和制度层面通过改革和完善现行税制，调节纳税主体的行为，加强对资源环境的保护。

从20世纪90年代开始，西方发达国家普遍实施了税制的"绿色化"改革，通过增加环境税种，调整原有税制中不利于资源和环境保护的相关规定等措施，使税制从整体上同时兼顾促进经济社会发展和促进资源环境保护两大目标。征收环境税的主要目的也不再是扩大税源，增加财政收入，而是促进生产方式、生活方式向低碳化转变；相关的税收收入实行定向化运用，专向投入低碳领域，同时强化环境税收政策的杠杆化作用；在增加新税种（如碳税、气候变化税、生态税等）时，大多数国家秉持了税收中性原则，注意保持总体税负水平的稳定，避免税收对生产和消费带来大的影响。目前，环境税在西方发达国家已被广泛采用，并取得了明显成效。以瑞典为例，1991年，瑞典对能源税进行改革，建立了一个不鼓励石油的税制体系，首次引入二氧化碳税并推出了硫税，1992年，对氮氧化物按排放量收费。税制改革很快就取得了效果，据估算，1995年瑞典的二氧化碳排放量减少15%，其中近90%排放量的减少是由税制改革带来的；在1990—1995年间，每生产百万焦耳能源排放的氮氧化物被削减了60%，其中80%归功于氮氧化物收费制度。[①] 我国于1979年开始征收排污费，2003年国家出台了《排污费

① 毛显强、杨岚：《瑞典环境税——政策效果及其对中国的启示》，《环境保护》2006年第2期。

征收使用管理条例》，到目前征收排污费的项目有水、气、固体废物、噪声、放射性废物等五大类共 100 多项。但由于收费标准低于污染治理成本，不足以对排污行为形成有效制约，也难以激励企业主动治理污染，再加上征收管理上的随意性和地方保护主义的干扰（例如地方政府违规减免），使得环境恶化的状况难以根本扭转，也使得这种行政性收费的环境管理模式受到越来越多的质疑。在我国开征环境税已酝酿多年并已形成广泛共识。由于环境税的具体推行必须要考虑内外部经济环境、企业承受能力和各部门协调配合等多种因素，也要把税基税率、征管模式、产业测算等基础工作做细做实，因此，环境税的具体推出时机需要决策层综合各方面的条件作出决策，可预期的时间应该是在"十二五"期间。①

理论上讲，碳税隶属于环境税体系，但在税种设置上，碳税既可以作为环境税的一个税目，也可以作为一个独立的税种。在有些国家，把开征能源税（或能源税与碳税共同运用）作为减少二氧化碳排放和节约能源的税收手段。② 碳税作为重要的环境政策工具，其促进二氧化碳减排和调整能源结构的作用在全球已经取得广泛共识，越来越多的

① 推进独立型环境税是目前的主流意见。根据不同的征收环节和税基，环境税可以分为三种类型：以直接污染的排放量为依据的污染排放税，以间接污染为依据的产品环境税，以生态补偿为目的的生态保护税。污染排放税控制污染的激励程度强，但技术要求高，征管难度大；产品环境税控制污染的激励程度相对较弱，技术要求和管理成本也相对较低，但与我国现有的资源税、消费税存在一定交叉。碳税属于环境税的范畴，既可以作为污染排放税的一种，也可以与前面三种类型环境税并列，成为第四种类型的环境税。当然还可以作为一个独立的税种。有专家认为，由于水污染控制、大气污染防治、固体废物污染防治等是我国未来一段时期环境保护工作的重点，我国环境税的征收范围应设定为包括废水、废气、固体废弃物等在内的污染物排放和二氧化碳排放。可以在"环境税"税种下面设定若干税目，为纳入更多有针对性的税目预留空间。环境税的征收不可能也没必要一步到位，可以选择条件成熟、易于推行的污染排放税目先行开征，待时机成熟后，再拓展到产品环境税目，但要与资源税、消费税做好整合衔接，适当的时候可考虑独立开征碳税。对于融入型环境税，要增强现有税种的绿化程度。

② 碳税与能源税在征税范围上有一定的交叉和重合，都是对化石燃料进行的征税。与能源税相比，碳税是以二氧化碳减排为目的的新税种，其征收范围小于能源税，只针对化石能源，并按照化石燃料的含碳量或碳排放量进行征收，而能源税的征收范围包括所有能源，一般是对能源的数量进行征收。对于二氧化碳减排，理论上根据含碳量征收的碳税效果要优于不按含碳量征收的能源税。

发达国家引入碳税，并与能源税等税种配合，以此应对全球气候变化，参与全球量化减排。但由于开征碳税会推动能源价格上涨，有可能削弱本国产品的竞争力，甚至会影响就业和经济增长，所以这些国家在开征时机的选择上都非常慎重，并通过设置差别税率，在开征初期选择低税率再逐步提高，灵活采用税收返还、减免、财政补贴等配套政策，实施税收收入的中性改革等来保持能源和经济的平稳转型。目前，全球引入碳税的国家主要在欧洲，其中北欧国家应用碳税的时间较长（从 20 世纪 90 年代开始），这些发达国家的能源消费主要是生活性消费，因此碳税调节的重点在个人消费领域，企业生产用能在参与志愿减排的前提下一般能获得比较优惠的税率。

在我国征收碳税已经酝酿多年，有学者基于碳税相对于其他环境税技术环节简单①，不仅有助于二氧化碳减排目标的实现，还对二氧化硫、氮氧化物减排有促进作用，也可以预防发达国家设置碳关税壁垒，因此建议在环境税体系中率先征收碳税。我国没有专门针对减少二氧化碳排放的税种，现行税制中把化石燃料纳入调节范围的有资源税和消费税，其中资源税包括了三种能源资源（原油、天然气、煤炭），消费税包括了汽油、柴油等成品油，计税依据分别采用从价和从量两种计税方法，实行从价计税办法的计税依据为应税产品的销售额，实行从量定额办法以应税产品的销售数量为计税依据。两者在计税时都没有考虑化石燃料的含碳量（二氧化碳排放量）。因此，从完善税收功能的角度考虑，设立碳税对二氧化碳排放进行调节是非常必要的，也是发达国家通行的做法。

调节二氧化碳排放的经济手段有多种。一般认为，碳税和碳排放权交易是其中最为重要的两种政策手段。所以在我国引入碳税除了要

---

① 碳税的征收对象虽然名义上是生产经营活动中向自然界排放的二氧化碳，但最终落到煤炭、天然气、成品油等化石燃料上，虽然理论上应该以二氧化碳的实际排放量作为计税依据，但实践中更多的是采用估算排放量（即含碳量）作为计税依据，这就使技术环节大大简化，征管成本大大降低，大多数国家都采用这种计税方式。相对而言，二氧化硫、氮氧化物等污染物排放计税的技术环节要复杂得多。

考虑现行税制内相关税种、税目的协调配合,以及如何落实结构性减税政策体现税收的中性原则外,还必须结合碳税与碳排放权交易各自的特点,设计出各展所长、互为补充的调节方式。碳税具有调节范围宽、管理成本低、可操作性强、能够带来财政收入等特点,但碳税调节在我国现行排放结构下的不足也十分明显,我国现行的二氧化碳排放主要集中在生产领域(这点恰恰与发达国家相反),这可能导致:如果碳税税率较高则会对能源密集型部门(包括能源产业、部分制造业)带来较大的冲击,如果税率太低(或税率优惠幅度较大)又很难满足总体减排的要求,合宜的税率很难确定。此外,一些能源产品属于生活必需品,需求价格弹性小,理论上讲能源企业完全可以通过提高产品价格的方式,把碳税转移给消费者(竞争不足也是无法有效抑制碳税转移给消费者的重要原因)。对于这种类型的企业,碳税难以促成其形成真正的减排压力,从而削弱碳税的减排效果。目前我国能源市场的价格机制还不健全,能源价格还没理顺,体制机制上的一些深层次矛盾还亟待解决(前面已专题讨论能源价格改革,在此不再赘述),碳税是基于价格的环境政策手段,价格机制如果存在缺陷将会直接影响到碳税的实际效果。

碳排放权交易的一些特点可以弥补碳税的不足。首先,碳交易引入了市场机制,企业有充分的自主权,自主决定是采取减排措施,还是购买碳配额。在这种机制的引导下,可以获得较低的社会减排成本,并能够促进企业自主减排和发展低碳技术。第二,初始碳配额的无偿分配可以减少碳排放权交易体系实施的阻力。从我国的具体情况来看,由于我国实行的是二氧化碳排放量的相对减排(单位 GDP 二氧化碳排放量下降),二氧化碳绝对排放量在近一段时期还会有控制地适度增长,因此可以满足新增设施对免费碳配额的需求,这就减轻了新增耗能设施进入碳交易体系的阻力,维护了交易机制的公平原则。第三,碳交易是以总量控制为前提的减排机制,总体减排效果不会因个体的利己行为受到影响,因此一般认为碳交易的效果要优于碳税。此外,人们对碳交易制度的预期很高,还由于碳市场的金融属性可能带来的巨大市场价值,并有可能成为一种根本性的低碳制度安排。但也正是由于碳市场的金融属性,预示着碳价格波动的风险很大①,同时对制度设计和监管的要求也很高,使得碳交易的管理成本大大高于碳税。一般认为,固定的大型排放设施的减排更适合于通过排放交易完成,而对于小型、分散的排放设施而言,以碳税促其减排较为合适。这其中很重要的原因是规定碳排放交易的准入资质有助于技术核查和信息披露,并可以降低监管成本,减低交易风险。

综上所述,碳税与碳交易并不是相互排斥的,也不是二选一的关系,两者完全可以取长补短,在节能减排低碳发展中相互配合,发挥各自的作用。目前,碳交易的试点正在进行,试点的任务是从探索建立区域碳排放交易体系入手,在建立监管体系和登记注册系统,培育和建设交易平台,做好支撑体系建设等方面摸索经验,为建立全国统一的碳排放交易市场做好准备。我们认为在碳交易试点取得初步经验的基础上,选择有利时机推出碳排放权交易与碳税相结合的减排机制,从减少管理成本和扩大覆盖范围两方面看都是适宜的。目前,我国经济已进入一个艰难的转型和调整阶段,结构性减税将是一项长期的政策,在此背景下,应避免企业碳交易成本与征缴碳税的重叠交叉,但同时也要保证减排政策覆盖面的完整性。把排放规模较大的企业或项目纳入碳交易体系并实施免征碳税的政策,同时对碳交易体系以外的企业或项目的二氧化碳排放征收碳税,就可以较好地实现公平与效率的统一。当然,要保证碳税与碳交易有一个好的结合,还有很多技术细节需要研究落实,其中有两个问题值得关注:一是碳排放企业或项目的碳市场准入

---

① 碳市场存在着市场交易的风险,如果监管不当或外部经济环境发生巨大变化(如经济衰退),则可能出现系统性风险。例如由于全球金融危机和欧债危机的冲击,再加上制度设计上也可能存在着不足,欧盟碳排放交易体系(EU ETS)的碳价在2008年年中达到顶峰、接近每吨30欧元后,下跌到2012年年初的每吨8欧元左右,投资者面临巨额损失,很多节能减排技术无法投入商用。我国金融体系的管理水平相对落后,因此在引入碳交易市场时,不能把碳市场仅仅当做是一种环境政策工具,还应看做是一种金融创新工具,以便从金融管理的角度做好制度设计。欧盟碳排放交易体系目前出现的问题给了我们一个很及时的借鉴。

的动态化管理及其与碳税征缴机制有机结合的问题；二是碳税税率水平与碳配额价格之间的平衡问题。一个有关排放主体，一个有关排放价格，两个问题的关键是促使满足排放规模要求的企业或项目能够主动选择纳入碳交易体系，而大量的小型排放企业或项目的发展不会因缴纳碳税而受到不利影响，要满足这两方面的要求，就必须在碳税与碳交易之间建立一个良好的协调机制。

可以预期，我国碳排放交易市场的建立和碳税的推出还需要一个过程，因此，在继续推进税制绿化改革的同时，我们还要继续发挥财政补贴对发展低碳经济的支持和引导作用，并且不断改革和完善财政资金的投入方式，以求达到最好的支持和引导效果。自2006年国家出台了资源环境约束性指标，2007年成立了国家应对气候变化及节能减排工作领导小组以后，国家财政对低碳经济发展的支持力度不断加强，政府补助资金涵盖了包括节能产品市场推广、培育节能服务产业、支持淘汰落后产能、可再生能源、新能源应用与示范、资源综合利用发展循环经济、节能、新能源技术开发、新能源技术装备产业化、企业节能技术改造、企业能源管理、污染减排等在内的广泛领域和内容。同时，创新财政资金使用方式的工作也在加强，推出了"以奖代补"、"以奖促治"等新思路，积极探索引入市场机制和竞争机制，力求补助资金最终投入到有市场生命力的项目上来。

从国际比较看，在促进节能减排低碳发展方面，我国运用财政补贴进行调节的力度要超过发达国家(发达国家利用税收调节比较普遍)，但在补贴方式，补贴范围和补贴环节的确定和选择上，我国的财政补贴政策还显得粗放，尤其在政策的细化和落实环节，精细化的管理还不够，对受益项目实施过程的监督管理也不到位，一定程度影响了政策的执行效果。随着我国市场经济更加成熟，政策调节和激励手段更加依靠市场化的机制，对政策的设计和科学管理的要求也将提高，因此我国财政补贴政策的运用还有很大的调整和改善空间。

第一，要处理好财政补贴政策与其他财政政策的关系，把握好财政补贴在支持和引导低碳经济发展中的定位，发挥财政补贴政策之所长，

避免可能带来的消极影响。根据财政补贴政策的特点，财政补贴应重点在节能减排和新能源技术的科研开发，相关产品（项目）的示范应用和国内市场推广，以及在培育节能服务产业、发展循环经济等方面发挥重要的作用。要根据国家的战略取向以及产业链的外部性特征和薄弱环节综合设计补贴的环节。目前，我国在技术创新和产品开发环节与发达国家还有很大差距，尤其在核心技术领域，差距更大，因此在强化企业技术创新主体地位的同时，政府应该在政策引导、扶持和激励创新上发挥更大的作用。在低碳技术应用领域，政府补贴是国际通行的惯例，但在补贴的方式和补贴的环节上各国也还有所差别。采取对低碳技术的用户进行补贴，鼓励其购买和使用低碳技术产品和服务，这样做维护了用户对技术产品的自主选择权，鼓励了不同产品间的竞争，一般能达到比较好的效果，但由于各国的基础管理条件不同，政策操作的成本和效果也不同，因此，在实际政策选择时是比较多样化的。此外，在推出补贴政策的同时就要设计好退出机制，政策强度也应该随着产业的成长逐渐递减，以保证既扶持了幼稚产业的发展，又不妨碍竞争机制的作用，使成长中的产业逐渐脱离政府的襁褓，在竞争的环境中壮大起来。在这方面发达国家的一些做法值得借鉴，例如，美国政府对新能源汽车的补贴政策主要采取税额抵免的办法，对符合政府补贴标准的混合动力车以销量6万辆为界，累计销量达到3万辆后，消费者享受50%的减免优惠，累计销量超过4.5万辆，消费者享受25%的减税额，累计销量达到6万辆后，消费者不再享受减税优惠。这里面有两个政策设计理念值得关注：一个是设定了6万辆的产业化门槛，企业一旦跨过这个门槛，继续接受补贴不但没有必要还可能对产业的健康发展产生不利，但给企业断奶并不是突发的，而是采取了渐变的过程，给企业留足时间作出适应性调整。另一个是设定了3万辆的享受优惠政策的门槛，只有那些通过自己努力达到基本要求的企业，政府才会给予扶持，这是市场经济的基本法则在政府补贴政策中的运用，同时也防止企业钻政策的漏洞，杜绝了不进行量产只想获得政府补贴的行为。虽然这些具体指标对我国企业并不一定适用，但这种理念和方法却值得我们学习和借鉴。可见,在财政补贴方式的选择、力度的把握、时机的掌控等方面,存在着大量需要思考和研究的空间,比如,在补贴环节的选择上,如何做到既有效又方便,既兼顾目前的管理体制,又考虑国际贸易环境的影响,深入的思考和研究无疑是必要的。

第二,财政补贴政策要与其他财政政策一道,瞄准我国节能减排和新能源领域的结构性问题,通过政策调节和制度建设的有效结合,引导产业均衡发展。我国节能减排和新能源产业的发展确实存在着不均衡的问题,从总体上看,我国节能减排领域,尤其是减排领域的资金相对不足,而新能源领域则被各路资本看好,在地方政府各种优惠条件的助推下,从 2009 年开始出现产能过剩的征兆。① 但即使在新能源领域,科研开发和高端产品发展滞后,并不存在过剩,而低端产品却大行其道,严重过剩,可见,新能源产业的问题是结构性的,应该有扶有抑地加以调整。改变节能减排领域投资不足,加大财政补贴的力度固然十分重要,但制度建设更具有根本性、全局性和长期性。因为从大的政策环境看,如果对排放行为的处罚力度(如加税)足够大,就可以刺激民间资本投资于节能减排技术和节能减排服务,正因为处罚力度小,排放带来的社会成本远远大于私人成本,才导致民间资本不愿意进入节能减排领域,节能减排只能依靠政府的投入来带动。但由于缺乏市场化的政策传导机制,政策主要依靠行政力量去推动实施,使得财政投入难以起到"四两拨千斤"的杠杆作用去调动社会资金,政策性投资和政府补助的作用总难达到预期。在个别情况下,有的项目因缺乏地方政府资金配套成为"半拉子工程",有的项目虽然按时完成,也会因资金问题降低技术和质量标准,给后续的工作留下隐患。值得注意的是,在"跑部钱进"争夺项目资金的背景下,地方配套资金不足的问题可能会长期存在。可见,政府投资不足只是表面现象,其深层次原因是现行体制

① 2009 年 8 月 26 日召开的国务院常务会议指出风电、多晶硅等新兴产业出现重复建设倾向,提出要坚决抑制部分行业的产能过剩和重复建设,引导产业健康发展。然而,由于多方面的原因,光伏产业产能过剩的局面并未得到有效的抑制,2011 年在国际光伏市场严重衰退,贸易保护不断升级的形势下,我国光伏产业不可避免地出现了行业性的亏损。

机制包括财政资金分配方式的不适应。

第三,完善财政补贴资金的管理,加强对财政补贴项目的宏观调控和微观监管,提高资金的投入效率,增强政策的指导作用。重点包括三个方面:①整合现有各项相关的专项资金,完善相应的管理制度,形成规范、稳定的投入渠道,发挥政府财政投入对推动全社会节能减排低碳发展的引导作用。②政策设计要有预见性和针对性,防范投机者钻政策的空子,堵住管理上的漏洞。例如有的垃圾发电项目钻政策的空子,用大量掺煤的办法代替垃圾进行发电,以此谋取价格补贴。[①] 之所以会出现这种情况,是因为价格补贴是按照发电量来核算的,如果改为按处理垃圾的量进行补贴,就可以堵住政策的空子。出现这样的漏洞与我们设计的政策导向有关,如果按照发电量的多少取得补贴,导向就是多发电,如果对企业处理垃圾量进行补贴,鼓励的则是发展循环经济和节能减排,建设垃圾电厂的主要目的是资源综合利用,发电只是它的副产品。目前很多新能源项目在确定补贴额时主要依据的是规模数量指标(如生产量、销售量、工程投资等),应逐步把技术标准和环境标准也纳入补贴的依据,对补贴设定技术和环境门槛,增强财政补贴政策对推动高端技术和产品发展的导向性。需要指出的是,不对低端技术补贴并不是排斥低端技术,在一定发展阶段,低端技术在我国的应用还会占据大部分市场份额,但这部分技术产品由市场自发调节就可以实现,也可以享受"普惠式"的优惠政策,但没有必要用专项补贴的方式鼓励其发展。财政补贴政策只有在有所为有所不为的思想指导下,才能把有限的财政资金用足用好。此外,财政补贴项目类型众多,补贴方式不可能划一,很多细节问题对确定补贴方式有着重要影响,"魔鬼在细节"这句话在此依然适用。以可再生能源并网发电为例,虽然 2011 年风

① 按照政策,垃圾发电等生物质能发电可以享受每千瓦时 0.002 元的可再生能源附加费,以及在当地火电标杆电价基础上每千瓦时加 0.25 元的电价,在现有垃圾焚烧发电技术下,允许填加一定量的煤,以保持焚烧炉温度稳定,减少污染气体排放。一般情况下,这个比例被限定在 20% 以下,但在利益驱使下,很多垃圾发电企业往焚烧炉中添加煤的比例已超过 60%,有的甚至高达 100%,使垃圾发电厂变成了"小火电",不但没有减轻环境污染,反而加大了环境污染。

电、太阳能光伏等行业的并网装机规模出现增长，但并网难的问题并未得到根治，除了并网技术、电网建设等因素外，项目相关方对并网重视不够，未按要求进行可行性研究也是重要原因。如果在设计补贴方式时就考虑到这些细节因素（如将符合并网标准的发电量作为补贴对象），就可以引导项目相关方在项目可行性研究阶段充分考虑并网的要求（而不是以圈地要钱为主要目标），就可以避免由于无法并网导致的资金使用的浪费。③加强补贴资金分配使用各环节的监管。在资金分配环节，要坚持公开、公平、公正和从严的原则，运用科学的方法和有效的制度保障措施，使财政补贴资金能够落到最有需要、最适合激励、最能发挥示范带动效应的地方和环节，确保政策目标的实现。要采取有效措施，保证补贴资金及时足额兑付到位，防止资金被截留挪用。要建立并完善财政补贴资金信息管理系统，健全财政补贴项目在建（或生产）阶段的监管以及后续的跟踪、评估体系，落实项目补贴责任制，建立起相关的责任追溯机制，保证财政补贴项目能获得社会的信任，经得起时间的考验。

专栏3－6　支持节能减排和低碳发展的部分税收优惠政策

增值税：①从1995年到2007年，财政部、国家税务总局发布多个规范性文件，对资源综合利用产品增值税政策作出了规定。长期以来，国家对废旧物资回收也一直实行增值税优惠政策。但由于这些文件发布的时间跨度较大，实施中存在一些问题。2008年12月，财政部和国家税务总局联合发布了《资源综合利用及其他产品增值税政策的通知》（财税[2008]156号）和《再生资源增值税政策的通知》（财税[2008]157号），这两项政策从鼓励资源的回收和利用两个环节着手同时实施，更好地发挥了税收政策引导流通、生产的作用。此次新纳入享受增值税优惠的综合利用产品包括：再生水，以废旧轮胎为原料生产的胶粉，翻新轮胎，污水处理劳务，以工业废气为原料生产的高纯度二氧化碳产品，以垃圾为燃料生产的热力，以退役军用发射药为原料生产的涂料硝化棉粉，各类工业企业产生的烟气和高硫天然气脱硫生产的副产品，以废弃酒糟和酿酒底锅水为原料生产的蒸汽、活性炭、白炭黑、乳酸、乳酸钙、沼气，以煤矸石、煤泥、石煤、油母页岩为燃料生产的热力，以废弃的动物油和植物油为原料生产的生物柴油。实施的增值税优惠方式可包括四类：一是实行免征增值税政策；二是实行增值税即征即退政策；三是实行增值税即征即退50%的政策；四是实行增值税先征后退政策。但对于国家产业政策不鼓励的技术，此次政策调整停止了免征增值税的政策。调整后的再生资源增值税政策的主要内容：一是取消原来对废旧物资回收企业销售废旧物资免征增值税的政策，取消利废企业购入废旧物资时按销售发票上注明的金额依10%计算抵扣进项税额的政策；二是对满足一定条件的废旧物资回收企业按其销售再生资源实现的增值税的一定比例（2009年为70%，2010年为50%）实行增值税先征后退政策。②2010年年底发布的《关于促进节能服务产业发展增值税、营业税和企业所得税政策问题的通知》（财税[2010]110号）规定了节能服务公司实施合同能源管理项目涉及的增值税、营业税优惠：对符合条件的节能服务公司实施合同能源管理项目，取得的营业税应税收入，暂免征收营业税。节能服务公司实施符合条件的合同能源管理项目，将项目中的增值税应税货物转让给用能企业，暂免征收增值税。③2011年11月发布的《关于调整完善资源综合利用产品及劳务增值税政策的通知》（财税[2011]115号）决定对农林剩余物资源综合利用产品增值税政策进行调整完善，并增加部分资源综合利用产品及劳务适用增值税优惠政策。包括：对销售自产的以建（构）筑废物、煤矸石为原料生产的建筑沙石骨料免征增值税；对垃圾处理、污泥处理处置劳务免征增值税；对农林剩余物资源综合利用产品实行增值税即征即退等政策。

消费税：2006年对消费税征税范围和税率作出重大调整后，列入征税范围的14个税目中，有8种应税消费品与资源环境有关。为了促进节能减排，2008年国家上调了汽缸容量在3.0升以上的乘用车的消费税率，同时下调了汽缸容量在1.0升以下（含1.0升）的乘用车的消费税率。2008年底，国务院决定实施成品油价格和税费改革。汽油、柴油消费税单位税额每升提高0.8元、0.7元。提高后的汽油、石脑油、溶剂油、润滑油消费税单位税额为每升1元，柴油、燃料油、航空煤油为每升0.8元。2010年12月财政部、国家税务总局发布了《关于对利用废弃的动植物油生产纯生物柴油免征消费税的通知》（财税[2010]118号），决定从2009年1月1日起，对符合条件的纯生物柴油免征消费税。

资源税：1984年9月国务院颁布了《资源税条例（草案）》，从当年10月1日起对原油、天然气和煤炭三种矿产品征收资源税。1993年12月国务院重新修订颁布了《资源税暂行条例》，财政部也随后发布了《资源税暂行条例实施细则》，征收范围由原来的3种扩大到7种。2011年9月，国务院决定对《资源税暂行条例》进行修改，增加从价定率的资源税计征办法，目前先对原油、天然气实行从价定率计征，在全国范围内率先实施原油、天然气资源税改革。同时，对资源税税目税率表也进行了修改。此外，为进一步理顺焦煤和稀土资源产品的价税关系，促进焦煤和稀土资源的合理开发利用，保护生态环境，遏制过度开采和资源浪费，国务院还调整了条例中焦煤和稀土矿的资源税税额标准。这次调整，对于促进节能减排，增加资源地财政收入，公平各类企业资源税费负担，改变目前资源税税负水平偏低的状况都具有重要意义。

企业所得税：国务院于2007年12月颁布的《企业所得税法实施条例》规定了企业从事公共污水处理、公共垃圾处理、沼气综合开发利用、节能减排技术改造、海水淡化等项目的所得，自项目取得第一笔生产经营收入所属纳税年度起，给予"三免三减半"的优惠。对企业以《资源综合利用企业所得税优惠目录》规定的资源作为主要原材料并符合规定比例，生产国家非限制和禁止并符合国家和行业相关标准的产品取得的收入，减按90%计入收入总额。企业购置并实际使用《环境保护专用设备企业所得税优惠目录》、《节能节水专用设备企业所得

税优惠目录》规定的环境保护、节能节水等专用设备的，该专用设备的投资额的10%可以从企业当年的应纳税额中抵免；当年不足抵免的，可以在以后5个纳税年度结转抵免。2010年年底发布的《关于促进节能服务产业发展增值税、营业税和企业所得税政策问题的通知》(财税[2010]110号)规定了节能服务公司实施合同能源管理项目涉及的所得税优惠：对符合条件的节能服务公司实施合同能源管理项目，符合企业所得税税法有关规定的，自项目取得第一笔生产经营收入所属纳税年度起，第一年至第三年免征企业所得税，第四年至第六年按照25%的法定税率减半征收企业所得税。

车船税：根据《财政部、国家税务总局、工业和信息化部关于节约能源、使用新能源车船车船税政策的通知》(财税[2012]19号)的规定，经国务院批准，自2012年1月1日起，对节约能源的车船，减半征收车船税；对使用新能源的车船，免征车船税。

根据政府有关部门发布的相关政策法规以及有关资料综合整理。

专栏3－7　2007—2011年中央财政支持节能减排和新能源发展的部分财政支出政策

项目类型	依据文件
1. 节能产品市场推广	
高效照明产品推广	《高效照明产品推广财政补贴资金管理暂行办法》(财建[2007]1027号)
节能产品惠民工程	《关于开展"节能产品惠民工程"的通知》、《高效节能产品推广财政补助资金管理暂行办法》(财建[2009]213号)
私人购买新能源汽车试点	《私人购买新能源汽车试点财政补助资金管理暂行办法》(财建[2010]230号)
2. 培育节能服务产业	
合同能源管理项目	《关于加快推行合同能源管理促进节能服务产业发展的意见》(国办发[2010]25号)、《合同能源管理财政奖励资金管理暂行办法》(财建[2010]249号)

续表

项目类型	依据文件
3. 支持淘汰落后产能	
经济欠发达地区淘汰落后产能	《淘汰落后产能中央财政奖励资金管理暂行办法》(财建[2007]873号)
淘汰落后产能项目	《淘汰落后产能中央财政奖励资金管理办法》(财建[2011]180号)
4. 可再生能源、新能源应用与示范	
节能与新能源汽车示范推广	《节能与新能源汽车示范推广财政补助资金管理暂行办法》(财建[2009]6号)
太阳能光电建筑应用示范项目	《关于加快推进太阳能光电建筑应用的实施意见》(财建[2009]128号)、《太阳能光电建筑应用财政补助资金管理暂行办法》(财建[2009]129号)、《关于加强金太阳示范工程和太阳能光电建筑应用示范工程建设管理的通知》(财建[2010]662号)
可再生能源建筑应用示范市、县	《关于印发可再生能源建筑应用城市示范实施方案的通知》(财建[2009]305号)、《关于印发加快推进农村地区可再生能源建筑应用的实施方案的通知》(财建[2009]306号)
金太阳示范工程	《关于实施金太阳示范工程的通知》、《金太阳示范工程财政补助资金管理暂行办法》(财建[2009]397号)、《关于加强金太阳示范工程和太阳能光电建筑应用示范工程建设管理的通知》(财建[2010]662号)
半导体照明产品应用示范工程项目	《关于组织申报半导体照明产品应用示范工程项目的通知》(发改办环资[2010]2082号)
绿色能源示范县建设	《绿色能源示范县建设补助资金管理暂行办法》(财建[2011]113号)
有关可再生能源开发利用项目	《可再生能源发展基金征收使用管理暂行办法》(财综[2011]115号)
5. 资源综合利用发展循环经济	
"城市矿产"示范基地建设	《关于开展城市矿产示范基地建设的通知》(发改环资[2010]977号)
餐厨废弃物资源化利用和无害化处理试点城市建设	《循环经济发展专项资金支持餐厨废弃物资源化利用和无害化处理试点城市建设实施方案》(发改办环资[2011]1111号)
6. 企业节能技术改造与节能管理	
工业企业能源管理中心建设示范项目	《工业企业能源管理中心建设示范项目财政补助资金管理暂行办法》(财建[2009]647号)

续表

项目类型	依据文件
节能技术改造财政奖励备选项目	《节能技术改造财政奖励资金管理办法》(财建[2011]367 号)
7. 污染减排项目	
中央财政主要污染物减排专项资金项目	《中央财政主要污染物减排专项资金项目管理暂行办法》(环发[2007]67 号)
8. 新能源装备产业化项目	
风力发电设备产业化专项	《风力发电设备产业化专项资金管理暂行办法》(财建[2008]476 号)
9. 政府采购政策	
政府采购	《节能产品政府采购实施意见》(财库[2004]185 号)、《关于建立政府强制采购节能产品制度的通知》(国办发[2007]51 号)
10. 发展绿色建筑	
	《关于加快推动我国绿色建筑发展的实施意见》(财建[2012]167 号)

根据政府有关部门发布的相关政策法规以及有关资料综合整理。

第二节　科技与产业融合的发展战略

回顾世界经济发展的历史,我们可以得出这样的规律性认识:每一次全球性经济危机爆发后,都会伴随有科技的革命性突破,进而推动产业革命,催生新兴产业,形成新的经济增长点,成为新一轮增长的动力。在全球气候变化和资源环境形势日益严峻,低碳革命的种子深深扎根并已萌动破土的前提下,发展低碳技术和低碳产业成为带动经济走出当前国际金融危机和欧债危机的最具包容性发展特征的动力。从欧盟、美国等国所采取的政策不难看出发达国家已经发力支持低碳产业。我国也明确把包括低碳产业(节能环保、新能源、新能源汽车)在内的七个产业纳入战略性新兴产业,重点培育和支持其发展。发展新兴战略性产业,是我国渡过当前经济发展难关,同时着眼于抢占新一轮发展的制高点,保持经济社会可持续发展的重大战略选择,起着支撑经济和引领未来的双重作用,意义十分重大。

工业革命以后,科技和产业的关系水乳交融,产业发展离不开科技先导,科技进步也离不开产业支撑。科技水平与产业实力不仅代表一国之现实国力,也蕴含着未来发展的潜力。如果没有先进的低碳技术和强大的低碳产业为依托,我国低碳化崛起的目标不可能实现。这就是为什么本节专门从国家战略的角度研究科技与产业融合发展,强调把科技自主创新纳入低碳产业发展战略核心的原因。

一、确立优先战略,以科技自主创新带动低碳产业发展

1. 低碳产业在我国经济发展中的战略定位

从低碳经济概念正式提出到现在仅仅十年,但全球低碳经济的发展早已如火如荼,这不仅是因为现实的能源环境问题,尤其是全球气候变化催生了低碳转型的思想和行动,也因为这种思想和行动符合人类社会发展的根本利益和长远利益,因此得到了世界各国的广泛响应。同时,由于低碳转型所带来的竞争力的重新塑造并有可能改变世界经济、政治的现有格局,使得各大国都采取积极的行动,以求在这场新的竞争中占据有利位置,取得竞争优势。在我国,随着对低碳经济认识的深化,向低碳经济转型更多被看成是转变发展方式,调整经济结构的重要步骤,是面向未来的具有全局性和战略性的重大举措,而不仅仅是应对气候变化的行动,因此,即使由于全球金融危机和欧债危机的影响,发达国家承诺的量化减排可能会受到影响而放缓步伐,但我国低碳转型的目标是明确的,措施也会更加灵活到位。

自第一次科技革命以来,科技进步与经济发展的关系越来越紧密,现代经济发展主要是建立在科技进步的基础上,作为“后工业革命”时代具有代表性的经济形态和发展模式的低碳经济也不例外,它只有在低碳技术不断进步的引领下,才能得到长足的发展。低碳技术是指提高能源效率,减少温室气体排放的一类先进技术。低碳技术很早就已存在(如节能技术),但低碳技术的概念是在应对全球气候变化的背景

下提出来的，随着技术创新和新技术的融合发展，低碳技术的内涵还会有所提升，外延也会有所拓展，从广义上来看，凡是为实现低碳经济和加速向低碳社会过渡而采取的技术都可以纳入低碳技术的范畴。目前国内外正在研发的低碳技术包括作为源头控制的清洁能源技术、作为过程控制的节能减排技术以及作为末端控制的去碳技术，为了更好地反映这些技术的特点，还有些其他的分类和提法。① 低碳产业是指承载低碳技术创新应用的产业和产业群。目前，对于低碳产业并没有明确统一的定义，联合国和世界各国的产业分类标准均没有将低碳产业视为一个独立的产业部门，目前学术界也没有明确的指标对其进行定义和划分，然而，由于低碳技术的高渗透性，涵盖了电力、交通、建筑、冶金、化工、石化等部门和可再生能源、新能源、煤的高效清洁利用、油气资源及煤层气的勘探开发、农业、林业、废水和废弃物处理利用等各个领域，其所形成的内在联系和协同发展关系反映了低碳技术产业化的现实存在，而越来越普及的低碳发展理念和广泛开展的低碳行动也为低碳产业的发展提供了外部条件。从广义来看，低碳产业是指以低能耗和温室气体减排为基础的产业，从狭义上讲，目前公认的低碳产业主

① 清洁能源技术具有无碳排放特征，也称无碳技术，主要包括太阳能、风能、生物质能、核能等技术，是对传统化石能源的替代；节能减排技术主要是指提高化石燃料在内的能源使用效率，尽可能降低碳排放的技术，主要包括高效发光发热技术、高效节能型建筑技术、高效电网传输技术、煤的清洁高效利用技术、热电联产技术、交通节能减排技术等；去碳技术是指以降低大气中碳含量为目的的技术，典型的是二氧化碳捕获与埋存技术（CCS）。也有分类方法是按照碳排放与能源关系的维度进行分类，包括了能源供应环节的低碳技术和能源使用环节的低碳技术。目前提倡发展的能源有几种常见的提法，如清洁能源、绿色能源、可再生能源、新能源等。总的来看，不同提法只是强调了这类能源某方面的特点，而所包含的能源细分种类大同小异，绝大部分是相互交叉的。例如，清洁能源或绿色能源强调的是不排放污染物，或无碳排放。因为没有碳排放，核能一般也被归为清洁能源。可再生能源是指原材料可以再生的能源，因此可再生能源不存在能源耗竭的问题。新能源强调的是“新”字，它是相对于技术上比较成熟且已被大规模利用的常规能源而言的，是指尚未大规模利用、正在积极研究开发的能源。这些能源一般包括了太阳能、风能、生物质能、水能、地热能、波浪能、洋流能、潮汐能，以及核能、氢能等。由于低碳技术及其分类的以上特点，本书在应用低碳技术的概念时，采用的是低碳技术的广义概念，在应用以上其他概念时，也没有进行特别的规范，而是采用了流行的使用方法，特此说明。

要有：环保产业、节能产业、减排产业以及清洁能源产业。①

在国际竞争中，低碳技术早就成为发达国家进攻对手和保护自己的有力武器。例如欧盟就把低碳经济的兴起视为一场新的工业革命，并利用其占据低碳制高点的优势，一方面在气候谈判中向其他国家和地区施加减排压力，借机向外输出低碳技术；另一方面不断提高进入欧盟市场产品的环保标准，制造"绿色壁垒"。有分析认为，欧盟在有能力实现更高减排目标的情况下，提出"有条件的"减排承诺（欧盟提出如果其他主要国家采取相似行动则将其减排目标从 20% 提高到 30%），不仅是为了让美日等发达国家分担更多的减排责任，也旨在让中国、印度等发展中大国强制减排。而这些国家，正是欧盟低碳技术输出的最主要市场。近年来随着世界的重心从大西洋向太平洋转移的趋势明显加快，以及全球金融危机的影响和欧盟多国陷入主权债务危机的梦魇，欧洲在国际经济事务中的主导地位和影响力均有所削弱，为此，2010 年 6 月通过的"欧洲 2020 战略"提出了三大核心目标、五大量化指标和七大创议②，这些目标和战略体现了欧盟一直坚持的创新、绿色能效、可持续性增长等低碳经济发展的理念，即把经济的可持续性增长建立在提高资源利用效率和发展低碳技术的优势基础上，依靠创新和加大研发投入，保障欧盟在绿色低碳技术市场的领先地位。在目前欧债危机不断深化、内部结构性矛盾愈发尖锐的背景下，我们且不讨论欧盟的目标能否如期实现，但欧盟坚持低碳经济发展的理念，依靠创新和科技的思路是值得我们借鉴的。

在我国，低碳产业的概念已经被广泛使用，但由于低碳产业是一个产业集合体，包括了节能环保、清洁能源等诸多相关产业，覆盖从能源生产到消费使用各个环节，既承担着发展新产业、开发替代能源的任

① 中国人民大学气候变化与低碳经济研究所编著：《中国低碳经济年度发展报告 2011》，石油工业出版社 2011 年版，第 240 页。

② 三大核心目标包括了"智慧增长"、"可持续增长"和"包容性增长"等目标，五大量化指标包括了提高就业率、增加研发投入、控制温室气体排放、提高可再生能源使用比例、提高能效、提高受高等教育人口比率、削减贫困人口等指标。

务，同时也担负着改造传统产业、提高能源效率的使命，其发展具有目标多元、技术多样、服务多层次等特点，因此在讨论具体问题时往往要细化到低碳产业中的某个具体产业，政府在制定发展战略和扶持政策时也只能针对其中的某个具体产业。2010年，国务院下发了《关于加快培育和发展战略性新兴产业的决定》，决定在现阶段重点培育和发展节能环保、新一代信息技术、生物、高端装备制造、新能源、新材料、新能源汽车等七个战略性新兴产业。在这七个新兴产业中，节能环保、新能源、新能源汽车属于低碳产业，新材料、生物对于低碳产业发展起着重要的基础性支撑作用，新一代信息技术和高端装备制造也为低碳产业的发展提供了技术和装备的支持。在技术融合和产业融合趋势不断加深的今天，产业的概念已经发生了深刻的变化，产业不再仅仅围绕共同的技术和产品展开，而是围绕着共同的目标去发展和确定产业的边界，在此前提下，产业间的交叉和重叠是产业融合的必然结果。低碳产业是在可持续发展理念下在深化技术创新和发展模式创新的基础上发展起来的，它既是新兴的先导性的产业，也是在低碳发展的目标下，由新技术、新服务对传统产业进行改造，向社会各领域渗透而形成的复合体，它不但要起着引领产业结构调整的作用，也担负着支撑经济可持续发展的重任，因此应该从国民经济的先导产业和支柱产业两方面对低碳产业进行定位，对以高新技术为支撑的新能源、新能源汽车等低碳产业要从培育先导产业的目标出发，加大科技创新力度，抢占新一轮经济和科技发展制高点，引领未来经济社会发展；对于以促进传统产业改造升级和结构调整，促进产业低碳化为主要目的的节能减排等产业，要通过制度创新和政策扶持，发挥其关联度高、潜力大的优势，提高其在经济中的比重，将其发展成为国民经济的支柱产业。

要把握好低碳产业在我国经济发展中的定位，认清低碳产业的重要特征是十分必要的。我们认为应该从低碳产业发展的内在动力、现实作用和对未来经济的影响来全面理解低碳产业的基本特征。

(1)战略性。中国改革开放后经济的高速增长，很大程度上得益于抓住了数次国际经济政治形势变化中的重大机遇，不失时机地充分利用我国的比较优势和改革开放的制度红利。这些重要的机遇包括20世纪80年代发达国家大规模的产业转移，90年代冷战结束后经济全球化的蓬勃兴起，以及本世纪初中国加入WTO后更深地融入经济全球化进程和“9·11事件”后由于反恐的需要中美合作的加强给我国带来的相对宽松的国际贸易环境。这期间世界经济在信息革命的带动下保持了二十几年的长周期上升阶段也是重要因素。然而，随着全球金融危机的爆发和目前欧债危机的深化，发达国家的经济陷入低谷，我国经济也遇到了前所未有的困难。从历史的经验看，凡是大危机过后，总有一些新兴产业在创新的推动下成长起来，成为支撑经济复苏和新一轮发展的重要力量。例如，20世纪20年代大萧条后，电信、无线电、合成材料等新兴制造业及文化创意产业迅猛发展，带动了经济回升，到1939年美国逐步转入以重化工为主的工业化发展高峰期。大萧条导致经济倒退了近30年，而新一轮技术创新则使美国经济只用了8年就基本得到恢复。20世纪70年代的两次石油危机，促使日本提高能源利用效率，引导和推动产业结构重心向电子机械、家用电器等低耗能产业转移，使日本经济大大缩短了与美国的差距。而遭受严重打击的美国经济也及时调整，发展以信息产业为代表的新经济，在90年代又重回繁荣阶段。韩国经济在亚洲金融危机后依靠技术创新快速步入知识密集型产业的高速发展期。

这一系列事实都说明，危机本身并不可怕，可怕的是不能审时度势地找到化危为机的办法。在发达国家提出摆脱危机的产业振兴方案中，低碳产业被认为是经济的新增长点、产业核心竞争力所在，也是扩大就业的摇篮。面对世界经济正在向低碳经济转型的趋势，我国也把发展低碳经济摆在加快转变经济发展方式、促进经济社会可持续发展和推进新的产业革命的战略位置，把发展低碳产业作为培育战略性新兴产业的重要组成部分。可见，中国要保持住改革开放三十多年的发展优势，顺利渡过眼前的困难，能否抓住全球低碳转型的契机是个关键。低碳产业的战略性就在于此。当然，看准机会和抓住契机还是两回事，要抓住世界低碳革命所带来的技术升级、产业转型、可持续发展的历史机遇，除了要有一个正确的发展战略外，体制机制的创新尤为重要。

(2)创新性。主要表现为发展模式的创新和持续的技术创新。低碳经济区别于传统经济的根本特点在于它摒弃了传统的增长模式，实现了经济发展方式的根本转变，当然，经济发展方式的转变并不是凭空形成的，它依赖于技术创新的不断驱动。低碳技术以及其他现代科技的发展，改变了经济增长的技术基础，使得经济增长从要素驱动、投资驱动转向创新驱动，经济发展方式的转变正是在持续的技术创新驱动下实现的。要保持持续的技术创新，就要有富有创新精神的人才队伍和有利于创新活动开展的制度环境，这又对制度创新提出要求。所以说，发展模式的创新、技术创新、制度创新相互作用，形成了一个创新链条，链条上任何环节的创新都会为经济发展增加动力。需要指出的是，技术创新是永恒的主题，但创新的结果却充满不确定性，任何一项重大的技术突破都有可能使低碳产业的发展呈现更多的可能性，例如近几年，美国页岩气勘探开发技术获得突破，产量快速增长，对国际天然气市场及世界能源格局产生重大影响，引起所谓的“页岩气革命”。我国于2012年3月也制定了《页岩气发展规划(2011—2015年)》，要求加快我国页岩气发展步伐。我国页岩气储量较为丰富，如果我国在不太长的时间内能在页岩气勘探和开采技术上取得突破，不仅可以改善现有以煤为主的能源供给结构，也为发展可再生能源赢得宝贵的时间。

(3)关联性。主要是指低碳产业与传统产业之间存在着广泛的、复杂的、密切的技术经济联系。低碳经济虽然是一种新的发展模式，但并不排斥传统产业，而是表现为通过较强的渗透性和带动性，去改造传统产业并与传统产业融合成新的复合体，从而实现从点到面的全面低碳化突破。能效技术的不断提高为低碳产业的发展注入了活力，传统产业的巨大规模为低碳产业的发展提供了广阔的市场空间，材料技术、信息技术、制造技术等的发展也为低碳产业的发展提供了多方位的支持，现代产业发展的网络化、集群化趋势促进了低碳产业的创新活动与其他产业创新活动的结合并形成整体的合力，我们所看到的低碳产业的高成长性就是这些合力共同推动的结果。

专栏3-8 我国节能产业发展概况

节能产业由节能装备、节能产品和节能服务三部分组成。节能装备包括节能关键技术装备研发和产业化示范，高效节能装备推广应用以及节能监测监管网络建设。节能产品包括节能家电产品、节能办公产品、节能商用产品、高效照明产品、节能和新能源汽车、节能建材产品等。节能服务主要包括合同能源管理、能源审计、节能项目设计、节能量监测、节能培训、信息咨询等。

节能产业的特征：①以节能为主要目的。②以科技进步为重要支撑。从结构节能、技术节能和管理节能三种途径分析，结构节能不可能一蹴而就，管理节能随着企业制度的完善其空间也在减少，发达国家的经验表明，工业化完成后的产业节能主要来自技术进步。③产业结构决定着节能产业的重点。④节能产业与环保产业相辅相成。这是由能源与环境紧密联系的关系决定的，统筹节能产业和环保产业的协调发展，可以收到一举多得之效。⑤以全球为发展平台。我国节能产业既要吸收国外的先进技术、管理理念等有益因素，也要为突破国外的"绿色"贸易壁垒作出贡献。

我国能源利用方式十分粗放，单位GDP能耗远高于发达国家水平，有分析指出(2009年)，我国总体上能源利用效率为33%左右，比发达国家约低10个百分点。我国电力、钢铁、有色、石化、建材、化工、轻工、纺织等8个行业主要产品单位能耗平均比国际先进水平高40%；机动车油耗水平比欧洲高25%，比日本高20%；单位建筑面积采暖能耗相当于气候条件相近发达国家的2—3倍。我国工业能耗占全社会能耗的70%左右，这一特点决定了我国节能市场潜力巨大。2008年，中国节能环保产业总产值为1.55万亿元，2009年达到1.7万亿元，从业人员2700多万人，预计到2015年我国节能环保产业的总产值占GDP的比例将由2008年的5.17%上升到7%—8%。

"十一五"期间，我国加快淘汰落后产能，并实施了重点节能工程，包括:①燃煤工业锅炉(窑炉)改造工程;②区域热电联产工程;③余热余压利用工程;④节约和替代石油工程;⑤电机系统节能工程;⑥能量系统优化工程;⑦建筑节能工程;⑧绿色照明工程;⑨政府机构节能工程;⑩节能监测和技术服务体系建设工程。这十大重点节能工程累计形成节能3.4亿吨标准煤的能力。2006—2010年全国单位GDP能耗累计降低19.1%,其中规模以上单位工业增加值能耗累计下降超过25%。重点耗能行业单位增加值能耗、主要工业产品单位能耗都有明显下降。工业节能规模在6.5亿吨标准煤以上,建筑节能约达到1.1亿吨标准煤的规模。我国节能产业发展呈以下特点:

大量节能装备设备投入使用。节能技术装备包括工业锅炉、窑炉、电机、变频器、节能监测设备等。目前,一批节能关键技术装备不仅具有自主知识产权,而且已经初步得到推广应用,其中包括低温低压余热发电、焦炉煤气提氢、节能低压合成氨、大中型硫酸生产低温位热能回收、新型阴极结构电解铝、低温余热能量转换器等技术和装备;节能关键技术装备铸造;锻压、热处理等共性基础工艺和设备的研发也都取得较大突破。在高效节能装备应用方面,包括了拥有自主知识产权的低热值高炉煤气燃气—蒸汽联合循环发电装置、冶炼烟气余热回收—余热发电装置、玻璃熔窑余热发电装置;中小型煤粉工业锅炉和低热值煤大型循环流化床锅炉等高效锅炉;稀土永磁电机等高效节能电机,以及高效风机、水泵、空压机等高效节能设备。然而不足还是十分明显的,我国工业电动机用电占工业用电的60%—70%,电动机系统效率比发达国家低20%—30%,目前达到2级能效指标的电机仅占8%左右。变频器作为一种节能高技术产品,在发达国家的电机应用中的普及率达到80%,在我国变频器使用普及率还不到10%,并且国内变频器90%的市场由发达国家所占据。

节能产品在企业、公共机构和商场得到普及。高效节能家电产品、节能办公产品、节能商用产品的使用范围越来越广,形成一定的市场规模。这些产品包括高效环保节能空调压缩机、高效节能节材小型化冰箱压缩机、高效电机、CO_2制冷技术、直流变频压缩机、直流变频控制器和软件算法以及压缩机驱动控制器、空调器微管传热技术、燃气热水器强化传热技术、太阳能热水器、太阳能冰箱、各类家电产品节能节水技术、智能控制节能技术和待机能耗技术等，以及高效节能计算机、复印机、打印机、传真机、服务器产品，微细尺度高效换热器技术、高效相变储能装置等。高效节能照明产品的推广也在顺利开展，目前，我国LED产业初步形成较为完整的产业链，在政策鼓励和市场需求的推动下，我国迎来了LED产业发展的大好时机。节能建材产品也广泛应用于新建筑和既有建筑节能改造。节能和新能源汽车的研发和示范也取得积极进展。

节能型家用电器走进千家万户。近年来，我国家电节能产品发展迅速，逐步成为市场主流产品。空调变频技术、燃气灶内燃火技术、热水器冷凝技术等节能技术先后投入运用。国家先后对空调器、冰箱、洗衣机等产品设定了能效标准，小家电能效强制标准制定和实施工作全面启动，都将促进节能产品市场占有率的提高。

节能服务产业发展迅速。专业化节能服务公司迅速壮大、产业规模大幅增长、服务范围不断扩展、服务水平显著提高，节能服务公司已成为我国节能战线上一支重要力量。2010年与2005年相比，节能服务公司从80多家增加到800多家，从业人员从1.6万人增加到18万人，节能服务产业规模从47亿元增加到840亿元，合同能源管理项目投资从13亿元增加到290亿元，形成年节能能力从60多万吨标准煤增加到1300多万吨标准煤。"十一五"期间，节能服务产业拉动社会投资累计超过1800亿元。

根据有关资料综合整理。

2. 把科技自主创新纳入低碳产业发展战略的核心

20世纪90年代，在打破了单一封闭的科技体制、科技与经济的结合不断加强的基础上，科技创新也被提到了战略的高度。1995年，《中共中央、国务院关于加速科学技术进步的决定》明确提出技术创新是企业科技进步的源泉，是现代产业发展的动力。并提出到2010年要大

幅度提高自主创新能力，掌握重要产业的关键技术和系统设计技术的目标要求。1999年，《中共中央、国务院关于加强技术创新，发展高科技，实现产业化的决定》提出要突出高新技术产业领域的自主创新，培育新的经济增长点。促进企业成为技术创新的主体，全面提高企业技术创新能力。并要求推动应用型科研机构和设计单位实行企业化转制，支持发展多种形式的民营科技企业。

从国家战略的角度看，应该说我国在20世纪90年代中后期就已经树立了以企业为主体，推动自主创新的战略思想，科教兴国战略和可持续发展战略都是在这个时期提出的。然而自主创新战略的实施并不理想。主要原因是长期以来我国粗放型的经济发展模式和在90年代迅速成长起来的以压低资源和劳动力成本为特征的出口导向型经济并不支持自主创新战略的实施。20世纪90年代，我国经济增长进入快车道，但支撑经济增长的主要源泉并不是来自技术进步，而是由于要素的推动。由于我国与发达国家技术上存在着相当大的差距，使我国存在较大的技术进步空间，客观上促进了我国通过购买和模仿国外的技术实现技术进步，开放型的经济和吸引外资的政策也加速了技术和设备的引进，但由于缺乏促进消化吸收再创新的机制，我国依靠自主创新实现技术进步的步伐一直很慢，引进技术将长期成为我国技术的主要来源。例如，从20世纪80年代到90年代我国的主要装备技术尤其是大型成套装备技术的来源就是技术引进①，而在技术引进的过程中，地

---

① 根据对我国大型机械工业企业在“八五”期间成功开发的92种量大面广的典型新产品的技术来源进行抽样调查，发现主要利用国外技术开发的产品占57%，立足于国内自主开发的只占43%，说明当时我国机械工业发展还主要依赖于引进国外技术。此外，虽然当时引进的技术也属于国际上20世纪80年代末90年代初的先进技术，但大部分是国外处于生产饱和期和即将淘汰的设备和技术，靠技术引进无法获得真正先进、尖端的技术。另据有关统计，我国从70年代就开始大规模引进国外先进的大型石化成套装备，但到1997年，我国大型石化成套装备的国产装备市场占有率也只有20%左右。进入新世纪随着我国重化工业的快速发展，我国重大装备自主研制能力不断增强，尤其是设备的国产化率明显提高，到2010年，我国石化千万吨级炼油装置国产化率已超过90%，百万吨级乙烯装置国产化率已超过75%。但达到国际先进水平的石油石化技术装备仅占1/3，国产装备的国内市场满足率不到60%，核心技术对外依存度仍然很高，行业高端装备和制造技术大都依靠进口，创新的潜力依然很大。

方政府的 GDP 导向以及投资软约束使得各地在上项目时贪大求洋的攀比倾向十分严重，造成了重复引进和严重的资源浪费。由于只注重技术引进的投入，不重视消化吸收的投入，把主要精力和资金放在引进投产上，导致了技术引进与消化吸收的严重脱节，并对技术引进产生强烈的依赖，使我国的技术发展一直缺乏内生的动力，自主创新能力难以提升。这种现象一直持续到进入新世纪，2004 年我国引进技术和消化吸收投入之比仅仅为 1∶0.15，而第二次世界大战以后的日本、80 年代以后的韩国，他们在很多领域的技术引进和消化吸收投入之比达到了 1∶5 到 1∶8。这种现象长期存在是我国粗放式经济增长方式的必然结果，暴露了我国经济体制和科技体制存在着严重的缺陷。

此外，我国的科技体制机制在集中力量进行重大科技攻关方面具有较强的优势，但在促进全社会科技持续创新方面却显得动力不足。在市场经济条件下，如何做到既保持在国家重大科技专项上能够集中力量重点突破，实现某些科技领域的跨越式发展①，又能够在全社会范围内有效地引导和促进以企业为主体的技术创新，形成以企业主导的产业技术研发创新的体制机制，一直是我国迫切需要突破但还尚未突破的战略性课题。客观地讲，我国的科技体制在集中力量实现科技领域重点突破方面是富有成效的，不管是 20 世纪 60 年代的“两弹一星”工程，还是近年来实施的载人航天工程，都是大规模科技协作取得突破

① 全球金融危机爆发后，世界各国都试图通过抢占科技制高点，发展战略性产业启动经济复苏计划，我国也面临着在这场竞争中实现跨越式发展，缩小与发达国家在经济和科技上差距的艰巨任务，在这种形势下，我国政府提出了要探索市场经济条件下的新型举国体制。举国体制的概念一经提出，就在社会上引起了广泛的反响，有人担心回到计划经济时的“举国体制”，有人认为新型举国体制重点是围绕国家中长期科技发展规划纲要确定的 16 个国家重大科技专项，有助于我国集中优势科技资源，实现重大科技突破。目前，对于在市场经济条件下围绕国家重大科技专项组织实施新型举国体制的基本理论问题还在研究和探讨中，我们认为，新型举国体制应该有别于传统的举国体制，其适用范围也应该受到严格的限制。新型举国体制是在充分尊重市场配置资源的基础性作用，加强政府协调指导，突出企业技术创新主体地位，促进政产学研用紧密结合的基础上，实现在国家层面建立的多部门协作机制以及包括部门、地方、全社会参与的合作大平台。市场经济是发挥新型举国体制优势的重要先决条件，这样才能防止走回到计划经济时代单纯以行政力量推动科技发展的老路上去。

性成果的典范，然而，在普遍持续的科技创新方面，我国与发达国家的差距依然很大，有些指标在近二十年并没有太大的改善，说明体制机制上的制约依然十分严重。例如，尽管近年来我国 R&D 经费增长较快，但我国 R&D 投入强度仍然大大低于发达国家，目前世界领先国家的 R&D 投入强度平均为3%左右，我国2011 年 R&D 投入强度为1.83%，还不及美国、日本、德国在20 世纪 80 年代的水平。从 R&D 经费支出构成来看，我国高技术产业的 R&D 经费比重偏低，说明创新活动还没有向高技术产业倾斜，高技术产业引领技术创新的作用还没有充分发挥。这一结论通过比较不同技术含量的产品的国际竞争力也可以得到验证：根据中国社科院发布的《中国产业竞争力报告(2012)》，我国低技术含量产品的国际竞争力非常突出(主要表现为成本价格优势)；高技术产品在国际市场上虽然占有很高的市场份额，但我国同时也是高技术产品的进口大国，我国高技术产品的竞争力大大低于低技术产品；从市场占有份额和贸易竞争力指数看，我国高中低三类技术含量产品中，中等技术产品竞争力最低。① 这一现象说明，尽管我国高技术产品在国际市场上占有一席之地，但我国绝大多数中小企业是靠价格低廉的低技术含量产品取得竞争优势的，缺少有竞争力的中等技术含量的产品恰恰说明了我国绝大部分中小企业普遍缺乏技术创新能力。

在传统体制下，科研院所和大学一直是科研工作的主体，企业的科技力量很弱。我国的科技体制改革虽然在优化科技力量布局和科技资源配置上加强了向企业的倾斜，使企业的技术能力有了很大的提高，但还不能满足持续技术创新的需要。国家财政科技经费对企业投入的不足②、风险投资和资本市场融资体系的不完善、科技型中小企业融资能力较弱等因素也制约了企业整体创新能力的提高。

科技创新的目的是为社会创造价值，只有当科技成果转化为现实

① 社科院：《中国跻身中上等收入国家》，《重庆商报》2011 年 12 月 13 日 4 版。

② 我国财政科技投入一直以来以科研单位为主，对企业投入相对不足，据统计，2004 年我国国家财政科技投入中，科研单位占比达到 90%，企业占比仅为 10%。而在美国、英国、日本，政府向企业的科技研发投入占比分别达到 27%、32%、22%。

生产力，科技才能发挥对经济的支撑作用。在科技成果转化推广和产业化方面，我国与发达国家还存在着很大差距。根据有关专家给出的评估，目前我国的科技成果转化率大约在25%，真正实现产业化的不足5%，而发达国家的科技成果转化率已经达到80%。虽然业内对科技成果转化的评价方法有一些不同的认识（如有学者认为应以技术产权转移代替科技成果转化），但科技成果转化率和产业化率低确是不争的事实。“两低”的存在说明在科技成果转化的过程中，现行的体制机制、保障体系、政策支持等方面还存在着明显的不足，也说明我国科技与经济的结合还不紧密，我国有限的科技资源还存在着很大的浪费，其中有一部分“创新”活动其实并无创新之实。从理论上讲，凡是市场经济比较发达的国家（地区），科技成果转化率相对要高，这是因为私人的科技投资必然瞄向有现实或潜在需求的市场，虽然投资也有失误，但从统计概率来看，失败的投资可以控制在一定的限度内。再者在发达的市场经济国家，技术创新总体上是由企业主导的，企业又是在市场的导向下确定科技投资的方向，所以技术创新实际上是由市场主导的。在一些市场空白的领域，政府起到了重要的作用，这也提高了科技与市场的吻合程度。但在我国，科技发展的行政推动色彩一直很强，很多领域的重大研究是由政府主导的，这虽然可以增强大规模协同开发的能力，但如果不能很好地界定“政府主导”的边界，也可能带来一定的负面影响。一般说来，由政府主导关系国计民生和引领未来科技发展的国家重大科技项目，并不会破坏市场的基础性作用，因为在这个领域市场的效率较低，由市场自发地“试错”，不仅代价巨大而且时间也不允许，对于有些超前的高科技项目和基础研究，企业投资意愿不足，资本实力也成问题，如果政府能够集中各方面智慧，找准重大科技创新的主攻方向，加大政府的投入，就有可能在这个方向上取得突破并实现跨越式的发展。然而，政府的决策也有可能失败，例如，日本第五代计算机计划就无疾而终，该计划耗资4亿多美元耗时近十年。权衡政府与市场各自的特点，我们应该把关系国计民生和引领未来科技发展的国家重大科技项目交给政府，但同时也应对这类项目的范围

作出界定①，防止盲目扩大的倾向，尤其要避免地方政府沿用这种模式主导当地科技产业的发展。对于绝大部分技术，没有哪个机构或组织能够全面掌握，只能在市场机制的作用下，由企业自主作出选择，并承担相应的风险。如果让政府起主导作用，必然会削弱市场的功能，割断科技与市场的天然联系，导致科技成果转化和产业化的困境。

我国在提高自主创新能力上还有很多困难和问题需要克服和解决，通过改革解决制约我国自主创新的深层次矛盾和体制机制问题，是推动我国自主创新的根本出路，这也就是我们常说的以体制创新推动科技创新。进入新世纪后，我国加快了创新驱动发展，建设创新型国家的理论探索和政策推动的步伐。2006 年召开的全国科学技术大会明确作出建设创新型国家的战略部署，并提出到 2020 年使我国进入创新型国家行列的战略目标。随后发布的《实施〈国家中长期科学和技术发展规划纲要（2006—2020 年）〉的若干配套政策》，围绕激励自主创新，推动企业成为技术创新的主体，建设创新型国家等战略任务，在科技投入、税收激励、金融支持、政府采购、引进消化吸收再创新、创造和保护知识产权、人才队伍建设等方面提出了 60 项具体的政策支持措施。这 60 条配套政策对于以往存在的问题具有较强的针对性和更为明确的导向性，推出之后取得了较好的效果。

构建创新型国家需要完成一系列指标，包括 R&D 投入强度要超过 2%，科技进步贡献率达到 70% 以上，对外技术依存度在 30% 以下，以及发明专利拥有量等多项指标。但在这些指标背后，更为重要的是创新在国家的发展中是否起到了主导作用。我们知道，“创新”概念是美

---

① 我国国家科技计划包括了国家科技重大专项、高技术研究发展计划（“863”计划）、国家科技支撑计划（原攻关计划）、基础研究计划（“973”计划、国家自然科学基金重大研究计划等），以及星火计划、火炬计划、技术创新引导工程、国家重点新产品计划、科技型中小企业技术创新基金、中小企业发展专项基金、农业科技成果转化基金、企业技术中心建设计划创新能力专项、国家重点实验室计划、国家工程技术研究中心等，各类项目性质不同，其经费来源、管理方式也有所不同，国家重大攻关和基础研究项目经费一般来源于国家拨款，采用指令性的专家管理或集中管理的方式；政策引导类项目的资金包括了国家拨款、科技贷款、企业自筹等多种来源，其管理方式包括了指导性的分散管理等多种形式。

籍经济学家熊彼特在1912年出版的《经济发展概论》中提出的，经过百年的发展，创新被赋予了深刻的含义。创新有很多种分类方式，我们从经济社会进步的层面通常把创新分为技术创新、管理创新、制度创新等。技术创新包括了原始创新、集成创新和引进消化吸收再创新，在这三种技术创新模式中，原始创新处于重要的核心地位。模仿由于可以节约大量研发及市场培育方面的费用，降低投资风险，一直是我国中小企业技术路线的首选。但这种模式越来越表现出它劣势的一面，一是在技术上受制于人，从长远看没有出路；二是随着知识产权保护意识的增强和专利制度的完善，想要通过模仿和改进获得较高的收益已经变得不太可能。因此，时代的发展也在呼唤自主创新。我国六十多年发展的实践也证明，在关系国民经济命脉和国家安全的关键领域，要想获得真正的核心技术和关键技术只能依靠自己。只有掌握核心技术，拥有自主知识产权，才能真正将国家发展与安全的命运牢牢掌握在我们自己的手中。自主创新有三个方面的含义：一是要加强原始创新，要努力获得更多的科学发现和重大的技术发明；二是要加强集成创新，使各相关技术成果融合汇聚，形成具有市场竞争力的产品和产业；三是要在广泛吸收全球科学成果，积极引进国外先进技术的基础上，充分进行消化吸收和再创新。自主创新并不排斥借鉴国外的先进经验和引进国外的先进技术，以我国现在的经济基础和科技实力，我们要把眼光放到有效利用全球科技资源上来，要在更高的起点上推进我国的自主创新。很多经验也表明，"跟随创新"对于新兴的工业化国家是一个必须经历的阶段，也是获得后发优势的重要手段。但"跟随创新"的依附性也是明显的，因此，在后发国家的经济和科技发展到一定阶段后，就应该考虑把原始创新和集成创新放到更重要的位置，尤其要突出原始创新的战略核心地位，同时把消化吸收和再创新放到更高的层次上。也有一种战略思考认为只要把关键技术掌握在我们自己手里，对于其他一些边缘的技术，没有必要都自己来做，完全可以通过引进的方式取得。各种观点虽然各有侧重，但有一点是相同的，即关键核心技术是买不进来的，也是市场换不来的，必须依靠自主创新才能获得。

创新是科技发展的生命力所在，科技进步是经济发展的决定性因素。这是创新与科技进步，与经济发展最本质的关系。在创新与发展以及创新与强国的关系上，胡锦涛主席曾经作过精辟的概括："实现创新驱动发展，最根本的是要依靠科技的力量，最关键的是要大幅提高自主创新能力。只有具备强大科技自主创新能力，才能在全球日益激烈的竞争中牢牢把握发展主动权，才能真正建成创新型国家，进而向世界科技强国进军。"①

从国际经验和教训来看，美国之所以能够在20世纪90年代经历了历史上最长时间的经济扩张繁荣时期，虽然其中也有过度投资推动形成的泡沫，但最重要的动力还是技术创新，信息技术、材料科学、生物技术和医药技术的发展起到了重要的作用，这段时期劳动生产率的显著提高可以给出证明，从1973—1995年间劳动生产率每年增长1.39%，而在1995—2000年间每年增长3.01%，其中计算机全要素生产率占0.18%，计算机以外各部门的全要素生产率占1.0%。2000年中期网络经济泡沫破灭后，美国始终缺乏足够的创新成果支撑新产业兴起以弥补网络经济的收缩，而面对出现的经济衰退，美国不是继续依靠科技创新化解经济疲势，而是转向放纵金融和房地产去刺激经济，这就为日后爆发全球金融危机埋下了隐患。另一个例子来自日本，昔日以品质和新潮著称的全球家电巨头，包括索尼、松下、夏普，2011财年陷入巨额亏损的阴霾。夏普经历着自1912年成立以来最大规模的年度亏损，松下电器创下日本制造业企业年度亏损的纪录，索尼已连续四年亏损。除了受到"3·11"日本大地震、泰国洪灾等自然灾害的影响外，创新不足、战略不当是更为重要的原因。被誉为"技术的索尼"，在新一轮消费电子产品的升级换代上，因保守而错失良机；松下电器固守等离子战略，2011年在巨大的市场压力下才转向以液晶为主。面对快速变化的市场和不断涌现的新技术，日本家电企业集体反应似乎慢了

① 胡锦涛：《在中国科学院第十六次院士大会、中国工程院第十一次院士大会上的讲话》，中国政府网：http://www.gov.cn/ldhd/2012-06/11/content_2158332.htm。

半拍,而反观美国苹果公司,在创新文化的驱动下,专注于个人用户的体验,几乎每年都有新的产品问世,几乎每一款产品都会带给客户最新的体验,引领着消费电子时尚的潮流。对创新的热爱,以至于偏执,是苹果能够坚持到今天并取得巨大成功的关键。韩国三星公司的成长之路或许让我们对创新有更为深入的认识。早年以模仿索尼、松下起步的三星公司,在起步阶段就以近乎疯狂的热情投入学习,对引进技术加以改进,抢先推向市场,很快缩短了其与模仿对象间的差距。三星一直强调基于技术开发的创新,强调把追求技术领先作为企业实现战略目标的重要保障,但三星从不排斥与竞争者合作开发和共同分享利益。而索尼一直以掌握专有技术与设立产品标准为核心优势,过于自信和固守内部技术使索尼对于新一轮消费电子产品升级采取了保守的态度,失去了抢先占领市场的先机,而对欧美成熟市场的过度依赖,对新兴市场的重视不足助推了索尼在全球金融危机爆发后市场大幅度下滑。与索尼等技术巨擘不同,三星的技术优势并没有成为公司的负担,面对电子技术更新的节奏放缓,但消费市场求新的趋势反增的特点,三星发起了以"发展独特的三星设计"为内容的设计革命,强调三星要靠设计取胜,要发挥创意,做好整合(进行集成创新),将各种技术成果转化成为迎合消费者需要的商品。在此,创新不是高精尖技术的装潢,而是顺应市场的战略权变。同样是引进技术起步,三星公司的持续创新能力使它保持了技术领先和市场领先的优势,目前,三星是全球唯一同时掌握液晶面板技术、芯片模组技术和LED背光源技术的企业,连续6年全球电视销量排名第一。而我国在20世纪80—90年代在显像管领域通过技术引进曾经建立起"整机—彩管—玻壳"完整的产业链,一度在产量和出口量上都名列世界第一,但在进入21世纪短短几年之后,以液晶面板为主的平板显示器对显像管技术的替代,导致我国彩电产业发展退回到20年前,到了2008年中国彩电工业价值的80%又再度转移到了国外,这就是缺乏技术创新能力的代价。可见,引进技术并不等于引进了技术创新能力,未来发展只能靠自主创新驱动。

上面花了大量篇幅讨论了与科技自主创新有关的理论和实践问

题，虽然不是专门针对低碳产业的，但涵盖了低碳产业科技进步和自主创新中的共性和普遍性的问题。例如，如何处理技术引进与自主创新的关系，如何促进重大科技项目的前沿突破与量大面广的一般科技项目的全面发展的有效结合的问题，如何加快科技成果转化和产业化进程，促进科技与市场形成紧密的联系，如何科学灵活地把握创新的方式，提高创新的成功率，这些都是低碳产业发展中可能碰到并要认真加以对待的问题。

把科技自主创新纳入低碳产业发展战略的核心，符合当今世界科技创新和发展的新趋势，反映了我国经济发展对科技创新驱动的迫切需要，同时也体现了低碳产业由高新技术构成、具有先导性和战略性的产业特点。近年来，发展低碳经济成为科技创新的新热点，发达国家大力推进向低碳经济转型的战略行动，并已经在低碳技术领域和产业链布局上占据了有利位置。面对机遇与挑战并存的局面，我国也大有急起直追之势。目前，全球经济处于自 1929 年大萧条以来最为严峻的时期，发达经济体经济复苏的不确定性以及新兴经济体增长速度放缓使得世界经济在中短期内难以彻底摆脱全球金融危机和欧债危机投下的阴影，然而正是这种应对危机的过程，却有可能加快全球创新和结构调整的步伐，并有可能缩短新技术产品的更新周期。换个角度来看，虽然发达国家会试图通过加快创新摆脱危机（例如美国就提出回归高端制造、回归创新），但全球范围内的经济转型加快以及发达国家财政能力的下降，也为新兴经济体实现追赶和超越提供了可能。我国在某些低碳技术领域（例如电动汽车）起步不晚，这意味着我国与发达国家的技术差距不是太大，发达国家的知识产权壁垒也不会太高，这就提供给我国一个通过技术创新和经济转型，打破发达国家长期技术垄断，实现产业跨越式发展的历史机遇。此外，在逐渐转变对出口的依赖后，我国未来十到二十年经济发展中，城镇化将是主要的推动力量。这意味着我国经济还将保持较高的增长速度，能源和资源的消费也将保持一定的增长水平，对此，我国以煤为主的能源资源赋存结构将会随着气候变化和资源环境压力加大而越来越难以适应，这就对低碳技术的发展提出了迫切的要求。以目前技术发展趋势预测，未来几十年，我国煤炭在能源生产和消费结构中的主导作用不会改变，因此，要想突破我国能源资源禀赋的障碍，保证我国城镇化进程的顺利进行，发展洁净煤技术、页岩气勘探开发关键技术是有效减少化石能源有害排放的重要举措。目前，在先进燃煤发电技术方面，我国700℃超超临界燃煤发电技术研发已正式启动，250MW级整体煤气联合循环（IGCC）示范工程正在建设，如果这些技术能够取得突破并在工程上得到有效应用，将会奠定我国在这一领域的优势地位。需要指出的是，我国目前煤气化的某些核心技术以及先进设计制造技术、系统优化、高温部件材料等方面仍与发达国家有一定差距，但我国巨大的市场空间为自主开发和优化提高提供了广阔的舞台，这个优势是发达国家所不具备的。我国天然气需求旺盛，但资源储量少，而据专家预测，我国页岩气可采资源量超过常规天然气资源，因此被寄予了厚望。我国页岩气资源调查正在深入推进，目前对页岩气的资源总量和分布还没有完全掌握，相关勘探开发技术还处于起步阶段，突破和掌握关键技术还需要一定时间，而北美页岩气开发技术基本成熟，因此，应灵活运用不同的自主创新方式，坚持自主开发与对外合作相结合，加快建成一批页岩气勘探开发区，初步实现规模化生产，为实现大规模开发利用打好基础。目前国务院已批准页岩气为新的独立矿种，这意味着油气勘探开发领域的长期垄断格局将被打破，为多种投资主体进入页岩气勘探开发领域创造了条件。此外，我国太阳能产业发展较快，目前已经成为全球最主要的光伏电池生产基地，随着我国光伏技术的进步和经济性的显著提高，“十二五”期间我国光伏产业将进入大规模应用阶段。我国风电产业发展引人注目，2010年，在全球风电增长放缓的情况下，我国新增装机达到18.93GW，占全球新增市场的48%，累计风电装机容量达到44.73GW，超过美国跃居世界第一，我国风电设备制造业也已经初步具备参与国际竞争的能力。可见，无论是从能源资源禀赋条件出发，着眼于未来可持续发展的需要，还是为了在新一轮经济和科技竞争中占据有利位置，引领经济社会发展，实现大国崛起的目标，低碳产业在我国经济社会发展中的先导作

用和战略支柱作用是毋庸置疑的,而对于这样一个由高新技术推动的新兴产业,科技进步和自主创新是其成长的决定性因素和核心动力。这也是我们在此强调科技与产业融合发展,把科技自主创新纳入低碳产业发展战略核心的主要原因。

专栏3-9　国家规划的支撑战略性新兴产业发展的关键共性技术

为了从战略上引领未来经济社会发展,抢占新一轮经济和科技发展制高点,2010年10月国务院作出《关于加快培育和发展战略性新兴产业的决定》(国发[2010]32号),把节能环保等四个产业培育成为国民经济的支柱产业,把新能源、新能源汽车等三个产业培育成为国民经济的先导产业。《国家"十二五"科学和技术发展规划》明确要突破一批支撑战略性新兴产业发展的关键共性技术(以下为节能环保和新能源发展有关的关键共性技术):

半导体照明。重点发展白光发光二极管(LED)制备、光源系统集成、器件等自主关键技术,实现大型金属有机化学气相沉积(MOCVD)等设备及关键配套材料的国产化,加强半导体照明应用技术创新,建设标准和检验检测体系。

煤炭清洁高效利用。重点突破地下煤气化、煤低温催化气化甲烷化、中温催化气化、高温高压甲烷化、煤制烯烃等化工品、第三代煤催化制天然气、重型燃气轮机整机等核心技术。以煤气化为基础进行多联产工程示范,进一步推进煤气化技术综合集成应用;积极发展更高参数的超超临界洁净煤发电技术,开发燃煤电站二氧化碳的收集、利用、封存技术及污染物控制技术,有序建设煤制燃料升级示范工程。

"蓝天"工程。大力推进工业废气、燃煤烟气、机动车污染物、室内空气等净化技术与装备的研发及产业化,加快大气监测先进技术与仪器研发,积极发展温室气体减排与资源化技术及装备。引导产业发展,改善环境质量。

废物资源化。重点突破无害化、稳定化与资源化技术与装备,研发高附加值再生资源产品、大型垃圾焚烧控制技术与成套设备、垃圾综合处理及有机物厌氧产沼关键技术与设备,有效利用废旧金属、废旧机电与电子产品、大宗包装与纺织产品、大宗工业废物、生活垃圾与污泥等量大面广、附加值高的废弃物。开展工程示范,建设废物资源化技术创新服务平台与产业化基地,提升产业化水平。

绿色制造。重点发展先进绿色制造技术与产品,突破制造业绿色产品设计、环保材料、节能环保工艺、绿色回收处理等关键技术。开展绿色制造技术和绿色制造装备的推广应用和产业示范,培育装备再制造、绿色制造咨询与服务、绿色制造软件等新兴产业。

风力发电。重点发展5兆瓦以上风电机组整机及关键部件设计、陆上大型风电场和海上风电场设计和运营、核心装备部件制造、并网、电网调度和运维管理等关键技术,形成从风况分析到风电机组、风电场、风电并网技术的系统布局。积极推进100兆瓦级海上示范风场、10000兆瓦级陆上示范风场建设,推动近海和陆上风力发电产业技术达到世界先进水平。

高效太阳能。重点发展大型光伏系统设计集成、高效低成本太阳电池、薄膜太阳电池、太阳能热发电等关键技术、组件和成套设备。掌握太阳能发电全产业链的核心技术、生产工艺与设备。

生物质能源。重点发展沼气生产车用燃料、纤维素基液体燃料、农业废弃物气化裂解液体燃料、生物柴油、非粮作物燃料乙醇、250—500吨/日系列生物质燃气开发利用等关键技术和装备,加强生物燃气、城市与工业垃圾能源化、生物液体燃料、固体成型燃料、能源植物良种选育及定向培育等五个方向的研发部署,在重点区域实施“十城百座”等示范工程。

智能电网。重点发展大规模间歇式电源并网与储能、高密度多点分布式电流并网、电动汽车充电设施与电网互动协调运行技术、分布式供能、大电网智能分析与安全稳定控制系统、输变电设备智能化等核心技术。建设百万千瓦级海上风电场送出、大电网智能调度与控制、智能变电站等示范工程,建成若干个智能电网示范园区和集成综合示范区。

新能源汽车。重点推进关键零部件技术(电池—电机—电控)、整车集成技术(混合动力—纯电驱动—下一代纯电驱动)和公共平台技术(技术标准法规—基础设施—测试评价技术)的研究与攻关。继续实施"十城千辆"工程，形成一批国际知名、具有自主知识产权的关键零部件与整车企业。

摘自《国家"十二五"科学和技术发展规划》。

二、营造发展环境，以体制机制创新促进低碳产业的协调发展

1. 以市场为依托，构建协调发展、充满活力的低碳产业体系

20 世纪 80 年代，基于当时企业技术创新基础薄弱以及发挥比较优势的战略考量，我国以发展"三来一补"型加工业为切入点，开始以要素形式(劳动力)参与全球分工。从这个时期起，我国产业发展采取了产业技术梯度转移的模式，即沿海有条件的地区率先从国外引进技术，承接国际产业梯度转移。20 世纪 90 年代随着我国市场经济体制的建立以及全球范围内信息化的兴起和经济全球化的发展，伴随着外资投资规模的扩大，一些适用型的成熟技术不断向我国转移，带动了国内产业的发展。这一时期，基础产业和基础设施建设迅猛发展，房地产投资成为热点，制造业中新一代家电产品成为亮点，这些产业成为当时的主导产业。到 90 年代中后期，以跨国公司把我国纳入其产业链分工体系为契机，我国开始构建开放的专业化的制造业体系，为全球制造中心向我国转移打下了基础。进入新世纪后，我国开始了重工业化的进程，也加快了城镇化进程，以住宅、汽车、电子通信和城市基础建设为带头，拉动了一批中间投资品行业，包括钢铁、有色金属、建材、机械、化工等，也拉动了电力、煤炭、石油、交通运输等基础行业的发展。我国高新技术产业化在 20 世纪 90 年代中后期取得重大进展，产业规模迅速扩大，在国民经济构成中所占比例显著提高，但科技创新能力不足的问题始终是制约产业发展的主要障碍。

分析世界产业转移和国际分工发展的历程，我们发现，所谓国际分工从来都是按照有利于发达国家追求高额利润和进行产业链控制的方向布局的，发达国家控制了价值增值最高的科技开发、设计、市场营销、营运管理等价值链环节，即所谓的“头脑产业”，而后发国家和地区只能扮演加工基地（即所谓的“躯干产业”）的角色，投入大量劳动力、能源、原材料等资源却仅能得到较少的利润。后发国家参与国际分工虽然也提振了本国的产业，但发达国家与后发国家的产业级差却被固化，后发国家如果不提升自主创新能力，将一直成为发达国家转移落后产业的承接地。因此，对于我国而言，参与国际分工确实对提升我国的传统产业尤其是制造业产生了积极的作用，但如果继续依赖传统的产业技术梯度转移模式，我国的高新技术产业以及传统产业中的高技术、高附加值环节不可能得到实质性的进步。同时，由于我国经济总量的不断增加，发达国家更多地把我国视为竞争对手，在技术转移上会设置更多的限制。事实上美国等发达国家对华高新技术产品出口限制由来已久，这其中不乏恐惧和打压中国崛起的因素，因此，我国高新技术产业的发展归根到底要依靠自己的努力。低碳产业的绝大部分都属于高新技术产业范畴，尤其在新能源领域，原始创新是未来全球竞争的重点，自主创新是产业发展的根本途径。

全球金融危机爆发以来，世界经济进入了大调整、大变革时期。与以往不同，在这场应对危机的调整和变革中，中国站到了国际舞台的中央，被认为是世界经济的一支稳定力量。然而，随着中国国际地位的快速跃升，以及“中国因素”在世界格局变动中作用的增强，中国所面对的外部环境也更趋复杂，面临的风险也在增加。中国能否像以往那样抓住这次大调整和大变革所带来的机遇，不仅取决于中国要主动参与重构国际经济格局和全球治理结构，更重要的是中国自身的经济转型必须能在全球经济结构调整中找到有利的位置，从而通过这次全球性的大调整和大变革，初步确立中国经济结构上的优势，只有这样，才意味着中国经济具有持续发展的潜力，也才意味着中国实现了真正的崛起。

然而，这个过程充满挑战。首先，在经济全球化的今天，外部经济环境对我国经济发展的影响越来越大，而国际经济形势的不确定性使我国经济面临的风险加大。虽然全球金融危机和欧债危机重创了发达经济体，新兴经济体尤其是中国的力量相对增强，但如果发达国家长期无法走出经济低迷，新兴经济体的出口势必会受到影响；此外，金融危机后发达国家持续去杠杆化，资本回流自救，以及资本避险等行为，都会对全球资本流动产生影响，新兴经济体会遭遇资金外流和经济下滑的风险，目前已经有此征兆。如果发达经济体和新兴经济体都面临经济下行的风险，中国经济要想保持一枝独秀的局面是十分困难的。其次，全球金融危机后，基于经济和政治等方面的因素，以美国为代表的发达国家的贸易保护主义再度抬头，我国面临的国际贸易环境不断恶化。发达国家为摆脱危机加快经济转型，美国提出要回归实体经济和实现"再工业化"，可再生能源和新能源、电动汽车等新兴产业也被列为带动经济复苏的重点发展领域。我国的产业结构转型与升级将改变产业价值链长期由发达国家主导的局面，并由此形成与发达国家的产业竞争关系，这势必触及发达国家的经济利益乃至以美国为代表的经济霸权，因此可以预见我国经济外向发展面临的贸易壁垒的阻碍才仅仅开始，以后的贸易摩擦还会不断出现。当然，这只是对未来趋势的一种预判，就目前而言，我国的经济结构与发达国家还是互补的，中国的发展同样会给发达国家创造出更大的市场，此外，资本国际化趋势也会削弱贸易对抗的程度。最后，我国经济自身的结构性问题十分突出，多年以来调结构一直是我国宏观调控的主要任务，但至今仍未取得根本性突破。造成我国经济存在着不稳定、不平衡、不协调等结构性问题的原因比较复杂，既有技术层面的因素，也有制度层面的原因，但如果只注重调节技术层面的因素，而不去消除造成结构性失调的体制机制障碍，即使结构性矛盾暂时有所缓解，也难保不再重新激化。可见，要确立中国经济结构上的优势，不仅要加快经济结构的调整，同时还要敢于在体制机制、利益格局等方面的"深水区"大刀阔斧地进行改革。与前两个国际因素相比较，内部的改革可能更具有挑战性。

为了迎接这些挑战，中国应大力拓展国内市场。我们并不赞成有专家提出的重新考虑“进口替代”战略，但我国的产业发展将主要依托国内大市场的趋势是非常明显的，当然，在经济全球化和全球经济一体化不断发展的今天，我国的产业也要积极开拓国际市场尤其是潜力巨大的新兴国家市场，我国的市场也要对外开放，鼓励各种形式的竞争。当前的迫切任务，是要通过加快结构调整，尽快摆脱对出口的依赖，把经济增长建立在扩大内需的基础上，尤其要提升居民消费对经济增长的带动作用，推动全国统一的大市场的建设，以此为依托完成产业的转型和升级。低碳产业是我国战略性新兴产业的重要组成部分，是支撑未来经济和社会可持续发展的代表性产业，对我国产业整体的转型与升级起着重要的标杆作用，因此，要抓住全球低碳转型发展的历史机遇，构建协调发展、充满活力的低碳产业体系。

低碳产业的发展主要有两个途径，一是通过发展低碳技术并使其产业化的途径，二是在传统产业推广应用低碳技术（包括低碳管理技术）即通过产业低碳化的途径，构建低碳产业体系。产业化从广义上讲是产业形成和发展的过程，狭义地理解是技术应用规模化和全面市场化的阶段。分析近代以来科技发展的历史，我们可以看到，在每个历史时期，都有一类技术贯穿始终，并成为代表这一时期的主导技术，而这些技术从发明到产业化一般需要一段时间（大约20—40年）进行技术完善和推广应用。例如，蒸汽动力技术的发明大约在1755—1780年之间，其产业化阶段是在1795—1815年间；电力技术的发明阶段是在1815—1845年间，产业化是在1875—1905年间；信息技术的发明阶段是在1905—1945年间（1945年研制出首台电子计算机），1945—1985年是技术完善化阶段，1985年以后才进入产业化大发展阶段。① 进入21世纪后，在全球资源环境形势，尤其是全球气候变化形势日益严峻的情况下，低碳技术成为主导世界经济结构、能源结构转型的主要技术之一。在前不久出版的《第三次工业革命》一书中，著名的趋势学家杰

① 蔡兵等：《市场机制与高科技产业化发展》，人民出版社2002年版，第15—20页。

里米·里夫金就预言一种建立在互联网和新能源相结合基础上的新经济的到来。一般认为,20 世纪 70 年代石油危机是促进低碳技术开发应用的直接动因,这个时期的日本在开发节能技术和新能源方面成效比较显著,欧共体也在这个时期开始转变对石油的依赖,大力发展新能源技术,美国也开始启动新能源计划。① 经过 30 年的技术完善和推广应用,进入新世纪后,低碳技术的产业化蓬勃发展,尤其在近几年随着中国在风电、太阳能电池等领域的异军突起,全球低碳产业呈现出爆发式的增长。

然而,在低碳技术产业化的过程中,我们也要注意有几个不同于以往的特点,第一,低碳技术是以技术应用目的相联系的一类技术,其中各项技术所属的专业类别、科学原理、技术工艺都有很大区别,因此各项技术的产业化过程的差异性很大,有些可能对未来能源产生革命性变革的技术还在酝酿着新的突破。第二,在全球气候变暖问题还未引起普遍关注之前,低碳技术产业化的市场动力主要来源于能源市场价格的变化和各国能源安全的考虑,前者推动了民间的开发创新活动,后者使政府投入大量资金在低碳技术开发领域。20 世纪 70 年代的石油危机推动了第一波低碳技术开发潮,但随着 80 年代石油价格逐渐稳定并开始下跌,各国发展新能源的动力有所下降,直到 90 年代中期环境问题又把替代能源提到了日程,进入新世纪后石油价格剧烈波动对经济的影响才是直接深化低碳技术产业化进程的关键。第三,低碳技术

---

① 第一次石油危机爆发后,日本加快开发节能和新能源技术,1974 年 6 月日本推出了发展太阳能、煤的气化和液化、地热和氢能等新能源的“日光计划”,1978 年 4 月又推出了节能技术的研究与发展计划,即“月光计划”。核电发展也进入历史上最快时期,20 世纪 90 年代中期以来核电已占到整个电力能源的 30% 左右,直到 2011 年日本“3·11”大地震引起核电站泄漏关闭了所有的核电站。2012 年 7 月由于能源供应极度紧张又被迫重启核电站。欧共体除了投资发展核能外,从 1975 年起,开始在节能以及新能源和可再生能源领域开展研究。研究计划包括了核技术的改进和开发;节能技术的改进;新能源(特别是太阳能、地热和核聚变)技术开发等。太阳能、地热能、固体燃料的液化和气化都得到了政府的支持。核能一度成为发展的重点,从 20 世纪 80 年代开始,受美国三哩岛核事故的影响,核能发展的速度有所减缓,能源计划开始向太阳能和节能的方面转变。美国 1974 年提出了两个阶段的能源计划,其中包括鼓励发展节能措施,研制发展新能源等。1979 年,美国启动了太阳能计划,1980 年国会授权能源部资助车用燃料乙醇的研究。

除了具有与其他高新技术相同的正外部性和高风险性等特征外，其应用领域还存在着市场失灵的特点，表现为某些低碳技术的高成本仅凭市场自发的力量难以降低，如果没有政府的支持，低碳技术的产业化和市场化难以成行。这是因为，高价的低碳能源在最终消费者那里体现不出其有别于常规能源的差异性，从而难以取得差异化的价格回报。这点与其他技术不同，例如应用电子信息技术开发出来的电子产品或网络服务，在产业化初期价格虽然很高，但可以满足高端消费需求，并可以带动社会消费时尚，所积累的资金继续投入开发和用来扩大生产、服务规模，从而产生规模效应并降低成本，形成产业化与市场化的良性互动，但应用光伏技术发出的电能与传统燃煤技术发出的电能在消费者使用过程中是完全一样的，高成本（高投入）的技术无法形成高端市场，导致产业化与市场化受阻，即低碳技术的成本如果无法降低，则市场拓展就会受阻，而市场受阻又会反过来影响成本降低。节能技术在能源价格低廉的情况下也无法撬动市场需求。

上述这些特点，决定了政府必须在低碳技术产业化的过程中发挥应有的作用，但政府的作用并不是替代市场，而是要在产业化与市场化之间架起一道桥梁，这是座“提供激励政策和营造发展环境”的桥梁，产业化的主体——企业才是桥上承载的对象。我们知道，市场机制是人类社会迄今为止最有效率的配置资源的方式，产业化的微观主体是众多从事产业化活动的企业，而这些企业的活动是复杂的、广泛关联的、利益导向的，只有在市场机制的调节下，资本、资源、技术、人才等要素才能得到有效的配置，并流向高增长的产业和环节。低碳技术产业化过程同样也离不开市场机制的调节。事实上，低碳技术产业化所遇到的问题主要来自产业链的某些环节存在着市场缺陷（主要是碳排放的负外部性和低碳技术应用的正外部性），因此只要采取措施纠正这些市场偏差，市场机制的基础调节功能仍然可以很好地发挥作用。我们在前面章节讨论过的建立碳排放交易市场、征收碳税、对新能源进行价格补贴等财政扶持政策，都是立足于促使环境成本内部化和对有益于社会的溢出效应进行补偿，以此来重新建立市场功能。需要指出的是,尽管财政政策对于低碳技术产业化具有重要的支持和引导作用,但财政政策的调节机制不够灵活,覆盖面窄,可能有副作用,因此在实际应用中,应注意把握好财政政策调节的度,使之与市场调节手段形成有效的配合。

产业政策在引导我国产业发展方向上一直发挥着重要的作用,2010 年国务院发布的《关于加快培育和发展战略性新兴产业的决定》就是当前阶段我国重要的产业政策。世界上很多新兴国家在其发展的特定阶段产业政策都曾发挥过重要的作用,但产业政策的目标和手段在不同的发展阶段应有所不同,我国现行的产业政策是建立在市场经济基础上,尊重价格机制,尊重动态比较优势,尊重产业自生能力,尊重企业自主决策的指导性的政策体系,在此基础上产业政策担负着培育新兴产业和促进产业转型升级的重要任务。在我国宏观调控政策体系中,产业政策为国家宏观调控措施的选择提供产业发展方面的基本依据,产业政策的效果也主要是通过财政政策和货币政策的实施体现的。目前,学术界对产业政策的有效性存有一定争论,但在实际经济运行中,即使在强调自由市场经济的发达国家,我们也可以找到政府借助财政等手段支持某些特定产业发展的例子,可见,绝对地排斥产业政策的观点不仅偏颇,而且也难找到实证支持。但是,在我国市场化改革必须深化的大趋势下,体现政府与市场关系的产业政策也要按照减少直接干预,鼓励市场竞争的原则进行积极的政策创新,在产业政策的功能取向上,应加强产业政策的信息指导功能,充分发挥政府在收集、处理和分享信息方面的独特优势,为企业免费提供各种政策信息,引导企业的技术创新和升级改造;应加强产业政策的社会协调功能,产业政策应起到协调不同投资者的行为,引导相关产业间、产业上下游的联动投资,促进配套设施的完善化,满足规模经济的要求,除此之外,产业政策还要协调好人力资源、金融、贸易等政策,营造对产业发展有利的政策环境,为产业结构转型升级创造条件;同时,产业政策在鼓励创新活动时,也应平衡好扶持特定产业发展和维护企业公平竞争的关系,在实施财政转移支付和补贴政策时,应限定在弥补市场缺陷和补偿外溢效应等单纯依靠市场机制不能有效配置资源的领域，对企业的直接补助要采取审慎的态度，防止企业间的不公平竞争，也防止政策的过度保护使产业失去国际竞争力。总之，要通过改革和完善产业政策体系，达到促进我国产业转型升级的目的。

产业链和产业群是新兴产业形成的重要标志。我国低碳产业发展到现在，已经初步形成具有一定规模、参与全球产业链分工、各地争相布局的低碳产业体系，并且其中的某些产业成为全球成长性最好或增长最快的产业，例如，2010年我国风电新增装机占全球新增市场的48%，累计风电装机容量超过美国跃居世界第一。我国光伏产业在2001年以前几乎是一片空白，自2002年以来，我国太阳能电池产量以100%以上的年增长率快速发展，2010年的产量占到世界总产量的一半，但光伏产业单纯以国际市场为依托的超常规发展，在国际市场补贴削减、需求疲软、贸易保护主义抬头的情况下，近年来面临着前所未有的调整压力；此外，我国太阳能热水器集热面积占全球的2/3，核电在建规模居世界第一。随着产业不断成熟，我国低碳产业作为战略性新兴产业的辐射带动作用也在稳步发挥。但我们也应看到，我国低碳产业起步的时间还较短，基础还很薄弱，发展的可持续性还受到多种因素的挑战，构建协调发展、充满活力的低碳产业体系的任务依然十分艰巨。

挑战主要来自科学发展观还没有得到真正的落实。自2009年中央确定发展战略性新兴产业以来，全国几乎所有的省份都把新能源纳入本地的重点发展领域，有十几个省份提出发展新能源汽车。我国能源消费量大，其中新能源所占的比重很低，并网发电份额还不到5%，因此各地积极发展新能源应是顺势应时之举，但由于下游新能源电站受到政策、技术等因素（如并网、电价、税收等）的影响，发展的速度相对慢一些，而上游新能源设备制造业在各地政府支持下，呈现出爆发式的增长，由于各地政府关注的是投资对本地GDP的拉动作用，偏好投资大的项目，依靠的仍然是规模经济下的成本优势，缺乏技术创新的动力，必然导致产业同质化和低水平重复建设，引发产能过剩的不良后

果。例如，我国太阳能光伏产业就曾在国际市场与国内政策的驱动下，出现盲目跟风、无序上马的现象，产品90%出口国外，在欧美市场严重疲软的情况下，出现了严重的产能过剩，并遭遇到美欧等国的贸易制裁；我国风电设备也存在产能过剩的问题，尽管我国风电装机发展很快，但由于智能电网发展滞后，电力系统不适应大规模风电接入，风电并网成为产业发展的瓶颈，并造成了一定程度的浪费。由于风电不稳定的特性，其并网和消纳比较复杂，从技术上讲电网接纳风电的能力主要取决于电源结构与调峰能力、电网的负荷水平与负荷特性、风电特性与风电技术装备水平等因素，此外，我国风电场一般距负荷中心较远，电网建设周期也是一个重要因素，因此，如果忽视上述因素，一味加快风电装机速度，就必然会导致装机容量超过电网接纳风电的能力，造成并网难，并网后也会因无法消纳不得不采取弃风限电的措施。① 我国风电装机容量连续5年（到2009年）翻番，虽然创造了"速度"，但并未真正赢得效率，而要提高效率，杜绝浪费，就必须坚持协调发展的原则，低碳产业的发展要与国民经济的发展以及产业结构的调整相协调，低碳产业内部各个相关产业的发展也要相互协调。

专栏3-10　我国太阳能产业发展现状

我国太阳能资源丰富地区的面积占国土面积的96%以上，每年地表吸收太阳能大约相当于1.7万亿吨标准煤的能量，具有利用太阳能的良好资源条件。

太阳能利用包括太阳能光伏发电、太阳能热发电、太阳能低温和

① 根据有关专家提供的数据，2010年，国家正式批准的风电项目，接网率在90%以上，而地区级规划的风电项目，接网率不到60%。这意味着解决风电发展不仅是技术问题，同时也是管理体制问题。风电的发展一定要和国家的规划相衔接，和国家的电网建设相适应，只有注重了电网规划与风电发展的同步性，才能避免出现不必要的浪费。另据国家能源局的数据，2011年，全国风电弃风限电总量超过100亿千瓦时，平均利用小时数大幅减少，个别省（区）的利用小时数已经下降到1600小时左右，严重影响了风电场运行的经济性，风电并网运行和消纳问题已经成为制约我国风电持续健康发展的重要因素。

中温热利用等多种形式。光伏发电是利用半导体的光电效应将太阳能直接转化为电能的固态发电技术,光伏技术存在着不同的路线,一种是以硅材料为主,一种是以化学电池(碲化镉等)为主,前者技术较为成熟,后者在薄膜电池中转化率较高,但原材料存在稀缺性,个别原材料有毒。在硅材料利用中,也有两种不同技术路线,一种是晶硅电池,一种是非晶硅薄膜电池,前者转换率较高,但成本、耗能也高,后者成本、耗能低,但衰减快、转换率低。太阳能热发电是通过"光—热—功"的转化过程实现发电的技术,即由聚光器将低密度的太阳能转化为高密度的能量,经由传热介质将太阳能转化为热能,通过热力循环做功实现到电能的转换。太阳能低温热利用(40℃—80℃)主要是生活热水,中温热利用(80℃—250℃)主要在工业领域,包括了太阳能集热器技术、太阳能建筑供暖技术、太阳能空调等。

世界太阳能科技和应用发展迅猛。自从2004年年新增装机容量突破1000MW以来,光伏行业进入规模发展阶段,到2010年,世界光伏累计装机容量已接近40GW,近十年平均年增长45%。德国是目前全球最大的太阳能光伏市场,2010年占世界市场的42.5%,太阳能光伏年发电量在20亿千瓦时以上,但占德国国内发电总量的比例仍不到0.5%。预计太阳能发电将在2030年占到世界能源供给的10%,在21世纪中期成为人类的主要能源之一。在现有的光伏市场中,晶体硅太阳电池市场份额超过85%,其商业化最高效率已经达到22%,技术向着高效率和薄片化发展,未来10—20年内仍将是市场主流;薄膜太阳电池市场份额约占15%,铜铟镓硒薄膜电池商业化最高效率达到13.6%,技术向着高效率、稳定和长寿命的方向发展。在技术进步的前提下,光伏发电成本将持续下降,2015年光伏电价有望降至0.15美元/kWh。我国的太阳能光伏应用相对落后,但发展速度很快。2010年国内新增光伏装机500MW,累计装机达到800MW,大约占全球装机总量的2%,随着我国光伏技术的进步和经济性的显著提高,"十二五"期间我国光伏产业将进入大规模应用阶段。

我国光伏产业2001年以前几乎是一片空白,现在已经成为全球

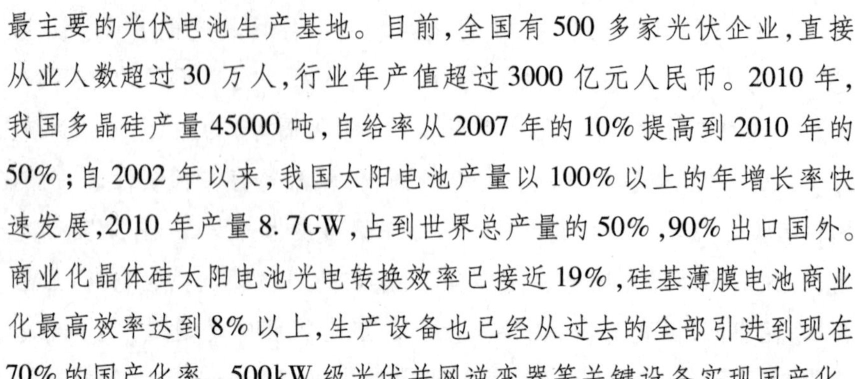

最主要的光伏电池生产基地。目前，全国有500多家光伏企业，直接从业人数超过30万人，行业年产值超过3000亿元人民币。2010年，我国多晶硅产量45000吨，自给率从2007年的10%提高到2010年的50%；自2002年以来，我国太阳电池产量以100%以上的年增长率快速发展，2010年产量8.7GW，占到世界总产量的50%，90%出口国外。商业化晶体硅太阳电池光电转换效率已接近19%，硅基薄膜电池商业化最高效率达到8%以上，生产设备也已经从过去的全部引进到现在70%的国产化率。500kW级光伏并网逆变器等关键设备实现国产化，并网光伏系统开始商业化推广，光伏微网技术开发与国际基本同步。

目前，我国具有自主知识产权的规模化多晶硅生产工艺研发及装备制造仍处于起步阶段，在生产成本、产品质量、综合利用等方面与国际先进水平仍存在明显差距。我国太阳电池关键配套材料产业的发展也相对落后，一些关键配套材料还大量依赖进口。在晶体硅高效电池方面，国际发达国家商业化效率已达20%以上，我国仍处于空白状态；在薄膜电池方面，非晶硅/微晶硅叠层电池和国际上有差距，国际上已经产业化的碲化镉薄膜和铜铟镓硒薄膜电池，在我国还没有商业化生产线；新型电池仍然没有掌握国际上已经产业化的薄膜硅/晶体硅异质结电池、高倍聚光电池、柔性电池的中试和生产技术，染料敏化电池也需要向实用产品发展。在全光谱电池、黑硅电池等前沿技术研究方面，也与国际水平存在一定差距。在生产装备方面，晶体硅电池部分关键生产设备性能与国际先进水平存在相当差距，成套生产线自动化程度低；薄膜电池的关键设备和生产线主要依靠进口。在光伏系统应用上，光伏大规模利用的设计集成、关键设备、功率预测和并网技术方面与国外先进技术水平有一定差距，综合利用方面还缺少经验。

太阳能热发电近年在欧美地区发展较快。全球太阳能热发电累计装机容量达到1.26GW，在建规模超过2.24GW，年平均效率超过12%。面向承担基础电力负荷的“大容量—高参数—长周期储热”是国际太阳能热发电的技术发展趋势。目前，太阳能热发电成本价格在0.2欧元/kWh，到2020年有望降低到0.05欧元/kWh。我国太阳能热发电技术研究起步较晚，目前还没有商业化运营的太阳能热发电站。“十一五”期间国家启动了1MW塔式太阳能热发电技术研究及系统示范。目前，大规模发电技术已有所突破，部分关键器件已产业化。但总体上仍缺乏系统设计能力和集成技术，高温聚光、吸热和储热技术还不成熟。

面向区域性建筑供暖是太阳能低温热利用的重要发展方向，目前全球已陆续建成12座面积万平方米级以上跨季节储能的区域性太阳能建筑供热系统，年太阳能保证率超过50%，单位建设成本降低到50欧元/m^3。我国的被动太阳能建筑技术已经基本发展成熟，但在区域太阳能建筑供暖技术和应用领域仍为空白，跨季节储能核心技术只有小规模的研发，还没有大系统的设计、建设和运行经验。

在太阳能中温技术与工业节能应用方面，目前全球已陆续建立了百余个太阳能热利用工业领域应用工程，涵盖了11个工业领域，应用和示范的太阳能空调项目超过300个。我国的太阳能热利用技术在工业领域的应用还几乎是空白。目前仅有几例应用，太阳能空调应用示范项目约50个，缺少大系统的设计、建设和运行经验。

根据《太阳能发电科技发展“十二五”专项规划》以及相关资料综合整理。

专栏3－11 我国风电产业发展现状

我国可开发的风能潜力巨大，陆上加海上的总风能可开发量约有1000GW—1500GW，风电具有成为未来能源结构中重要组成部分的资源基础。与其他国家相比，我国的风电资源与美国接近，远远高于印度、德国、西班牙，属于风能资源较丰富的国家。

“十一五”期间，我国风电产业发展引人注目，已成为新能源的领跑者，并具有一定国际影响力。2010年，在全球风电增长放缓的情况下，我国新增装机达到18.93GW，占全球新增市场的48%，累计风电装机容量达到44.73GW，超过美国跃居世界第一。目前全球风电市场

相对集中在欧洲、亚洲和北美，2010年总装机容量前5名的国家是中国、美国、德国、西班牙和印度，其装机容量占全球总装机容量的73%。但如果按人均风能发电来比较，丹麦的人均风电量最高（0.675kW/人），其次是西班牙（0.442kW/人），美国排在第9位（0.128kW/人），中国排在第27位（0.033kW/人）。2010年全球风力发电占全球总供电量的2.5%，而在某些国家和地区，风电已成为其主要的电力供应，其中份额最大的几个国家是：丹麦21%、葡萄牙18%、西班牙16%、德国9%。2010年，海上风电由于其大功率、高资源利用率、靠近负荷密集区等优势使其成为风电发展的亮点，新增容量超过1444MW，在海上风电投资开发上，欧盟市场依然占据绝对主导地位。

经过多年努力，我国在风能资源评估、风电机组整机及零部件设计制造、检测认证、风电场开发及运营、风电场并网等方面都具备了一定的基础，初步形成了完整的风电产业链。我国风电设备制造业已经初步具备参与国际竞争的能力，在2010年世界前15大风机整机制造商中，中国的制造商就有7位，其风电机组销售量达到14550MW，占全球市场份额的37%。但我国产风电设备的主要市场在中国，出口量很少，说明我国风机供应商国际化水平还不高，离成为区域供应商和全球供应商还有一定差距。

在技术发展趋势上，风机机组的功率继续朝着向大型化的方向发展。目前，受到海上风电提速的刺激，世界大型风电企业都在积极开发用于海上的大型风机，国外一些公司的5MW、6MW风电机组已经开始批量生产并投入运营，有的公司甚至开始了10MW风机的研发。在技术方面，我国已经掌握了1.5MW—3.0MW风电机组的产业化技术。目前，国产1.5MW—2.0MW风电机组是国内市场的主流机型，并有少量出口；2.5MW和3.0MW风电机组已有小批量应用；3.6MW、5.0MW风电机组已有样机；6.0MW等更大容量的风电机组正在研制。国内叶片、齿轮箱、发电机等部件的制造能力已接近国际先进水平，满足主流机型的配套需求，并开始出口；轴承、变流器和控制系统的研发也取得重大进步，开始供应国内市场。

我国在风电科技领域取得了长足进步，但与国际先进水平相比，还存在较大差距。①自主设计和创新能力还有待加强。早期，我国风电机组主要依赖引进国外设计技术或与国外机构联合设计，目前根据我国风资源等环境条件进行自主设计、研发新型风电机组的能力不足，且缺少自主知识产权的风电机组设计工具软件系统。在风电零部件方面，我国自主创新能力较弱，制造过程中的智能化加工和质量控制技术比较落后。如齿轮箱、发电机的可靠性有待提高；叶片处于自主设计的初级阶段；为兆瓦级以上风电机组配套的轴承、变流器刚开始小批量生产，控制系统尚处于示范应用阶段。我国小型风电机组生产和使用量均居世界之首，但产品的性能和可靠性有待提高，中型风电机组研发和风电非并网的分布式接入技术研究刚刚起步，在风电微网技术和多能互补利用集成技术方面需要持续研究和示范。②风资源等基础数据不完善，风电场设计、并网及运行等关键技术需要提升。我国风电场设计工具依赖国外软件产品，缺乏具有自主知识产权、符合我国环境和地形条件的风资源评估及风电场设计及优化软件系统；风电并网技术急需深入研究和创新，以提高风电并网消纳水平；尚未形成自主研发的先进运行控制和风电功率预测等风电场运行及优化系统。③我国风电行业公共测试体系刚刚起步，风电标准、检测和认证体系有待进一步完善。我国已参考国际惯例初步建立了风电标准、检测和认证体系，需根据我国国情进一步完善；目前风电行业测试及相关测试系统设计等技术还主要依赖国外，也制约了风电科技的发展。

截至2010年年底，我国具备大型风电场建设能力的开发商超过20家，其中5大发电集团占据了56%的市场份额。29个省、自治区、直辖市（不含港澳台）有了自己的风电场，已建成风电场800多个。累计装机排名靠前的省区有内蒙古、甘肃、河北、辽宁，其中内蒙古累计装机为13.86GW，占全国装机总量的31%。

我国东南沿海具有丰富的海上风能资源，由于距离负荷中心近，具有电力传输和消纳方面的优势，因此，海上风电开发也是我国风电发展的重要方向。“十一五”期间，我国启动了海上风电开发，首个海

上项目——上海东海大桥风电场已于2010年6月实现并网发电；2010年9月，国家能源局组织完成了首轮海上风电特许权项目招标，项目总容量100万千瓦，位于江苏近海和潮间带地区。

我国风电场主要分布在距负荷中心较远的地区，电网结构相对薄弱，电网建设对风电开发存在一定制约。在当前西北、东北和华北我国风电基地集中地区，风电发出的电力无法正常并网，这已经成为未来风电发展面临的最大问题。从表面上看，风电场建设周期短，而电网建设则相对复杂，难以完全同步完成，风电的快速发展凸显了这一差异；但从深层次分析，风电的进一步发展，需要电力系统作出一定的专门安排，以适应风电的这种间歇性、随机性的特点。

根据《风力发电科技发展"十二五"专项规划》、李俊峰等编著《风光无限——中国风电发展报告2011》(中国环境科学出版社2011年版)以及其他相关资料综合整理。

2. 破除体制机制障碍，探索低碳产业发展的新途径

低碳经济本质上是一种经济发展模式，从这个角度分析低碳产业的发展，低碳技术的产业化只是其中的一个途径，国民经济各个产业的低碳化、城镇化中的低碳城镇建设、低碳化与信息化网络化的融合发展，凡是有助于低碳技术扩散，有助于实现绿色低碳目标的活动都有可能构成低碳产业发展的新途径。可以预期，随着低碳经济的深入发展，低碳产业必然要向服务业渗透，服务业中会涌现出专注于低碳化领域的设计、开发、系统集成、咨询、金融服务、培训等专业化的低碳服务机构，目前的节能服务仅是开始，今后的发展，低碳服务业应该起到低碳发展"头脑产业"的作用。

我国产业低碳化目前仍然是以政策驱动为主，这与低碳领域存在市场失灵有关，因此，构建相应的政策体系，激励低碳技术的推广应用以及低碳活动的开展是十分必要的。然而，政策驱动也存在着局限性，例如，覆盖面窄、灵活性差、长效性不足、有些地方性政策还具有地方保护的特点。由于政策往往具有选择性的倾向，所以难以

起到基础性和普遍性的调节作用，也难以对企业形成长期稳定的预期，而如果政策措施采用不当，则有可能诱发企业的短期行为，有政策支持的时候企业一哄而上，趋之若鹜，随之而来的低水平重复、产能过剩又迫使政策作出调整，我国多年来企业创新动力的不足，新兴产业出现的同质化问题都与过分依赖政策扶持而忽视市场竞争有关。同时由于信息不对称以及寻租行为的存在，也使得政策实施难以避免企业的机会主义行为。因此，政策驱动为主必须逐步让位于以有效的市场驱动为基础的制度与政策互补的组合式驱动，政策的功能应该是创造条件促进市场机制发挥作用，同时弥补市场失灵，而不是直接主导产业低碳化的过程。我们知道，低碳经济的市场体系不是一个和传统市场经济体系完全分割的市场体系，而是从以往高碳经济市场体系转换、升级而来的一种新型市场体系。产业低碳化过程实际上也就是市场体系转换、升级的过程。在这个过程中，纠正市场失灵的有效办法就是让资源环境的外部成本内部化，使资源要素价格能够反映资源稀缺、环境成本与市场供求关系，一旦价格机制理顺了，市场机制的基础性调节作用就会大大增强，再辅之以政策激励和导向，长效的动力机制也就形成了。因此，“十二五”期间，不管困难有多大，也应该不失时机地推进资源价格改革。

我国工业低碳化进程以节能减排为先导，近年来围绕工业转型升级，在加强自主创新，发展节能工业，重视绿色制造，鼓励循环经济等方面都取得了积极的进展，但在我国多年来积累的结构性矛盾和体制机制性矛盾没有得到根本解决的前提下，我国工业低碳化发展必将是个曲折的过程。2011 年，我国工业节能减排目标就未能如期实现①，而其中关键的原因，除了地方政府依然鼓励引进高耗能项目导致高耗能产能增长过快之外，过分依赖行政手段实施强制性的突击减排，造成节能减排效果的剧烈波动也是重要原因。

---

① 2011 年，我国计划的单位 GDP 能耗下降目标为 3.5%，但实际只下降了 2.01%，其中我国工业节能目标为规模以上工业增加值能耗同比下降 4%，但最终只下降了 3.49%。

2010 年一些地方政府为了冲刺完成“十一五”规划的节能减排目标，采取了包括拉闸限电在内的强制性行政手段，控制部分产业的生产，这部分在 2010 年被非常手段抑制住的高耗能产能，在 2011 年放松控制后出现了井喷式的反弹。这种单纯为完成节能减排目标而采取的行政控制手段其实背离了节能减排的初衷，也违背了市场经济的原则，不但不利于构建长效的节能减排机制，也会对产业结构转型升级造成危害。我们应该在体制机制上找到这种行为的成因，并通过改革有效地遏制这种滥用行政命令的行为。企业是节能减排与发展低碳经济的主体，政府通过采取一系列政策手段包括必要的行政手段对企业施以引导和限制，都应该建立在构建一个稳定的政策体系和长效的节能减排机制的基础上。例如，国家建立了能源消费总量控制目标分解落实机制，实行目标责任管理，那么在控制增量和调整存量上，各级地方政府首先应该把抑制高耗能、高排放行业过快增长放到首要位置，同时加快淘汰落后产能，推动传统产业改造升级。如果地方政府一方面继续扩大高耗能产能建设，另一方面迫于目标责任的压力再祭起行政命令的利器，那么不仅会偏离节能减排政策的方向，也偏离了市场化改革的目标，暂时的达标也可能给将来留下隐患。这些问题的存在也说明，依靠行政体系落实节能减排任务，在特定时期可以通过较高的行政效率达到总量控制的要求，但如果考虑到政策传导会受到现行体制机制和利益格局的制约，以及行政权力的过度介入会削弱市场力量的作用，因此从长远看，通过总量控制的碳排放交易市场以及相应的财税手段来推动节能减排，应该更为可行。

值得注意的是，我国产业低碳化是在工业化中后期这个阶段开始推进的，低碳化进程必然受到工业化所带来的能源消耗增长的影响，也要受到我国当前重化工业格局短期内难以改变的制约。因此，应妥善处理好低碳化与工业化的关系，低碳化要以工业化为前提，没有工业化的基础，没有工业化的发展，则不可能有产业低碳化，同时，我国目前整体上已进入工业化中期的后半阶段，沿海经济发达地区已普遍进入工业化后期，在这种情况下，对传统重化工业的规模和发展速度应该有所控制，工业转型升级应该成为我国目前工业化阶段的主要任务。国际经验以及目前全球低迷的经济形势也表明，在内在规律的演进和外部压力的倒逼下，我国经济增长阶段的调整过程已经开始①，我国工业化也从加速发展时期进入转型升级时期，低碳化已经成为我国工业化发展的重要方向。可见，我国低碳产业发展的前景广阔。根据《“十二五”节能环保产业发展规划》提供的数据，目前，干法熄焦、纯低温余热发电、高炉煤气发电、炉顶压差发电、等离子点火、变频调速等一批重大节能技术装备在我国已经得到推广普及，高效节能产品的市场占有率大幅提高，节能服务产业快速发展，到2010年，采用合同能源管理机制的节能服务产业产值达830亿元。预计到2015年，我国技术可行、经济合理的节能潜力超过4亿吨标准煤，可带动上万亿元投资；节能服务总产值可突破3000亿元。

长期以来，由于复杂的体制因素和政策导向等的影响，我国城镇化水平总体滞后于工业化发展。2011年，我国城镇化率达到51.3%，首次超过50%，实现了我国社会结构的历史性变化，但对比我国的工业化水平（我国居民收入主要来自非农活动的劳动力占比已达70%），对比世界中等偏上收入国家的平均城市化水平（1998年人均收入4600美元的中等偏上收入国家平均城市化率为73%），我国的城镇化发展水平明显滞后。目前，在全球市场低迷对我国出口带来严重影响、国内经济下行压力增大、产业转型升级迫在眉睫的形势下，城镇化成为我国经济保持稳定增长的动力源泉。而在新一轮城镇化进程中，低碳发展

① 根据有关专家对日本、韩国、德国以及我国台湾等成功追赶型经济体的研究，这些经济体在经历了二三十年的高增长期，在人均收入达到11000国际元（一种国际公认度较高的购买力平价指标）左右时，几乎无一例外地出现增长速度的“自然回落”现象，回落幅度为30%—40%，由高速增长阶段转入中速增长阶段。我国人均收入在2010年已经接近8000国际元，如果继续保持目前的增长速度，将会在今后两三年达到11000国际元水平，进入增长速度下台阶的时间窗口。从国际经验看，经济增长速度出现自然回落是一种正常现象，是顺利度过工业化高速增长阶段的成功标志。刘世锦：《应对中国经济增长阶段变化带来的挑战》，《中国经济时报》2011年11月18日。

成为重要的主题，其中，建筑低碳化和交通运输低碳化[①]是低碳城市建设的重点。

我国建筑能耗约占社会总能耗的28%，远低于美国、加拿大，也低于日本、澳大利亚等发达国家，随着我国城镇化的快速发展，这一比例还会逐年上升。[②] 同时，我们发现发达国家在工业化和城市化进程中单位面积建筑能耗水平的变化是一条持续增长并在一定时点达到相对稳定状态的曲线。目前我国单位面积建筑能耗水平是发达国家的40%—60%，如果按照发达国家的趋势发展下去的话，15—20年后我国也将达到发达国家的单位建筑面积能耗水平，如果20年后我国城镇建筑存量增加一倍，单位建筑面积能耗增加一倍，那时我国的建筑运行总能耗将与目前的全国商品能源消耗总量相同，这样大的能源消耗量将是我国难以承受的。[③] 可见，在我国城镇化加快发展的过程中，建筑低碳化的任务既艰巨也迫切。

在建筑的全生命周期中，建筑材料和建造过程中所消耗的能源一

① 交通运输部门是我国石油消费的主要部门，2008年，我国交通运输行业消耗的汽油、煤油、柴油和燃料油，占全社会油耗比重已接近40%，随着工业化进程中物流业的发展和汽车进入家庭，这一比重还在上升。城市交通低碳化受多种因素的影响，包括交通需求的高低、交通运输模式的选择、交通工具的能效水平等。单从能源效率角度看，发展铁路交通、水运以及城市公共交通无疑对减缓交通用能和二氧化碳排放量的快速增长贡献最大。限于篇幅本书不再对此做专门分析。

② 根据《中国建筑节能年度发展研究报告2010》，2006年，美国建筑能源消费量占能源总消费量的比重为38.5%，加拿大为36.8%，日本为31.6%，澳大利亚为31.3%，而同期世界平均水平为30.1%。我国2006年建筑能耗占全社会总能耗的比例为23.2%，而根据近年的资料，这一比例已上升到28%左右。在发达国家，在制造、交通、建筑三大能源消费领域中，建筑能耗占据首位。

③ 江亿等：《建筑节能理念思辨》，张坤民等主编：《低碳发展论（上）》，中国环境科学出版社2009年版，第376—377页。在此需要说明的是，由于我国建筑的保温隔热性能差，再加上供能系统的低效率，致使建筑物达到规定热舒适程度单位建筑面积所需的建筑能耗大大高于同纬度的发达国家，据统计，我国单位建筑面积采暖能耗相当于相同气候地区发达国家的2—3倍，我国北方地区建筑总量占全国建筑总量的比例不到10%，但建筑耗能却占了40%以上。这里所说单位建筑面积采暖能耗不同于正文中的单位建筑面积能耗，我国单位建筑面积采暖能耗高，是由于我国建筑保温隔热性能与发达国家的差距造成的，而我国单位建筑面积能耗低于发达国家，是因为我国还在城镇化进程中，能耗相对较低、舒适性相对较差的小城镇和农村住宅的巨大存量压低了我国单位建筑面积能耗。

般只占其总能耗的20%左右,大部分能耗发生在建筑物的运行中,而建筑运行能耗中的建筑物的采暖和空调则占到总能耗的50%—70%,可见建筑的保温隔热性能以及供能效率对减少建筑运行能耗十分重要。为此,“十一五”期间,有关部门对建筑设计和施工执行节能强制性标准加强了监管。到2010年年底,全国城镇新建建筑设计阶段执行节能强制性标准的比例为99.5%,施工阶段执行节能强制性标准的比例为95.4%,分别比2005年提高了42个百分点和71个百分点。应该说,改善的幅度还是很大的。目前,我国城镇建筑面积250亿平方米,其中节能建筑接近1/4。如果保持目前的增长速度,我国每年新建城镇建筑面积达到40亿平方米,相当于新建五个以上深圳。此外,我国高能耗既有建筑的存量很大,按照既定的目标,到2020年应完成具备改造价值的老旧住宅10亿—15亿平方米。同时,我国还提出了发展绿色建筑的目标,到2020年,绿色建筑占新建建筑比重超过30%,建筑建造和使用过程的能源资源消耗水平接近或达到现阶段发达国家水平。并力争到2015年,新增绿色建筑面积10亿平方米以上。所有这些目标都充分表明,这是一个前所未有的巨大的节能市场,需要材料、设备、设计和建造等各个环节的节能减排技术来支撑,并将直接拉动节能环保建材、新能源应用、节能服务、咨询等相关产业发展。

然而,要实现建筑低碳化的发展目标,还必须突破和战胜来自机制、观念、政策配套、产业支撑等方面的障碍和挑战。首先是来自建筑市场方面的机制性障碍。开发商和建筑施工单位是建筑市场的主体,其出于市场竞争和自身利益的考量,担心节能建筑增加了成本、降低了产品竞争力,缺乏推广应用节能技术的积极性,是完全可以理解的。如果不在机制上确立节能建筑的市场竞争力,那么开发商在满足最低的节能规范要求外,一般是不会愿意有更多的节能投入的。而从我国现行的标准来看,虽然政府部门加强了节能强制性标准的执行力度,标准执行率明显上升,但就标准而言,我国各地推行的65%节能标准只相当于德国20世纪90年代初的水平,目前很多二线三线城市执行的还是50%节能标准，建筑节能标准要求偏低，节能效果还有很大增长空间。在这方面，德国的一些做法值得借鉴。例如，开发商必须满足节能标准并出具相关资料才能获准项目开工，消费者在购买和租赁房屋时，开发商必须出具“能耗证明”，政府出资支持为房屋业主提供节能咨询服务，鼓励个人和企业投资住宅节能领域，同时，发挥市场的调节功能，在获得市场认同后，取得“节能证书”的房屋租金会更高，市场价值也更高。可见，制定和严格执行建筑节能标准是促进节能减排的重要手段，目前，建筑节能技术发展很快，成本也在不断下降，因此，我国的建筑节能标准应该结合技术进步及时作出改进和更新，以促进建筑节能达到最佳状态。同时，要通过示范推广项目、财政补贴政策等激励手段鼓励开发商采用先进的节能技术，不断地引导和培育绿色建筑市场，使其成为建筑市场的主流。其次是来自民众包括众多房屋业主观念上的障碍。受长期以来粗放生产模式的影响，我国民众的节能环保意识相对落后，表现在对建筑性价比的选择上，大部分购房者或租户更关注初期投资，而忽略全生命周期成本，忽视建筑的环境价值。公众作为住宅的消费者，公众意识所形成的偏好会直接影响到开发商开发什么样的产品。因此，必须综合运用各种方式，培育公民的节能环保意识，包括采用经济手段，引导人们的节能环保消费。第三是来自政策不完善的挑战。推进建筑低碳化，发展绿色建筑，促进城乡建设模式转型升级是一项复杂的系统工程，不仅涉及围护结构、供暖制冷、照明家电等与楼宇建造和使用有关的节能政策手段的运用，还与国家的能源政策，城市的能源规划、节能技术选择等有着密切的关系。例如，燃气冷、热、电三连供技术（CCHP）属于分布式能源系统，经过能源的梯级利用（高温段热能发电，中温段热能吸收式制冷或供热，低温段热能可供生活热水或地板采暖）使能源利用效率从常规发电系统的40%左右提高到80%左右，大大提高了能源使用效率。美国近年来大力推广CCHP方式，预计到2020年新建建筑的50%和既有建筑的20%都将采用这种方式，我国实现“西气东输”后，CCHP方式也可以作为东部城市使用天然气的有效方式。采用这种方式不是个别开发商自主决定选择的，而是由城市的管理部门通过制定配套的规划和政策实施的。又如，发展可再生能源是我国能源结构调整的重要方向，但由于政策不配套或政策执行中存在着盲点，导致一些国家政策支持的项目无法落实政策，或困在某些环节当中，无法发挥应有的效能。例如很多地方利用建筑屋顶发展太阳能光伏发电就存在着并网难的问题，至今仍然有多个屋顶光伏项目尚未并网发电。再如《第三次工业革命》的作者杰里米·里夫金以“向可再生能源转型”为前提，提出了将建筑转化为微型发电厂以及通过分布式智能电网传输可再生电力的设想，并对传统的集中式超级电网输电模式提出了批评。在发达国家的智能电网建设如火如荼的时候，我国电力产业能否抓住这个历史性机遇，抢占这个领域的制高点，实现我国电力产业的跨越式转型，应该说对我国能源结构能否顺利转型起着举足轻重的作用。上述提到的并网难等问题，一方面说明我国智能电网建设相对滞后，也暴露了在不同的专业领域，政策的衔接还不够完善。第四是来自产业科技支撑不足的挑战。近年来，建筑节能技术在全球迅速发展，出现了各种先进的技术，包括新型节能材料、墙体保温绝热技术、红外热反射技术、高效节能玻璃、太阳能、地热等可再生能源利用技术、热回收技术等。相对于欧美日发达国家，我国建筑节能起步较晚，因此在相关技术开发、应用以及产业化方面还比较落后，许多核心技术并不掌握在自己手中，系统设计能力也明显不足，一些核心部件、关键零部件还需要依赖进口。例如近年来我国的太阳能光热建筑一体化应用呈现快速增长的态势，但却面临着缺乏某些单项技术与系统设计的问题。我国的被动太阳能建筑技术已经基本发展成熟。但在区域太阳能建筑供暖技术和应用领域仍为空白。目前在区域太阳能建筑集中供暖的核心技术跨季节储能方面只有小规模的研发，还没有大系统的设计、建设和运行经验，可见我国新能源建筑要摆脱目前简单直接应用的局面，进入深度开发应用，还有待于技术层面的突破。

第三节 企业与城乡居民结合的共识行动

在市场经济中，任何微观经济活动都离不开企业与个人的参与，发展低碳经济也不例外，企业是向低碳经济转型的主体，城乡居民是践行低碳消费的主体，所以，企业和城乡居民共同构成了低碳发展的基本力量，唯其低碳行动的有效开展，才能实现低碳经济发展的目标。

在我国，企业的社会责任意识正在觉醒，开展低碳环保行动逐渐成为企业自觉的行为。然而，低碳行动的目的决不仅仅是为了减碳，为了迎接低碳经济条件下全球竞争的挑战，还应该把提高企业低碳竞争力作为重点。在城乡居民中倡导文明、节约、绿色、低碳的消费模式和生活习惯，是建设低碳社会的客观要求。但由于发展阶段、国情条件、国际环境的影响，转变生活方式还需要长期的努力，为此应加强舆论宣传、法律规范、政策引导、利益机制等各方面的工作。

一、强化企业社会责任，不失时机地提高企业低碳竞争力

1. 企业在气候变化和资源环境危机中的社会责任

人类目前面临的气候变化和资源环境危机是传统的西方经济理论不曾设想的，事实上，至少在气候与资源环境领域，危机的产生是与企业无视资源环境的承载能力，一味地追求利润最大化有着直接的关系。现实的情况早已打破古典经济学所隐含的企业追求利润最大化必然符合社会利益的假设，因此，企业的角色绝不仅仅是传统古典理论假设的“经济人”，还必须把“社会人”的角色还原给企业。企业社会责任（Corporate Social Responsibility，简称 CSR）在 20 世纪 20 年代由西方学者首次提出，但多年来对于企业社会责任的争论却从未间断。目前对企业是否应当承担社会责任的分歧趋小，然而对企业在多大程度上承担社会责任的认识差距却依然很大。一种观点认为企业只存在一种商业社会责任，即企业只要遵守职业规则，就可以充分利用其资源从事公

开的、自由的竞争以增加其利润；而大多数观点认为，企业是社会的组成部分，企业对利益相关者负有社会责任，作为"企业公民"，企业在创造利润的同时，要在保护和增加社会福利方面承担责任。这方面的观点很多，但可以分为两种类型，一是以企业为中心，把履行企业社会责任视为实现经济责任的手段和一种投资行为，另一种是以社会为中心，将社会责任视为企业最主要的责任。

在强化企业社会责任的过程中，维护消费者权益和劳工利益、保护环境逐渐成为企业履行社会责任的核心任务，企业履行社会责任的制度化和规范化建设也有很大进步，其表现形式之一就是目前全球范围内很多企业选择了发布社会责任报告的方式进行非财务信息披露。据统计，全球已有2500多家企业发布了各种类型的企业社会责任（CSR）报告，近年来众多跨国公司的CSR报告对环境表现的描述中，越来越多地出现"碳排放"的内容。国内已有十几个行业的50多家公司陆续发布了年度CSR报告。①

近年来随着我国企业实力的增强，同时也由于源于企业的社会问题的增加，社会各界对企业履行社会责任的争论日趋激烈，争论的焦点在于不同的企业如何履行社会责任。很多专家认为国企与民企之间、民企与民企之间存在着较大的差别，划一地认定企业的社会责任还不现实，因此建议应该在配套的制度建设上，包括建立企业社会责任的评价体系和报告制度上下更大功夫。企业履行社会责任涉及的方面较多，问题比较复杂，本书仅讨论企业的环境保护责任。改革开放以来，我国企业对国民经济发展作出了重要贡献，但不能忽视的问题是，企业在为经济创造GDP增长、增加就业的同时，对资源环境也带来严重的破坏。到目前为止，工业企业仍然是污染的主要源头，由企业排放引发的环境问题还带有一定的普遍性，某些领域环境污染形势依然严峻，突发环境事件时有发生，民众对企业投资项目的环境保护充满疑虑。造

① 熊焰：《低碳之路——重新定义世界和我们的生活》，中国经济出版社2010年版，第206页。

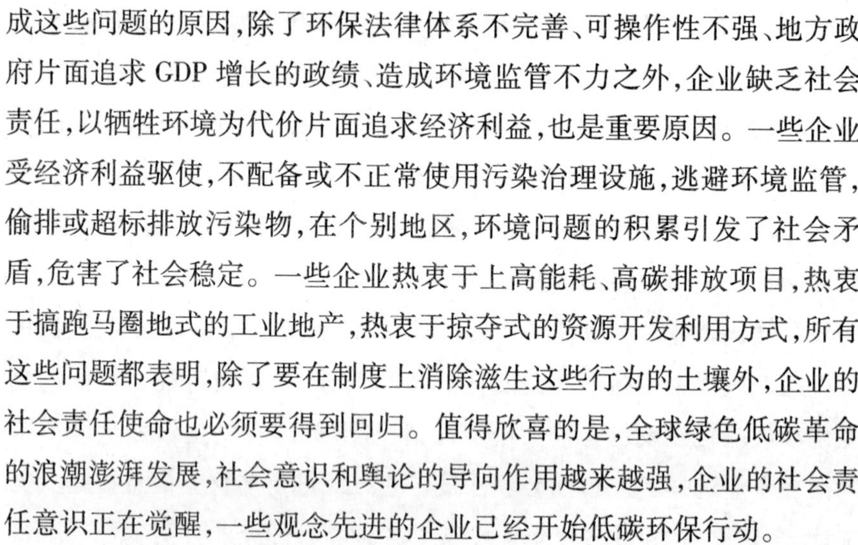

成这些问题的原因，除了环保法律体系不完善、可操作性不强、地方政府片面追求 GDP 增长的政绩、造成环境监管不力之外，企业缺乏社会责任，以牺牲环境为代价片面追求经济利益，也是重要原因。一些企业受经济利益驱使，不配备或不正常使用污染治理设施，逃避环境监管，偷排或超标排放污染物，在个别地区，环境问题的积累引发了社会矛盾，危害了社会稳定。一些企业热衷于上高能耗、高碳排放项目，热衷于搞跑马圈地式的工业地产，热衷于掠夺式的资源开发利用方式，所有这些问题都表明，除了要在制度上消除滋生这些行为的土壤外，企业的社会责任使命也必须要得到回归。值得欣喜的是，全球绿色低碳革命的浪潮澎湃发展，社会意识和舆论的导向作用越来越强，企业的社会责任意识正在觉醒，一些观念先进的企业已经开始低碳环保行动。

基于现实和未来发展需要，我们认为当前需要从完善立法，加强执法；深化改革，制度创新；企业自律，舆论监督等方面全面推进企业的环境保护社会责任建设。物质决定意识，企业的社会责任意识并不会凭空而降。政府应通过明确的政策导向和严格的环境执法引导社会价值取向，决不能让遵纪守法、承担社会责任的企业吃亏，也不能让违规违法的企业逃避制裁；社会监督必须依法得到肯定和加强，社会组织和公众应与企业、政府一同构成环保事业的行为主体，行使社会监督的权利。只有在一个法制完善、价值导向正确、行为准则清晰的社会环境里，企业的社会责任才能得到很好的建立和加强。

2. 在艰难的转型中提高企业的低碳竞争力

强化企业的社会责任只是落实全社会低碳减排行动的一个方面，在市场经济中，竞争是企业生存的硬道理，因此，当企业生存面临挑战时，提高竞争力才是企业最为迫切的选择，而低碳竞争力恰恰是企业迎接未来生存挑战的有力武器，从这个意义上说，低碳发展并非仅仅是企业为社会承担的责任，同时也是超越自己、实现转型升级的重要手段。当然，对于长期习惯于价值链低端以低成本优势取胜的我国企业而言，暂时可能还不适应，但不管是从发展阶段判断，还是从目前劳动力、能源、原材料成本上升的现实来看，单纯低成本优势已渐渐离我们远去，全球金融危机后日趋疲软的外部市场所形成的倒逼机制,已经让我国制造业感觉到了仅以廉价取胜的黄金时代已经过去,而在新一轮竞争中,“低碳”已经成为必要条件,我国企业只有跨上低碳这个台阶,才能在更为广阔的领域参与全球竞争。

企业低碳竞争力广义上是指在低碳经济发展模式下企业的市场竞争能力,在经济全球化的条件下,这里的竞争力指的是企业的国际竞争力。以此为前提,尽管我国的低碳经济还不发达,但要参与国际竞争,产品要进入发达国家的市场,就必须要培育和积累企业的低碳竞争力。近年来,西方发达国家凭借其科技创新和产业结构的优势,以保护环境为由,采取了新型的非关税壁垒形式,对国外商品进行准入限制。2012年1月1日,欧盟率先在民用航空领域对所有入境的航空公司征收航空碳排放税,这一单边的、强迫式的方式遭到多国的反对和抵制。欧盟的这种做法明显违反了世界贸易组织(WTO)的基本规则,是我们坚决反对的,但我们也应看到,减少二氧化碳排放是全球共同面对的责任,虽然我们反对发达国家以应对气候危机和环境保护为名,行贸易保护之实,在气候问题上坚决维护发展中国家共同但有区别责任的原则,但我们也必须意识到,低碳发展是当今经济和社会不可逆转的发展趋势,对我国而言,这一充满挑战的进程实际上也意味着转型跨越的机遇,因此我国在转变经济发展方式上决不能放松,企业也应看到这个必然的趋势,主动适应转型,提高低碳竞争力。

现有企业竞争力理论大多是在工业化的背景下提出来的,伴随着全球竞争的加剧,这些理论也在拓宽视角和不断深化,从分析市场结构到专注资源、能力、知识,从静态到动态,从保持优势到强调创新、协同,每一种理论都明确提出了竞争力导向,但基于传统的资源环境观,这些理论并没有将低碳发展的因素(如环保和节能)考虑在企业的竞争优势范畴之内。全球资源环境的严峻形势尤其是气候变暖的严重性和紧迫性改变了世界各国的发展方式,随着全球低碳行动蓬勃开展和社会环保意识普遍增强,低碳环保的理念也必然融入企业的竞争中。在此前提下,狭义的低碳竞争力是指在竞争性市场条件下,企业通过有效提

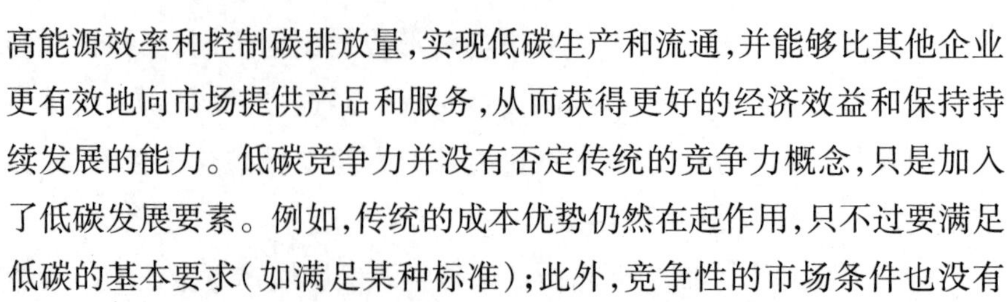

高能源效率和控制碳排放量，实现低碳生产和流通，并能够比其他企业更有效地向市场提供产品和服务，从而获得更好的经济效益和保持持续发展的能力。低碳竞争力并没有否定传统的竞争力概念，只是加入了低碳发展要素。例如，传统的成本优势仍然在起作用，只不过要满足低碳的基本要求（如满足某种标准）；此外，竞争性的市场条件也没有发生改变，企业在自由竞争下积累的低碳竞争力才是真实的，政府补贴虽然可以提高企业的竞争力，但一旦取消补贴，竞争力就会丧失，因此这种“竞争力”的增强不属于企业低碳竞争力。

需要指出的是，低碳竞争力的形成需要一个过程，对于新兴工业化国家而言是个痛苦的转型过程，在初期也可能意味着竞争力的暂时下降，如果措施得当，竞争力可以得到恢复并实现升级，但如果措施过重，企业成本增长过快且无力自我消化，在现实的竞争中企业就会面临出局的危险，而如果措施过轻，对企业难以形成转型的压力，在随后的市场需求结构变化中，企业也会因转型迟缓失去竞争力而出局。因此，转型是企业免于被淘汰的唯一出路，而转型技巧则是成败的关键。我国无法重复发达国家低碳化转型的道路，但发达国家政府与产业界协商配合，实现平稳减排，保护企业竞争力的经验还是值得借鉴的。我们知道，发达国家低碳经济中的“高碳”部分主要来自于消费领域，其生产领域，在后工业化时期通过产业升级和产业转移已经基本过渡到低消耗、低排放、高附加值的低碳经济阶段。因此对于发达国家而言，低碳推高成本对经济增长的影响已经有限，即便如此，发达国家企业的低碳竞争力也并非完全自发形成，政府通过碳排放管制以及与产业界充分协商促进企业实现平滑减排，并通过政策优惠确保产业的国际竞争力不会因减排而受到影响。例如，2000 年通过谈判协商，德国政府与德国产业界联盟签订了《德国联邦政府与德国产业界有关气候保护的协定》，德国产业界承诺到 2012 年，实现使二氧化碳的排放量削减 21% 的自主性目标，2001 年又达成新的协议，德国产业界同意到 2012 年，通过努力使温室气体（6 种气体）比 1990 年削减 35%，二氧化碳排放量比 1990 年削减 28%。德国政府也许诺对积极进行减排的企业实行能源税上的优惠政策，努力把企业参加减排的成本负担控制在合理的界限之内。[①] 即使在发达国家，由于各国的情况不同，产业界对碳减排的态度也有所差异，主要的担心是过度的减排会使企业成本上升从而失去国际竞争力。可见，在市场竞争的条件下，企业的成本意识是现实竞争的必然反映，要使企业在低碳发展上有所作为，就必须要在传统的总成本领先战略与代表未来发展方向的低碳战略中找到有效结合点。对此，我国政府、产业界包括企业要有充分的认识，既要有危机意识和责任意识，同时也要善于把握机会，寻求一种向低碳经济平稳过渡的办法。我国政府组织的企业节能低碳行动既要瞄准节能减排的总量目标，也要对准提高企业低碳竞争力的目标。

如何评价企业低碳竞争力，目前还没有比较成熟的评价体系和方法，是否需要建立适于各类企业的低碳竞争力综合指数，我们认为也有待商榷。因为如果企业之间不存在直接的或间接的竞争关系，比较其竞争力是毫无用途的，因此评价企业低碳竞争力应以相同产业或相同市场细分的企业为评价对象。评价指标也应以不同的行业或市场细分来进行设置。能源效率是企业低碳竞争力的一个重要指标，可以用单位产值（增加值）能耗、单位产品能耗、单位建筑面积能耗等指标来度量。碳足迹（carbon footprint）也是衡量企业低碳效率的一个重要概念，它是指企业的“碳耗用量”。第一，碳足迹是指企业使用化石能源而直接排放的二氧化碳量，第二，碳足迹是指企业使用外部采购的产品和服务而间接排放的二氧化碳，两者构成了企业的二氧化碳（温室气体）排放总量。另外，企业使用清洁能源的比例、企业节能产品市场份额、企业参与碳市场交易的交易额等指标也可以作为评价企业低碳竞争力的参考指标。此外，近年来在欧美股市，“碳风险”成为投资者对企业股票进行投资时必须参考的一个概念，这是因为政府的强制性减排政策会对企业的收益产生影响，因此在投资者看来，那些积极应对气候变

① 蔡林海：《低碳经济——绿色革命与全球创新竞争大格局》，经济科学出版社 2009 年版，第 235 页。

化、参与碳减排的企业风险会小一些。可见，“碳风险”从一个侧面反映了企业的低碳竞争力。我国有关机构推出的中国低碳指数①，反映了中国清洁技术领域境内外上市公司的整体表现，同时为投资者提供新的投资标的，也反映了股票市场对中国企业低碳竞争力的间接评价。

二、提倡低碳生活方式，建立人与自然和谐发展的低碳社会

在如何推进低碳经济的问题上，发展中国家与发达国家存在着较大的分歧，发达国家由于已经渡过高碳发展阶段，凭借其所具有的先进技术和雄厚资本，主张绝对地减少二氧化碳的排放量，其中，欧盟既是低碳经济的倡导者，也是身体力行者，而美国由于担心其一贯的高能耗的生活方式会受到影响，响应得并不积极；发展中国家有的正处于工业化和城市化的进程中，有的还处于比较落后的状态下，又受到本国不利的能源资源禀赋的影响，因此主张实行低碳经济首先应当尊重其发展权，在减排问题上，坚持共同但有区别的责任的原则。按照以上分析，如何推进低碳经济就转化为三个较为具体的问题：一是发达国家如何转变高碳的生活方式；二是发展中国家如何在工业化和城市化的过程中提高能源效率；三是发展中国家提高人民的生活水平应选择什么样的生活方式，能否效法美国模式。不能否认，发达国家在发展新能源和可再生能源，实行循环经济，提高能源效率等方面引领了低碳经济发展的方向，但由于发达国家基本上已经将高能耗的制造业转移到了发展中国家，而发达国家的消费结构又离不开高能耗产品，由此形成的高碳商品的消费与生产的国际分离在发达国家有意模糊下造成了减排责任与享用权利的背离，即发达国家享受着大量消费高碳商品的权利，而发

① 中国低碳指数是反映中国低碳产业发展和证券化程度的指数。指数覆盖清洁能源发电、能源转换及存储、清洁生产及消费、废物处理四大主题下的九个部门，如太阳能、风能、核能、水电、清洁煤、智能电网、电池、能效（包括 LED）、水处理和垃圾处理等。中国低碳指数的样本股由总部在中国内地、在低碳经济领域表现突出，分别在中国内地、中国香港和美国上市的 40 家公司股票构成，各成分公司至少有 50% 或达到 35 亿元人民币的收入来自于低碳产业业务。统计显示，截至 2011 年 1 月 14 日，中国低碳指数样本股的总市值为 8236 亿元人民币，自由流通调整市值为 4047 亿元人民币。

展中国家却要为此承担来自国际社会的压力。根据世界银行提供的数据，2008年美国的人均二氧化碳排放为19.34吨/人，我国为4.96吨/人，美国是我国的将近4倍。[①] 根据我国学者对中美"平均家庭"模型的研究，不论是家庭总量还是人均水平，美国家庭的碳足迹都是中国家庭的近10倍。[②] 在这样大的差距下，发达国家如果不去调整自己的高碳消费结构，却反过来指责中国的发展占用了全球资源，影响了他们的富裕生活，不仅有悖公平，也是不负责任的。在全球气候变化和资源环境不断恶化的形势下，世界各国都对保护好我们共同的家园——地球有着不可推卸的责任，发达国家与发展中国家一样，不仅要转变发展方式，也要改变生活方式，对于保有大量高碳消费的发达国家而言，与单纯减少碳排放相比，提倡低碳生活方式也许更为重要。试想，如果发达国家的高碳消费模式不改，即使这些高碳商品不在中国生产，照样有其他的发展中国家填补供给，全球碳排放总量照样会上升。可见，发达国家的高碳消费的生活方式是造成目前大量碳排放的重要根源之一，改变生活方式中明显的奢侈浪费和不合理消费环节，不仅不会影响生活的质量，还可以促进全球性的可持续发展。目前全球能源供给结构正从高碳向低碳转变，但在真正实现以低碳能源为主的供给结构之前，起码还有几十年的过渡时间，而这几十年又是减碳要求最为迫切的时期，因此在低碳技术革命还没有取得实质性突破、能源供给结构缓慢转型的条件下，转变高碳的消费结构和需求结构，提倡低碳生活方式不失是一种现实和有效的选择。

我国目前正处于工业化和城镇化发展的关键时期，也是全面建设小康社会的新阶段，在生产建设领域，我国主要通过健全节能减排激励约束机制，促进实现低碳发展的目标。由于我国人口众多、消费者基数大、消费的二元结构特性明显，使得我国在消费领域同时面临着低端低能效消费和高碳过度消费并存的挑战，我们一方面需要积极开发应用

① 中国人民大学气候变化与低碳经济研究所编著:《中国低碳经济年度发展报告2011》，石油工业出版社2011年版，第402—403页。

② 《中美家庭碳排放对比》，《环球》2011年第6期。

节能减排技术，提高消费的品质和效率，同时也要通过树立绿色低碳消费理念，提倡低碳生活方式，为建立低碳社会作出努力。低碳社会是通过消费理念和生活方式的转变，在保证人民生活品质不断提高和社会发展不断完善的前提下，致力于在生产建设、社会发展和人民生活领域控制和减少碳排放的社会。低碳社会强调日常生活和消费的低碳化，强调通过理念和行为方式的转变，达到人类社会与自然界的和谐发展。然而，对于我国这样一个刚刚从温饱迈入小康，二元经济结构转变任务艰巨，未来发展充满挑战的发展中大国来说，在现有经济基础上建设一个低碳社会并非易事，需要冲破一些有形或无形的阻碍。阻碍首先来自人们的思想认识还没有真正统一到科学发展观的大方向上来，因此一些人对低碳与国家发展和人民生活的关系还充满疑虑。有的人简单地把“低碳”与“限制发展”、“限制消费”、“增加成本”等同起来，没有把它看做是未来发展的促进因素和新的发展机遇，而是作为消极因素、限制因素加以对待；有的人认为“低碳”是发达国家，是有钱人做的事情，与发展中国家无关，离生活水平还较低的老百姓很远；也有很多人担心低碳生活可能会降低人们好不容易提升起来的生活水平。虽然人们普遍接受和赞同科学发展的理念，也深深感受到资源环境遭到破坏的巨大压力，主张实施低碳环保政策，但在涉及具体问题，尤其是涉及局部利益和个人利益时，低碳环保的理念往往让位于其他因素。例如目前社会上大量存在的浮华无效的“面子工程”，以及建了拆拆了建的“败家子工程”，除了暴露出监管机制的严重缺失外，也反映出个别领导者对于贯彻科学发展观心口不一的态度；此外，目前很多城市都存在着生活垃圾分类上市民认同度高但行动力差的问题，一方面说明垃圾分类推行的模式和方法可能存在着不足，同时也说明低碳环保的观念在很多普通人的思想意识中还没有扎根，一旦碰到与利益和习惯冲突，人们的行为就可能出现偏差。要想解决这些问题，必须要有舆论宣传、法律规范、政策引导、利益机制等方面的紧密配合，通过一个长期的宣传、倡导、示范、激励，以及互动沟通和深化认识的过程，使人们的观念和习惯在潜移默化中得到改造，促使低碳环保行为成为人们的自觉行为，成为人们生活方式的一个组成部分。当然，提倡低碳生活方式决不是降低现有生活水平，也不应妨碍人民生活品质的不断提高，而是要通过改变不可取的消费模式和生活习惯，达到在日常生活中尽量减少碳排放的目的。例如，能走楼梯就少用电梯，能用电扇就少用空调，能坐地铁公交就少开私家车，当然，要做到这些也需要政府在城市基础设施建设、消费政策的引导上加以配合。

不能否认，在市场经济的条件下随着商业的繁荣，消费被赋予了更多商业的和文化的内涵，在广告、电视、网络等各种媒体的全面渗透下，各种消费潮流和时尚不断涌现，其中不乏积极向上的，也大有奢靡炫耀的。在互联网信息日益发达的今天，发达国家的消费时尚往往引领着全球的消费潮流，我国的富裕阶层受到西方社会的一些炫耀性消费文化的影响，再加上传统面子观念的根深蒂固，其中大多数人已经开始享受美国式的优裕，并通过社会传播渠道将这种消费观传播给广大民众，成为社会生活的时尚并为普通民众所向往。尽管我国人均收入水平较发达国家有十倍之差，但我国已经成为世界第二大奢侈品消费国，我国也是全球最大的汽车消费市场。因此，提倡低碳生活方式，首先要引导社会主流的消费观。如果社会主流消费观是低碳的，高碳炫耀式消费不能得到广大民众的认可，那么建设低碳社会才有希望。在这方面，政府部门和国有企业应首先作出表率。

追求富裕舒适的生活是人类的天性，也是人民的基本权利，但由于资源环境和技术手段的限制，社会财富的增长是有限度的，如果违背了这一自然规律，无限度地向大自然攫取财富，人与自然和谐发展的关系就会遭到破坏，经济和社会发展也会停滞，后果将会不堪设想。我国是一个人口大国，但同时也是一个人均资源拥有量相对贫乏的国家，长期以来，由于重视不足，我国经济的高速发展已经对资源环境造成了一定程度的损害，因此，未来中国的发展只能走可持续发展的道路，只能通过建设资源节约型和环境友好型社会，建立人与自然和谐发展的低碳社会，实现强国富民的目标。作为中国人，应认清这一基本国情和发展趋势，增强社会责任感和使命感，做一个低碳发展的践行者。

参考文献

1. [英]安东尼·吉登斯:《气候变化的政治》,曹荣湘译,社会科学文献出版社2009年版。

2.《危机能否催生新技术革命?》,《北方新报》2009年4月7日。

3. 陈诗一:《节能减排、结构调整与工业发展方式转变研究》,北京大学出版社2011年版。

4. 迟福林:《第二次改革——中国未来30年的强国之路》,中国经济出版社2010年版。

5. 陈东琪:《新政府干预论》,首都经济贸易大学出版社2000年版。

6. 蔡林海:《低碳经济——绿色革命与全球创新竞争大格局》,经济科学出版社2009年版。

7. 蔡兵等:《市场机制与高科技产业化发展》,人民出版社2002年版。

8. 迟福林主编:《第二次转型——处在十字路口的发展方式转变》,中国经济出版社2010年版。

9. 蔡昉、林毅夫:《中国经济》,中国财政经济出版社2003年版。

10. 陈晓春主编:《低碳经济与公共政策研究》,湖南大学出版社2011年版。

11. 陈宝森:《剖析美国"新经济"》,中国财政经济出版社2002年版。

12. 丁仲礼:《对中国2020年二氧化碳减排目标的粗略分析》,《山西能源与节能》2010年第3期。

13. 樊纲主编:《走向低碳发展:中国与世界——中国经济学家的建议》,中国经济出版社2010年版。

14. 冯建中:《欧盟能源战略——走向低碳经济》,时事出版社2010年版。

15. 范必:《系统解决煤电矛盾的思路》,《宏观经济管理》2009年第8期。

16. 国际能源机构:《能源技术展望——面向2050年的情景与战略》,张阿玲等译,清华大学出版社2009年版。

17. 国家发展改革委能源研究所课题组:《中国2050年低碳发展之路——能源需求暨碳排放情景分析》,科学出版社2009年版。

18. 高德步、王珏编著:《世界经济史》,中国人民大学出版社2001年版。

19.《新一轮全国油气资源评价结果表明》,《国土资源报》2008年8月18日。

20. 国家统计局:历年《国民经济和社会发展统计公报》。

21. 国家统计局:《中国统计年鉴2011》。

22. 国土资源部:《2011年中国国土资源公报》。

23. 国合会:《2008年度政策报告——机制创新与和谐发展》,《第三章中国发展低碳经济的若干问题》第1页,中国环境与发展国际合作委员会网站:http://www.cciced.net/zcyj/yjbg/zcyjbg2008/201210/P020121019560726489627.pdf。

24. 国网能源研究院:《2020年非化石能源比重达到15%的实现路径分析》,国家能源局网站:http://www.nea.gov.cn/2012-02/10/c_131402482.htm。

25. 胡锦涛:《携手应对气候变化挑战——在联合国气候变化峰会开幕式上的讲话》,新华网,http://news.xinhuanet.com/world/2009-09/23/content_12098887.htm。

26. 胡锦涛：《在中国科学院第十六次院士大会、中国工程院第十一次院士大会上的讲话》，中国政府网，http://www.gov.cn/ldhd/2012-06/11/content_2158332.htm。

27. 韩启德：《在中国科协年会上的开幕辞》(2009年9月8日)，中国科学技术协会网站，http://www.cast.org.cn/n35081/n35473/n35518/11481845.html。

28. 何传启：《第二次现代化——人类文明进程的启示》，高等教育出版社1999年版。

29. 何建坤：《关于中国妥善应对全球长期减排目标的思考》，《绿叶》2008年第8期。

30.《中美家庭碳排放对比》，《环球》2011年第6期。

31. 江泽民：《对中国能源问题的思考》，《上海交通大学学报》2008年第3期。

32. 金碚：《科学发展观与经济增长方式转变》，《中国工业经济》2006年第5期。

33. 贾鹤鹏、郑千里：《科学理性地对待气候变化问题——专访中科院副院长丁仲礼院士》，《科学新闻》2010年第14期。

34.《人大代表辜胜阻：农村劳动力供给格局或正向严重短缺转变》，《经济参考报》2011年3月4日。

35. [美]杰里米·里夫金：《第三次工业革命——新经济模式如何改变世界》，张体伟、孙豫宁译，中信出版社2012年版。

36. 纪录片《华尔街》主创团队编著：《华尔街》，中国商业出版社2010年版。

37. 科技统计与分析研究所：《中国R&D经费支出特征及国际比较》，《科技统计报告》2009年第6期。

38. 路甬祥：《中国不能再与科技革命失之交臂》，《人民日报》2009年9月8日第9版。

39. 林毅夫：《中国经济专题》，北京大学出版社2008年版。

40. 刘世锦：《应对中国经济增长阶段变化带来的挑战》，《中国经济时报》2011 年 11 月 18 日第 A05 版。

41. 林伯强:《中国能源政策思考》,中国财政经济出版社 2009 年版。

42. 刘卫东等:《我国低碳经济发展框架与科学基础——实现 2020 年单位 GDP 碳排放降低 40%—45% 的路径研究》,商务印书馆 2010 年版。

43. 林伯强:《中国能源问题与能源政策选择》,煤炭工业出版社 2007 年版。

44. 林伯强:《中国低碳转型》,科学出版社 2011 年版。

45. 李艳丽等:《节能减排社会经济制度研究》,冶金工业出版社 2010 年版。

46. 林汐主编:《低碳经济与可持续发展党政干部读本》,人民出版社 2010 年版。

47. 李俊峰等编著:《风光无限——中国风电发展报告 2011》,中国环境科学出版社 2011 年版。

48. 刘倩、王遥:《碳金融全球布局与中国的对策》,《中国人口、资源与环境》2010 年第 8 期。

49. 刘秀凤:《氮氧化物减排需破哪些难题》,《中国环境报》2011 年 5 月 26 日第 1 版。

50. 美国国家情报委员会编:《全球趋势 2025——转型的世界》,中国现代国际关系研究院美国研究所译,时事出版社 2009 年版。

51. 毛显强、杨岚:《瑞典环境税——政策效果及其对中国的启示》,《环境保护》2006 年第 2 期。

52. 牛文元:《十届全国人大常委会专题讲座第二十七讲讲稿——关于循环经济及其立法的若干问题》,国务院法制办网站,http://www.chinalaw.gov.cn/article/ztzl/fzjz/200710/20071000042614.shtml.

53. 潘家华:《气候变化引发经济学论争》,《绿叶》2007 年第 Z1 期。

54. [美]H. 钱纳里等:《工业化和经济增长的比较研究》,上海三

联书店、上海人民出版社 1989 年版。

55. 沈坤荣等:《经济发展方式转变的机理与路径》,人民出版社 2011 年版。

56.《实现“十一五”环境目标政策机制》课题组编著:《中国污染减排战略与政策》,中国环境科学出版社 2008 年版。

57. 苏明等:《我国开征碳税问题研究》,《经济研究参考》2009 年第 72 期。

58. 苏明、石英华等:《中国促进低碳经济发展的财政政策研究》,《财贸经济》2011 年第 10 期。

59. [美]斯塔夫里阿诺斯:《全球通史——从史前史到 21 世纪》,吴象婴等译,北京大学出版社 2010 年版。

60. 上海财经大学研究所:《清洁能源发展研究》,上海财经大学出版社 2009 年版。

61. 社科院:《中国跻身中上等收入国家》,《重庆商报》2011 年 12 月 13 日 04 版。

62. [美]托夫勒:《第三次浪潮》,黄明坚译,中信出版社 2006 年版。

63. 童媛春:《石油真相》,中国经济出版社 2009 年版。

64. 唐晋主编:《大国崛起》,人民出版社 2006 年版。

65. 温家宝:《凝聚共识,加强合作,推进应对气候变化历史进程——在哥本哈根气候变化会议领导人会议上的讲话》,中国政府网,http://www.gov.cn/ldhd/2009-12/19/content_1491149.htm。

66. 魏礼群:《魏礼群自选集》,学习出版社 2008 年版。

67. 吴敬琏:《当代中国经济改革》,上海远东出版社 2003 年版。

68. 吴敬琏:《我国市场化改革仍处于“进行时”阶段》,《北京日报》2011 年 12 月 5 日第 17 版。

69. 王雅丽、毕乐强编著:《公共规制经济学(第 3 版)》,清华大学出版社 2011 年版。

70. 王建:《人口城市化是扩大内需的战略方向》,《中国经济导报》

2009 年 4 月 19 日。

71. 解振华:《积极应对气候变化,加快经济发展方式转变》,《国家行政学院学报》2010 年第 1 期。

72. 熊焰:《低碳之路——重新定义世界和我们的生活》,中国经济出版社 2010 年版。

73. 徐斌:《中国煤电纵向关系研究——冲突机理与协调机制》,东北财经大学出版社 2011 年版。

74. 徐诺金:《怎样看待我国的高储蓄率》,《南方金融》2009 年第 6 期。

75. 新华网:《研究人员探讨全球变暖 4 摄氏度可能带来的灾难性后果》,新华网,http://news.xinhuanet.com/world/2010-11/30/c_12831342.htm。

76. 杨志、马玉荣、王梦友:《中国"低碳银行"发展探索》,《广东社会科学》2011 年第 1 期。

77. [美]约翰·奈斯比特:《大趋势——改变我们生活的十个新方向》,梅艳译,姚琮校,中国社会科学出版社 1984 年版。

78. [美]约瑟夫·E. 斯蒂格利茨:《社会主义向何处去——经济体制转型的理论与证据》,周立群等译,吉林人民出版社 2011 年版。

79. 于杨曜:《论我国发展低碳经济法律体系的基本构想》,《学海》2011 年第 4 期。

80. 袁鹏等:《关于企业社会责任争论的焦点问题》,《南京航空航天大学学报(社会科学版)》第 8 卷第 2 期。

81. 张坤民、潘家华、崔大鹏主编:《低碳发展论》,中国环境科学出版社 2009 年版。

82. 张坤民、潘家华、崔大鹏主编:《低碳经济论》,中国环境科学出版社 2008 年版。

83. 中国科学院可持续发展战略研究组:《2009 中国可持续发展战略报告——探索中国特色的低碳道路》,科学出版社 2009 年版。

84. 中国科学院可持续发展战略研究组:《2011 中国可持续发展战

略报告——实现绿色的经济转型》，科学出版社 2011 年版。

85. 中国能源中长期发展战略研究项目组：《中国能源中长期（2030、2050）发展战略研究（节能、煤炭卷）》，科学出版社 2011 年版。

86. 中国人民大学气候变化与低碳经济研究所编著：《中国低碳经济年度发展报告 2011》，石油工业出版社 2011 年版。

87. 中国科学院能源领域战略研究组：《中国至 2050 年能源科技发展路线图》，科学出版社 2009 年版。

88. 邹首民等主编：《国家"十一五"环境保护规划研究报告》，中国环境科学出版社 2006 年版。

89. 中国清洁发展机制基金管理中心、大连商品交易所：《碳配额管理与交易》，经济科学出版社 2010 年版。

90. 中国人民大学气候变化与低碳经济研究所编著：《低碳经济——中国用行动告诉哥本哈根》，石油工业出版社 2010 年版。

91. 中国节能投资公司编：《2009 中国节能减排产业发展报告——迎接低碳经济新时代》，中国水利水电出版社 2009 年版。

92. 周大地：《"十一五"规划的能源发展方略》，《中国经济大讲堂（第 2 辑）》，辽宁人民出版社 2006 年版。

93. 张维为：《中国震撼——一个"文明型国家"的崛起》，上海人民出版社 2011 年版。

94. 朱克江：《自主创新是应对国际金融危机的战略选择》，《科技日报》2008 年 12 月 14 日第 4 版。

95. 甄炳禧：《美国经济结构的调整及前景》，《求是》2010 年第 15 期。

96. 张蕾：《我们该如何应对全球气候变化——访中国工程院院士丁一汇》，《光明日报》2009 年 11 月 9 日第 10 版。

97.《证券日报》：《能源总量控制目标出炉》，《证券日报》2012 年 3 月 1 日 D4 版。

98.《山西每年采煤 5 亿吨损失一个"引黄入晋"总水量》，中国政府网，http://www.gov.cn/jrzg/2006-03/01/content_215166.htm。

后　　记

2009年10月，我受朋友之邀为一个沼气发电项目提供咨询，并赴丹麦参观考察了多个沼气发电厂。当时正值哥本哈根世界气候大会召开前夕，我国各地上新能源项目的积极性很高，在丹麦，我们也感受到了当地政府和企业积极推广低碳技术的热情。这次丹麦之行给我留下了深刻的印象，在这个只有500多万人口的国度里，从美丽的乡村到繁华的都市，低碳环保、循环经济的理念已经渗透到人们的日常生活，丹麦在风电、生物质发电等领域走在世界前列，在这里，我们看到了绿色技术与绿色生活的完美结合，感受到了低碳社会的美好前景。正是这次旅行促成了我写书的想法。不过当初想写的是一本关于中国如何应对低碳革命浪潮的通俗读物，但在写作过程中却不自觉地向"学术研究"的形式靠拢，最后形成了本书现在的样子。

本书的写作占用了我大量的时间和精力。在写作不断突破时间计划后，为了早日成书，我在很长一段时间内取消了娱乐休闲活动，基本上没有时间陪伴家人，包括正在准备中考的儿子，在本书付梓之际，我要感谢家人尤其是妻子对我的支持。

我还要感谢我的导师魏礼群教授，以及我的老领导苏波副部长。感谢他们，不仅是因为他们曾经给予我的帮助与鼓励，还由于我钦佩他们为人为官为政的品德与作风，我相信有幸曾在他们的指导或领导下学习和工作，对于我不断地完善自己、更好地为人处世，无疑是大有裨益的。魏老师曾任国务院研究室主任，国家行政学院党委书记、常务副

院长,现任全国政协文史和学习委员会副主任;苏部长现任工业和信息化部副部长,他们工作都非常繁忙,能有幸邀请他们为本书作序,并得到他们的肯定与支持,我觉得对我来说既是鼓励,也是鞭策。

我还要感谢人民出版社的多位匿名评审专家通过了本书的选题,使本书有机会在人民出版社出版。在此尤其要感谢人民出版社经济与管理编辑部的郑海燕副主任,她为本书的出版提供了大力的支持和帮助,正是由于编辑们的辛勤工作,才使本书很快呈现在读者面前。

当然需要感谢的还有有关政府部门、社会团体、研究单位的网站、大型门户网站、专业网站以及有关资讯的提供者。互联网的深度发展,使我随时随地可以获得大量信息,节省了时间,提高了效率,使研究工作可以在一个信息丰富、即时开放的平台上进行。我在 2006 年出版的《信息化:中国的出路与对策》一书中曾评价信息化是赢得未来的法宝,仅仅 7 年时间,智慧化的趋势已经给我们的工作和生活带来了新的体验。结合本书的主题,我们有理由相信低碳化的发展同样也会给我们未来的生活带来新的活力和机遇。

最后,我特别想在本书付印成册后,挑选一本作为特殊礼物送给我儿子——怀海容,我想通过本书的写作过程,告诉他要做成任何一件事都需要持续的努力,有时候坚持比结果更加重要。他今年暑期后开始了高中生活,踏上了备战高考的征途,这是一场比拼耐力与意志力的跋涉,我希望他快乐学习、迎接挑战、健康成长。

怀铁铮

二〇一二年十二月